THÉORÈMES ET PROBLÈMES

DE

GÉOMÉTRIE ÉLÉMENTAIRE

PAR

EUGÈNE CATALAN

ANCIEN ÉLÈVE DE L'ÉCOLE POLYTECHNIQUE,
EX-RÉPÉTITEUR DE GÉOMÉTRIE DESCRIPTIVE A CETTE ÉCOLE,
DOCTEUR ÈS SCIENCES, AGRÉGÉ DE L'UNIVERSITÉ,
EX-PROFESSEUR DE MATHÉMATIQUES SUPÉRIEURES AU LYCÉE SAINT-LOUIS,
MEMBRE DE LA SOCIÉTÉ PHILOMATHIQUE,
CORRESPONDANT DES ACADÉMIES DES SCIENCES DE TOULOUSE, LILLE, LIÉGE,
ET DE LA SOCIÉTÉ D'AGRICULTURE DE LA MARNE.

TROISIÈME ÉDITION

REVUE ET AUGMENTÉE.

PARIS

VICTOR DALMONT, ÉDITEUR,

Successeur de Carilian-Gœury et Vve Dalmont,

LIBRAIRE DES CORPS IMPÉRIAUX DES PONTS ET CHAUSSÉES ET DES MINES,

Quai des Augustins, 49.

1858

THÉORÈMES ET PROBLÈMES

DE

GÉOMÉTRIE ÉLÉMENTAIRE

TYPOGRAPHIE HENNUYER, RUE DU BOULEVARD, 7. BATIGNOLLES.
Boulevard extérieur de Paris.

TABLE DES MATIÈRES.

LIVRE I.

LIVRE II.

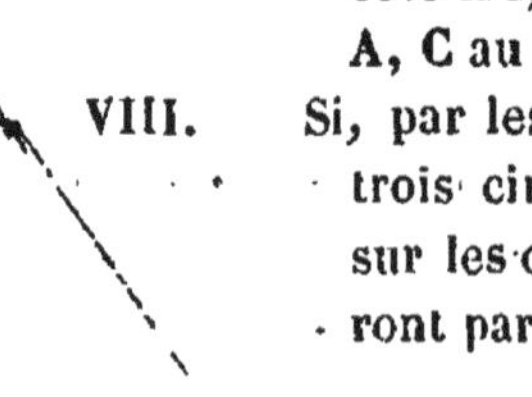

LIVRE IV.

LIVRE V.

LIVRE VI.

LIVRE VII.

LIVRE VIII.

FIN DE LA TABLE.

FAUTES ESSENTIELLES A CORRIGER.

Page 73, ligne dernière, *au lieu de :* Montion, *lisez :* Mention.

— 80, — 16, *au lieu de :* $\frac{AB}{AB'}$, *lisez :* $\frac{AB}{A'B'}$.

— 96, — 20, — qui a son centre sur OC, *lisez :* qui passe par le sommet O.

— 126, — 11 (en marge), *lisez :* Fig. 182.

— 219, — 24, *au lieu de :* minimum, *lisez :* maximum.

THÉORÈMES ET PROBLÈMES

DE

GÉOMÉTRIE ÉLÉMENTAIRE

LIVRE I.

THÉORÈME I.

Les trois hauteurs d'un triangle se coupent en un même point.

Soit ABC un triangle quelconque, dans lequel AM, BN, CP sont les trois hauteurs. Menons, par les sommets, des parallèles aux côtés opposés ; nous formerons ainsi un triangle A′B′C′ dont les côtés seront, comme il est aisé de le reconnaître, doubles de ceux du triangle ABC. Les droites AM, BN, CP peuvent être regardées comme des perpendiculaires élevées sur les milieux des côtés du triangle A′B′C′; donc elles se coupent en un même point, centre du cercle circonscrit à ce dernier triangle. Fig. 1.

THÉORÈME II.

Les médianes d'un triangle se coupent en un même point situé au tiers de chacune d'elles, à partir du côté correspondant.

Après avoir mené les deux médianes BB′ et CC′, qui se coupent en un point O, prenons les milieux D, E des deux droites OB, OC, et menons DE, B′C′. D'après un théorème connu, chacune de ces deux droites sera parallèle Fig. 3.

au côté BC et égale à la moitié de BC ; donc B'C'DE est un parallélogramme ; et, par suite, $OB' = OD = \frac{1}{3}BB'$. De même, $OC' = \frac{1}{3}CC'$.

Deux quelconques des trois médianes se coupant en un point situé au tiers de chacune d'elles, à partir du côté correspondant, les trois médianes se coupent en un même point.

Remarque. Pour des raisons que nous indiquerons plus loin, le point de rencontre des trois médianes est appelé *centre des moyennes distances* ou *centre de gravité du triangle.*

THÉORÈME III.

Dans tout triangle, la somme des médianes est moindre que celle des côtés.

FIG. 10. Prenons, sur la médiane CC' prolongée, C'D=C'C, et menons AD, BD. Le quadrilatère ACBD, dans lequel les diagonales se coupent en leur milieu commun C', est un parallélogramme ; donc AD=BC. Actuellement, dans le triangle CAD, on a

$$CD < AC + AD,$$

d'où $$2CC' < AC + BC.$$

De même, $$2BB' < AB + BC,$$

$$2AA' < AB + AC;$$

donc $$AA' + BB' + CC' < AB + BC + AC.$$

THÉORÈME IV.

Dans tout triangle, à un plus grand côté correspond une plus petite médiane.

FIG. 3. Soit, dans le triangle ABC,

$$AC > AB:$$

je dis que l'on aura $BB' < CC'$.

En effet, la première inégalité donne, par un théorème connu, angle $AA'C >$ angle $AA'B$;

et, conséquemment, $OC > OB$.

Mais (Th. II) $OC = \frac{2}{3}CC'$, $OB = \frac{2}{3}BB'$;

donc $BB' < CC'$.

Corollaire. *A des médianes égales sont opposés des côtés égaux.*

THÉORÈME V.

Parmi tous les triangles formés avec un angle donné A, compris entre deux côtés dont la somme est constante, celui dont le périmètre est un minimum est le triangle isocèle ABC.

Si l'on prend arbitrairement $CC' = BB'$, et que l'on mène $B'C'$, on aura $AB' + AC' = AB + AC$. Par conséquent, il suffit de vérifier l'inégalité Fig. 2.

$$B'C' > BC.$$

Soit la droite $C'D$ égale et parallèle à $B'B$: la figure $B'C'DB$ sera un parallélogramme; donc $BD = B'C'$. Mais, à cause des parallèles AB, $C'D$, les angles BAC, $AC'D$ sont supplémentaires; et par suite, les angles ACB, DCC' sont complémentaires. Donc CD est perpendiculaire à BC: et $BD > BC$, ou $B'C' > BC$.

THÉORÈME VI.

La somme des perpendiculaires OM, ON, abaissées d'un point quelconque de la base BC d'un triangle isocèle sur les deux autres côtés est égale à la hauteur BD qui correspond à un de ces côtés.

Menons OP parallèle à AC; nous aurons $OM = PD$. Fig. 7.
D'ailleurs, les triangles rectangles OPB, BNO sont égaux,

comme ayant l'hypoténuse commune et un angle aigu égal; donc $ON = BP$; et enfin

$$OM + ON = PD + PB = BD.$$

THÉORÈME VII.

Si d'un point O, pris dans l'intérieur d'un triangle équilatéral ABC, on abaisse des perpendiculaires sur les trois côtés, la somme de ces droites est égale à la hauteur AP du triangle.

Fig. 8. Par le point O, menons MN parallèle à BC; abaissons MQ perpendiculaire sur AC; nous aurons, par le théorème précédent,

$$OI + OL = MQ = AD;$$

donc $$OH + OI + OL = PD + AD = AP.$$

THÉORÈME VIII.

Dans tout quadrilatère, les milieux des côtés sont les sommets d'un parallélogramme.

Fig. 5. Menons les diagonales AC, BD. Dans le triangle ABD, la droite MN est parallèle à BD et égale à la moitié de BD. Il résulte de là que les droites MN, PQ sont égales et parallèles. De même, MP et NQ sont égales et parallèles; donc MNPQ est un parallélogramme.

THÉORÈME IX.

Dans tout quadrilatère, le point de rencontre des droites qui joignent les milieux des côtés opposés est situé au milieu de la droite qui joint les milieux des diagonales.

Fig. 6. Soient, dans le quadrilatère ABCD, PR et QS les droites qui joignent les milieux des côtés opposés, et MN la droite qui joint les milieux des diagonales; menons PQ, QR, RS, SP, PM, MR, RN et NP. La figure PQRS est un parallélogramme (Th. VIII); donc PR et QS se coupent en deux parties égales au point O. PMRN est aussi un parallélogramme, car PM, NR sont parallèles à AB, et PN, MR sont parallèles à DC; donc PR et MN se coupent en deux parties égales au même point O. Le point O, milieu de la droite qui joint les milieux des diagonales, se confond donc avec le point de rencontre des droites qui joignent les milieux des côtés opposés du quadrilatère.

THÉORÈME X.

Deux polygones convexes, d'un nombre impair de côtés, sont égaux lorsque leurs côtés ont mêmes points milieux.

L'énoncé revient à ceci : *Un polygone convexe, d'un nombre impair de côtés, est déterminé par les milieux de ses côtés.*

1° Cette dernière proposition est vraie dans le cas où le nombre des côtés se réduit à *trois*; car L, M, V étant les points milieux donnés, le triangle ABC a ses côtés respectivement parallèles aux droites MV, VL, LM. Fig. 20.

2° Soit, pour fixer les idées, un heptagone convexe AB...FG, dont les côtés ont pour milieux respectifs les points L, M,...R, S. En considérant trois côtés consécutifs quelconques GF, FE, ED, puis les côtés adjacents à GF et ED, nous décomposerons l'heptagone en deux quadrilatères GFED, AGDC, et en un triangle ABC. Le milieu U de GD est déterminé par les points P, Q, R; attendu que UPQR est un parallélogramme (Th. VIII). De même, le milieu V de

AC est déterminé par les points N, U, S. Le triangle ABC est donc déterminé (1°); etc.

PROBLÈME I.

Par un point O, situé dans l'angle donné A, mener une droite BC qui soit divisée en deux parties égales par ce point.

Fig. 21. Soit D le milieu du segment inconnu AB : la droite OD sera parallèle à AC.

Conséquemment, pour résoudre le problème, on mène OD parallèle au côté AC de l'angle donné; on prend DB=AD, et l'on joint le point B au point donné O.

PROBLÈME II.

Trouver, sur l'un des côtés d'un angle ABC, un point O également distant du second côté et d'un point D, situé sur le premier côté.

Fig. 18. Supposons le problème résolu : abaissons OE, DF perpendiculaires sur AB, et tirons DE. Dans le triangle isocèle OED, les angles OED, ODE sont égaux. Mais, à cause des parallèles OE, DF, les angles OED, EDF sont égaux comme alternes internes; donc OED=EDF; donc DE est la bissectrice de l'angle BDF.

Ainsi, pour résoudre le problème, il faut mener DF perpendiculaire sur AB, tracer la bissectrice DE de l'angle BDF, et mener EO parallèle à DF.

PROBLÈME III.

Construire un triangle, connaissant deux côtés et une médiane.

Fig. 10. Soit ABC le triangle cherché, et soit CC' la médiane donnée. Parmi les deux côtés donnés, il y en a nécessairement un, au moins, qui aboutit au sommet C; supposons que ce soit le côté AC. Si le second côté donné est AB, le problème se réduit à la construction du triangle ACC′, dans lequel on connaît les trois côtés, attendu que $AC' = \frac{1}{2}AB$.

Si le second côté donné est CB, prolongeons CC′ d'une quantité égale à elle-même, et menons DB. Nous connaîtrons, dans le triangle CBD, d'abord le côté CB, ensuite $BD = AC$, et enfin $CD = 2CC'$. La question est donc résolue.

PROBLÈME IV.

Construire un triangle, connaissant un côté et deux médianes.

Soit O le point d'intersection des deux médianes données AA′, BB′. On a $OA' = \frac{1}{3}AA'$, $OB' = \frac{1}{3}BB'$. Par conséquent, la construction du triangle ABC se réduira, quel que soit le côté donné, à la construction d'un des triangles AOB, AOB′, BOA′, dans lequel les trois côtés seront connus. Fig. 24.

PROBLÈME V.

Construire un triangle, connaissant les trois médianes.

Soit O le point d'intersection des trois médianes. A cause de $BO = \frac{2}{3}BB'$, $AO = \frac{2}{3}AA'$, $OC' = \frac{1}{3}CC'$, on connaît, dans le triangle AOB, les deux côtés BO, AO et la médiane OC′. La question est donc ramenée au Problème III. Fig. 24.

PROBLÈME VI.

Construire un triangle ABC, connaissant le périmètre et deux angles.

Prolongeons le côté BC de part et d'autre. Prenons $BD = BA$, $CE = CA$, et menons AD, AE. Dans le triangle Fig. 25.

isocèle ABD, l'angle D, égal à BAD, sera la moitié de l'angle donné B. De même, $E=\frac{1}{2}C$. D'ailleurs, DE égale le périmètre donné.

On peut donc construire le triangle DAE et déterminer ensuite les points B, C, au moyen des perpendiculaires FB, GC.

PROBLÈME VII.

Construire un parallélogramme, connaissant les deux diagonales et un côté.

Fig. 16. Soit ABCD le parallélogramme demandé, dans lequel on connaît les diagonales AC, BD et le côté AB.

Dans le triangle AOB on connaît $AO=\frac{1}{2}AC$, $BO=\frac{1}{2}BD$ et AB, qui est donné. Ce triangle étant construit, le problème peut être regardé comme résolu.

PROBLÈME VIII.

Construire un quadrilatère, connaissant les quatre côtés et l'une des deux droites qui joignent les milieux des côtés opposés.

Fig. 29. Soit ABCD le quadrilatère cherché, dans lequel, indépendamment des côtés, on connaît la droite EG, qui passe par les milieux des côtés AB, CD. Soient H, F les milieux des diagonales du quadrilatère. Si nous menons HE, GF, ces deux droites seront égales et parallèles, car chacune d'elles est parallèle à AD, et égale à la moitié de cette droite. De même, les droites GH, EF sont parallèles, et chacune d'elles est égale à la moitié de BC. Il résulte de là que la figure EFGH est un parallélogramme, dans lequel on connaît les côtés et l'une des diagonales. On peut donc construire ce parallélogramme, et déterminer sa seconde diagonale FH.

Actuellement, soient M, N les milieux des côtés AD, BC du quadrilatère. La figure MHNF sera encore un parallélogramme, dans lequel on connaît les côtés et la diagonale FH.

Le reste est évident.

PROBLÈME IX.

Sur les prolongements des côtés AB, AC d'un triangle donné ABC, on prend les deux distances BD, CE, de manière que leur somme soit égale au troisième côté du triangle, et l'on mène DE. Dans quel cas cette droite sera-t-elle un minimum?

D'après la construction, AD + AE = AB + AC + BC. Fig. 4.
Dans tous les triangles tels que DAE, la somme des côtés AD, AE étant constante, le minimum du troisième côté DE répond au cas où ce triangle est isocèle (Th. V). Il faut donc, pour résoudre le problème, prendre

$$AD = AE = \frac{1}{2}(AB + AC + BC).$$

Remarques. I. Les sommets D, E du triangle DAE sont les points de contact des droites AD, AE avec le cercle O, *ex-inscrit* au triangle donné ABC.

II. Si l'on représente par a, b, c et $2p$ les côtés et le périmètre du triangle ABC, on trouve

$$DE = 2p\sqrt{\frac{(p-b)(p-c)}{bc}}.$$

PROBLÈME X.

Trouver, sur une droite donnée AB, un point M tel, que la somme de ses distances à deux points donnés C, D, situés d'un même côté de AB, soit un minimum.

Fig. 11. Abaissons CE perpendiculaire sur AB, et prolongeons cette perpendiculaire d'une quantité EC′ égale à EC : le point C′ sera *symétrique* du point C, par rapport à AB; donc C′M=CM, et CM+MD=C′M+MD. Or, cette dernière somme sera la plus petite possible, lorsque les trois points D, M, C′ seront en ligne droite.

Il suffit donc, pour résoudre le problème proposé, de joindre le point donné D au point C′, symétrique de l'autre point donné C, par une droite DMC′ : le point M′, où cette ligne rencontre la droite donnée AB, satisfait à la question.

Remarques. 1° AB et DMC′ étant des droites, les angles DMB, AMC′ sont égaux comme opposés au sommet; d'ailleurs AMC′=AMC, attendu que AB est perpendiculaire au milieu de CC′; donc *les angles* DMB, AMC *sont égaux entre eux.*

2° Cette propriété peut être énoncée autrement : supposons, conformément au *principe* de *la moindre action*, que CMD soit le chemin suivi par un *corps élastique* qui, parti du point C, soit arrivé en D, après s'être *réfléchi* sur la droite AB. Menons MN perpendiculaire ou *normale* à AB : les angles NMC, NMB seront appelés respectivement *angle d'incidence* et *angle de réflexion*. D'ailleurs ces angles, compléments respectifs d'angles égaux, sont égaux. Ainsi, la réflexion des corps élastiques, de la lumière, par exemple, se fait de manière que *l'angle d'incidence est égal à l'angle de réflexion.* Cette conclusion est confirmée par l'expérience.

PROBLÈME XI.

A un triangle ABC, inscrire un triangle MNP de périmètre minimum.

Supposons d'abord le point P pris arbitrairement sur le côté AB, et cherchons, parmi tous les triangles inscrits ayant P pour sommet commun, quel est celui dont le périmètre est un minimum. Soient Q, R les points symétriques de P, relativement aux côtés BC, AC : ces points sont évidemment situés sur les droites BA′, AB′, symétriques de AB, par rapport à BC, AC. En raisonnant comme dans le Prob. X, on voit que RNMQ est une ligne droite. D'ailleurs, Fig. 9.

$$AR + BQ = AP + BP = AB.$$

Ainsi, dans tous les triangles tels que C′QR, la somme des deux côtés C′Q, C′R est constante. Par conséquent, pour résoudre le problème proposé, on doit (Prob. IX) prendre $C'Q = C'R = \frac{1}{2}(AB + BC' + AC')$, mener la droite RNMQ, et prendre enfin AP = AR.

PROBLÈME XII.

Quelle route doit suivre une bille M pour rencontrer une autre bille N, après avoir touché les quatre bandes du billard?

Soit MPQRSN la route inconnue que doit suivre la bille M sur le billard rectangulaire ABCD. Construisons le point M′ symétrique de M par rapport à AB, et le point M″ symétrique de M′ par rapport à BC. Soient N′ et N″ les points que l'on déduit de N par une construction analogue. D'après le Problème X, les lignes M′PQ, M″QR, N′SR, N″RQ sont droites ; donc M″QRN″ est une ligne droite : elle détermine évidemment les points R, Q, puis les points P, S. Fig. 12.

Remarques. 1° Le *plus court chemin* MPQRSN est égal, en longueur, à la droite M″N″.

2° Les angles aigus P, R sont égaux, comme compléments d'angles égaux; donc les droites PQ, RS sont parallèles. De même MP et NS sont parallèles à RQ.

PROBLÈME XIII.

Quelle route doit suivre une bille pour revenir au point de départ, après avoir touché les quatre bandes du billard?

Fig. 13. Pour résoudre cette question, il suffit de supposer, dans le Problème XII, que les points M, N se confondent; alors, d'après la dernière remarque, la figure MPQRSM devient un parallélogramme.

De plus, ce parallélogramme a ses côtés parallèles aux diagonales AC, BD du rectangle.

En effet, si nous prolongeons DA jusqu'à sa rencontre en T avec PM′, nous aurons AT=AS=CQ; donc le quadrilatère ATQC, dans lequel deux côtés sont égaux et parallèles, sera un parallélogramme; donc PQ est parallèle à AC.

Remarque. A cause de TP=PS, on a PQ+PS=QT=AC; donc *le plus court chemin* MPQRS *a une longueur égale à la somme des deux diagonales* AC, BD. Cette longueur est donc indépendante de la position du point M.

PROBLÈME XIV.

A un quadrilatère quelconque ABCD, inscrire un quadrilatère MNPQ de périmètre minimum.

Fig. 15. Si l'on fixe les sommets Q, N, on devra, pour satisfaire à la condition proposée, rendre les angles AMQ, BMN égaux entre eux (Prob. X). Pour la même raison, les angles BNM, CNP doivent être égaux entre eux; et ainsi de suite. Conséquemment, *la ligne* MNPQ *est celle que décrirait une bille qui repasserait indéfiniment par sa position initiale, après avoir touché les bandes du billard quadrangulaire* ABCD.

Cela posé, en prenant pour unité l'angle droit, nous aurons, dans les triangles AMQ, BNM, CPN, DQP :

$$A+M+Q=2, \quad (1)$$
$$B+N+M=2, \quad (2)$$
$$C+P+N=2, \quad (3)$$
$$D+Q+P=2. \quad (4)$$

On conclut, de ces égalités,

$$M+N+P+Q=4-(A+C),$$
$$M+N+P+Q=4-(B+D).$$

Par conséquent, *le problème sera indéterminé si, dans le quadrilatère donné, les angles opposés sont supplémentaires* (*); *il sera impossible dans le cas contraire* (**).

Remarques. I. Dans le cas où le problème est possible, on peut prendre arbitrairement le sommet M, et la construction indiquée sur la figure 185 donne le polygone cherché MNPQ.

II. La même construction montre clairement à quoi tient l'indétermination du problème. En effet, soit O le point où les deux droites symétriques BM′, B′M‴ rencontrent le prolongement du côté CD, et O′ le point de concours des droites AM″, CD. Dans les triangles BCO, ADO′,

(*) C'est-à-dire si le quadrilatère est *inscriptible*.

(**) En général, si l'on veut *inscrire, à un polygone donné, un polygone de périmètre minimum*, le problème est *impossible* ou *indéterminé*, quand le polygone donné a un nombre *pair* de côtés.

$$angle\ O = angle\ DCB - angle\ CBM',$$
$$angle\ O' = angle\ ADC - angle\ M''AD;$$

ou $$O = C - B, \quad O' = D - A.$$

Mais $$A + C = B + D;$$

donc $$O = O';$$

donc les droites M‴B, AM″ sont parallèles. On conclut aisément de là que si le sommet M parcourt AB, la droite M″M‴ se déplace, en conservant même grandeur et même direction : etc.

PROBLÈME XV.

Trouver, sur une droite donnée AB, un point M tel, que la différence de ses distances à deux points donnés C, D, situés de part et d'autre de AB, soit un maximum.

Fig. 14. En prenant, comme dans le Problème X, le point C′ symétrique du point C, nous aurons CM—MD=C′M—MD. Or, cette dernière différence sera la plus grande possible, lorsque les trois points C′, D, M seront en ligne droite.

En effet, si nous prenons sur AB un point quelconque M′, nous aurons, dans le triangle C′M′D :

$$C'M' - M'D < C'D.$$

PROBLÈME XVI.

Trouver, sur le côté AB d'un triangle, un point tel, que la somme de ses distances aux deux autres côtés soit un minimum.

Fig. 31. Prenons, sur AB, deux points quelconques M, M′; puis abaissons MP, M′P′ perpendiculaires sur AC, et MQ, M′Q′ perpendiculaires sur BC. Afin de connaître laquelle est la plus grande des deux sommes MP+MQ, M′P′+M′Q′, posons

$$MP + MQ \gtrless M'P' + M'Q'.$$

Menons MR parallèle à AC, M'S parallèle à BC : l'inégalité deviendra

$$MP + MS + SQ \gtrless M'R + RP' + M'Q' ;$$

d'où, à cause de $MP = RP'$, $SQ = M'Q'$:

$$MS \gtrless M'R.$$

Or, les deux triangles rectangles MRM', MSM' ont l'hypoténuse commune. Si donc, comme cela a lieu dans la figure, l'angle A est supposé plus grand que l'angle B, nous aurons $MM'S < M'MR$. On conclut aisément de là $MS < M'R$.

Par suite, $MP + MQ < M'P' + P'Q'$.

Ainsi, la somme des distances du point M aux deux côtés AC, BC diminue à mesure que ce point se rapproche du sommet A ; elle sera donc la plus petite possible quand le point M se confondra avec ce sommet.

PROBLÈME XVII.

Trouver, dans le plan d'un triangle, un point tel, que la somme de ses distances aux trois côtés du triangle soit un minimum.

Par un point quelconque M, intérieur ou extérieur au triangle, menons DE parallèle au côté AB ; soit F le point où cette droite rencontre le côté AC, adjacent au plus grand des deux angles A, B. D'après le problème précédent, nous aurons FIG. 32.

$$FH < MQ + MR,$$

ou

$$FH + FG < MP + MQ + MR.$$

Il ne s'agit donc plus que de comparer le point F avec les autres points du côté AC. Or, d'après le même problème, on a

$$CI < FH + FG.$$

Ainsi, *le point cherché est le sommet du plus grand des trois angles du triangle*. En même temps, *le minimum de* MP + MQ + MR *est la plus petite hauteur du triangle.*

PROBLÈME XVIII.

Trouver le lieu des points tels, que la somme des distances de chacun d'eux à deux droites données soit égale à une longueur donnée.

FIG. 26. Il y a plusieurs cas à distinguer :

1° Les deux droites AB, CD sont parallèles, et leur distance est moindre que la longueur donnée.

Le lieu géométrique se compose évidemment du système de deux droites MN, PQ, parallèles aux deux droites données. Pour obtenir ces parallèles, on mène une perpendiculaire commune aux deux droites données, et l'on prend $FG = HE = \frac{1}{2}(L - EF)$, L étant la longueur donnée.

2° Les droites données sont parallèles, et leur distance est égale à la longueur donnée L.

Dans ce cas, *tout point de la bande* comprise entre les deux parallèles données AB, CD, satisfait à la question.

3° Les droites données sont encore parallèles, et leur distance est plus grande que L.

Le problème est évidemment impossible.

4° Les deux droites sont concourantes.

FIG. 27. Menons EF parallèle à la droite donnée AB, de manière que la distance entre ces deux droites soit égale à L. Prenons, à partir du point de concours O, OG = OE.

D'après le Théorème VI, tous les points de la base AE du triangle isocèle AOE satisferont à la question. Mais cette base ne constitue pas tout le lieu géométrique cherché :

il est clair, en effet, que si nous prenons OH=OI=OE, tous les points situés sur le périmètre du rectangle EGHI seront tels, que la somme des distances de chacun d'eux aux deux droites données, sera égale à L. Fig. 28.

Remarque. Si, dans le cas des droites concourantes, on demandait que la *différence* des distances du point cherché aux deux droites fût égale à L, on trouverait, pour le lieu géométrique, les *prolongements* des côtés du rectangle. C'est ce qu'il est aisé de reconnaître.

Le cas des droites parallèles donnerait lieu à une discussion toute semblable à celle qui précède.

LIVRE II.

THÉORÈME I.

Les trois hauteurs d'un triangle sont les bissectrices des angles du triangle ayant pour sommets les pieds de ces droites.

FIG. 34. Soient AM, BN, CP les hauteurs du triangle quelconque ABC, lesquelles se coupent en un point O. A cause des angles droits en M, N, P, les circonférences décrites sur les droites OA, OB, OC prises comme diamètres, passeront par les points M, N, P.

Cela posé, les angles OBM, OPM sont égaux, parce qu'ils ont pour mesure la moitié de l'arc OM; de même, les angles OAN, OPN sont égaux, comme ayant pour mesure la moitié de l'arc OP. Mais les angles OBM, OAN sont égaux, parce que chacun d'eux est le complément de l'angle C; donc OPM = OPN; donc la hauteur CP divise l'angle MPN en deux parties égales. On prouverait, de la même manière, que les hauteurs AM, BN sont les bissectrices des angles PMN, MNP.

Remarques. I. Le point O, où se coupent les trois hauteurs du triangle ABC, est le centre du cercle inscrit au triangle formé par les pieds de ces droites.

II. Les sommets A, B, C du premier triangle sont les centres des cercles ex-inscrits au second.

III. Le triangle MNP est, parmi tous les triangles inscrits à ABC, celui dont le périmètre est minimum. (I, Prob. XI.) On a ainsi une nouvelle solution de ce problème.

THÉORÈME II.

Étant donné un triangle quelconque ABC; si sur chacun de ses côtés on construit extérieurement des triangles équilatéraux ABC′, BCA′, CAB′, et si l'on mène les droites AA′, BB′, CC′ : 1° ces trois lignes sont égales; 2° elles se coupent en un même point O; 3° les côtés du triangle donné ABC sont vus, de ce point, sous un même angle.

1° Dans les deux triangles BAB′, CAC′, AB=AC′, AB′=AC. De plus, les angles BAB′, CAC′ sont égaux, comme se composant d'une partie commune BAC et de deux angles égaux, CAB′, BAC′. Donc les deux triangles BAB′, CAC′ sont égaux entre eux; donc Fig. 46.

$$BB' = CC' = AA'.$$

2° Circonscrivons des circonférences aux triangles ABC′, BCA′, CAB′. Il est facile de voir que ces trois lignes se couperont en un même point O. Joignons ce point aux points A, B, C, A′, B′, C′. Il résultera de cette construction six angles AOB′, B′OC..., égaux chacun à $\frac{2^d}{3}$. Par suite, AOB′+B′OC+BOA′=2ᵈ; donc AOA′ est une ligne droite.

3° Chacun des angles AOB, BOC, COA est égal à $\frac{4^d}{3}$. C'est ce qu'on exprime en disant que *les côtés* AB, BC, CA *sont vus, du point* O, *sous un même angle.*

THÉORÈME III.

Les bissectrices des angles intérieurs d'un quadrilatère forment un quadrilatère inscriptible.

Soit MNPQ le quadrilatère formé par les bissectrices des angles du quadrilatère quelconque ABCD. Il suffit, pour démontrer le théorème, de prouver que la somme des an- Fig. 38.

gles M et P est égale à 2^d. Or, dans le triangle ABM, on a

$$\frac{1}{2}A+\frac{1}{2}B+M=2^d;$$

dans le triangle CPD, on a également

$$\frac{1}{2}C+\frac{1}{2}D+P=2^d;$$

donc $$\frac{1}{2}(A+B+C+D)+M+P=4^d.$$

Mais $$\frac{1}{2}(A+B+C+D)=2^d;$$

donc $$M+P=2^d.$$

Remarques. I. Si ABCD est un parallélogramme, le quadrilatère MNPQ sera un rectangle, dans lequel les diagonales seront parallèles aux côtés du parallélogramme.

II. Les bissectrices des angles extérieurs d'un quadrilatère jouissent des mêmes propriétés.

THÉORÈME IV.

Les bissectrices EP, FN des angles formés par les côtés opposés d'un quadrilatère inscrit ABCD, sont perpendiculaires entre elles.

FIG. 39. EP étant la bissectrice de l'angle AED, on a

$$AP-BM=DP-CM.$$

De même, $$AN-DQ=BN-CQ.$$

Ajoutant ces deux égalités, on obtient :

$$PN-BM-DQ=DP+BN-MQ,$$

ou $$PN+QM=PQ+MN.$$

Par suite, les deux angles PON, MON sont égaux comme ayant même mesure ; donc les droites EP, FN sont perpendiculaires l'une à l'autre.

THÉORÈME V.

Les circonférences qui ont pour cordes les côtés d'un quadrilatère inscriptible ABCD donnent lieu, par leurs secondes intersections, à un quadrilatère inscriptible A'B'C'D'.

Les trois angles en C' donnent FIG. 40.

$$D'C'B' + B'C'C + D'C'C = 4^d.$$

Mais $B'C'C + B'BC = 2^d,$

$D'C'C + D'DC = 2^d;$

donc $D'C'B' = B'BC + D'DC.$

On prouverait de même que

$$D'A'B' = B'BA + D'DA.$$

Ajoutant ces deux égalités, on obtient

$$D'C'B' + D'A'B' = CBA + CDA = 2^d;$$

donc le quadrilatère A'B'C'D' est inscriptible.

THÉORÈME VI.

Les pieds M, N, P des perpendiculaires abaissées d'un point O d'une circonférence sur les côtés d'un triangle inscrit ABC, sont situés sur une même droite.

Menons MN et NP : le théorème sera démontré si nous prouvons que les angles BNM, CNP sont égaux. FIG. 41

Sur OB, comme diamètre, décrivons une circonférence : elle passera par les points M, N, parce que les angles BMO, BNO sont droits. Décrivons de même une circonférence sur OC comme diamètre : elle passera par les points N, P. Cela posé, l'angle MBO, supplément de l'angle ACO, est égal à l'angle OCP, qui est aussi le supplément de ACO ; donc

BOM = COP. Mais ces deux derniers angles sont respectivement égaux, l'un à BNM, l'autre à CNP; donc BNM est égal à CNP.

THÉORÈME VII.

Si, du sommet B d'un triangle équilatéral inscrit, on mène une corde quelconque BD qui coupe le côté AC, et qu'on joigne les deux autres sommets A, C au point D, on aura BD = AD + CD.

Fig. 42. Par le point C, menons CE parallèle à AD, et joignons le point E aux points A, B. Il résultera de cette construction deux triangles BEF, DCF, lesquels seront équilatéraux. En effet, à cause des parallèles, les arcs AE, DC sont égaux; donc

$$BEC = BAC = \frac{2^d}{3},\ EBF = ABC = \frac{2^d}{3},$$

$$BDC = BAC = \frac{2^d}{3},\ ECD = ABC = \frac{2^d}{3}.$$

Par suite, BF = BE = AD, FD = CD;

et enfin, BF + FD = BD = AD + CD.

THÉORÈME VIII.

Si, par les sommets d'un triangle ABC, on fait passer trois circonférences se coupant deux à deux sur les côtés du triangle, ces trois lignes passeront par un même point.

Fig. 43. Soit D le second point d'intersection des circonférences AB′C′ et BA′C′ : je dis que la circonférence CA′B′ passera en D.

En effet, la somme des angles formés autour du point D par les cordes DB′, DC′, DA′, est égale à 6 angles droits.

Or, à cause des quadrilatères inscrits AB′DC′, BA′DC′, les angles B′DC′, A′DC′ sont les suppléments des angles A et B. Donc l'angle A′DB′ est le supplément de C ; et le quadrilatère A′DB′C est inscriptible.

THÉORÈME IX.

Si, par l'un des deux points d'intersection de deux circonférences O, O′, on mène deux diamètres AM, AN, les extrémités M, N de ces deux diamètres et le second point d'intersection B sont en ligne droite.

Menons MB, NB. L'angle MBA est droit comme inscrit dans un demi-cercle ; il en est de même de l'angle ABN ; donc les angles ABM, ABN sont supplémentaires ; donc la ligne MBN est droite. Fig. 35.

THÉORÈME X.

Si, par le point de contact O de deux circonférences, on mène deux cordes communes AB, CD, les droites AD, BC, qui joignent les extrémités de ces cordes, sont parallèles.

Si nous menons la tangente commune EF, les angles OAB, BOF seront égaux comme ayant pour mesure $\frac{1}{2}$OB ; de même, ODC = EOC. Mais les angles BOF, EOC sont égaux comme opposés par le sommet ; donc OAB = ODC ; donc les droites AB, CD sont parallèles, comme faisant avec AD des angles alternes internes égaux. Fig. 36.

THÉORÈME XI.

Si, par le point d'intersection A de deux circonférences O, O', on mène deux cordes communes CD, EF, les droites CE, DF, qui joignent les extrémités de ces cordes, font entre elles un angle constant.

FIG. 37. Menons, par le point A, les deux droites GAH, G'A'H', respectivement tangentes aux deux circonférences. Nous aurons ADF = H'AE, ACE = HAE;

d'où ACE − ADF = HAE − H'AE;

ou encore ACE − ADF = HAH'.

Ainsi, la différence des angles que font les deux droites EC, DF avec la corde commune CD, est constante et égale à l'angle des deux tangentes. Il résulte de là que si nous prolongeons EC, DF jusqu'à leur rencontre en M, l'angle CMF sera égal à HAH'.

Remarque. Si la corde CD reste fixe, et que la corde EF tourne autour du point A, le point M variera de position, mais de telle sorte que l'angle M sera constant. Donc ce point M décrira un arc capable de l'angle HAH', dont les extrémités seront les points C, D.

THÉORÈME XII.

Si, à un cercle I, inscrit à un angle O, on mène des tangentes *intérieures* ou *extérieures*: 1° les tangentes intérieures AB détermineront des triangles ayant même périmètre; 2° les tangentes extérieures CD détermineront des triangles dans lesquels l'excès du demi-périmètre sur le côté CD sera constant; 3° en joignant le centre aux extrémités des tangentes extérieures ou intérieures, on formera des angles constants pour chaque espèce de tangentes; 4° les angles au centre, pour la tangente extérieure et pour la tangente intérieure, seront supplémentaires.

FIG. 44. 1° Dans le triangle OAB,

AP = AN, BP = BM;

donc $OA + OB + AB = ON + OM = 2OM.$

2° Dans le triangle OCD,

$$CQ = CN, \quad DQ = DM;$$

donc $OC + OD - CD = ON + OM = 2OM;$

ou $\frac{OC+OD+CD}{2} - CD = ON.$

3° L'angle AIB est constant, car il est égal à la moitié de l'angle NIM, supplément de l'angle donné O.

De même, l'angle CID est constant, car il est égal à la demi-somme des angles NIQ, MIQ.

4° La somme des angles NIM, NIQ, MIQ est égale à 4 angles droits; donc les angles AIB, CID sont supplémentaires.

Remarque. La première partie du théorème avait déjà été indiquée (I, Prob. X).

THÉORÈME XIII.

1° Les segments déterminés sur les côtés d'un triangle par les points de contact du cercle inscrit et d'un des cercles ex-inscrits sont égaux, chacun, au demi-périmètre moins un côté; 2° la somme de ces segments est égale au demi-périmètre.

Considérons, sur le côté AB, les segments AD, DB, BH, déterminés par le point de contact D du cercle inscrit O et par le point de contact H du cercle ex-inscrit O′. Nous aurons, en représentant par a, b, c les trois côtés du triangle, et par $2p$ le périmètre : Fig. 45.

1° $2p = AB + BG + AC + CG = AB + BH + AC + CI = AH + AI = 2AH;$

donc $p = AH.$

2° $2p = 2AD + 2BF + 2CF = 2AD + 2BC$;

donc $AD = p - a$.

3° $2p = 2BD + 2AE + 2CE = 2BD + 2AC$;

donc $BD = p - b$.

4° $BH = p - c$.

Remarque. A cause de $p = AH = AD + BD + CF$, on conclut $BH = CF$, ou $BG = CF$. Ainsi, *sur chaque côté d'un triangle quelconque, le segment compris entre un sommet et le point de contact du cercle inscrit est égal au segment compris entre l'autre sommet et le point de contact du cercle ex-inscrit.*

THÉORÈME XIV.

Étant donnés une circonférence O et un rayon prolongé OA ; si au point A on mène une perpendiculaire AB à ce rayon, et une sécante ADE à la circonférence, puis que, par les points d'intersection D, E, on mène des tangentes DC, EB, ces tangentes détermineront, par leurs intersections avec la perpendiculaire, deux distances égales AB, AC.

FIG. 47. Tirons les droites OB, OC, et les rayons OD, OE. Si l'on prouve que $OC = OB$, les distances AB et AC seront égales, et le théorème sera démontré.

Décrivons sur OB, comme diamètre, une circonférence : elle passera par les points E, A, parce que les angles OEB, OAB sont droits. De même, la circonférence décrite sur OC, comme diamètre, passe par les points D, A. Cela posé, les angles OAE, OBE sont égaux comme inscrits dans le même segment OE ; de même, les angles OAD, OCD sont égaux ; donc les angles OBE, OCD sont égaux. Il résulte de là que les deux triangles rectangles OBE, OCD sont égaux ; donc $OB = OC$.

PROBLÈME I.

Trouver la bissectrice de l'angle de deux droites MP, NQ qu'on ne peut prolonger.

Coupons les deux droites données par deux droites quelconques MN, PQ. Menons les bissectrices MO, NO des angles M, N : le point O appartiendra à la droite cherchée, parce que les bissectrices des trois angles d'un triangle concourent en un même point. De même, si nous menons les bissectrices PO′, QO′ des angles P, Q, nous obtiendrons un second point O′ de la bissectrice demandée ; donc OO′ sera cette droite. Fig. 48.

PROBLÈME II.

Deux circonférences qui se coupent étant données, mener, par l'un des points d'intersection, une sécante commune qui ait une longueur donnée L.

Supposons le problème résolu, et soit BAC la sécante commune demandée. Des centres O, O′, abaissons OM, O′M′ perpendiculaires sur BC, et menons O′F parallèle à BC ; nous obtiendrons ainsi un triangle rectangle OO′F, dont OO′ est la distance des centres, et dans lequel Fig. 49.

$$O'F = MM' = \tfrac{1}{2}BC = \tfrac{1}{2}L.$$

Si donc on décrit une circonférence sur OO′ comme diamètre, et que du centre O′, avec $\frac{1}{2}$L pour rayon, on trace un arc qui coupe cette circonférence en deux points F, G, il suffira de mener, par chacun des points d'intersection A ou A′, deux parallèles aux droites OF, OG : on obtiendra ainsi les droites BC, B′C′, DE, D′E′, qui satisferont à la question.

PROBLÈME III.

Inscrire, entre deux circonférences données, une droite parallèle à une droite donnée AB et qui ait une longueur donnée L.

Fig. 50. Le problème étant supposé résolu, soit CD la droite cherchée : si, par le centre O, on mène OE parallèle à AB, et égale à L, et que l'on tire OC et ED, la figure OCDE sera un parallélogramme ; donc DE=OC.

Si donc, du point E comme centre, avec OC pour rayon, on décrit une circonférence qui coupe la circonférence O′ en D et D′, et que par ces points on mène des parallèles DC, D′C′ à AB, elles répondront à la question.

PROBLÈME IV.

Par deux points A, B, donnés sur une circonférence, mener deux cordes parallèles AC, BD, dont la somme soit donnée.

Fig. 52. Soit EF la droite qui joindrait les milieux de la corde AB et de la corde inconnue CD.

Dans le trapèze ABCD, la droite EF est égale à la demi-somme des bases; donc le point F se trouve sur une circonférence décrite du point E comme centre, avec un rayon égal à la moitié de la somme donnée. D'un autre côté, les cordes AB, CD, évidemment égales, sont également éloignées du centre; donc le point F se trouve sur une autre circonférence, décrite du point O comme centre, avec OE pour rayon. De plus, la droite CD sera tangente à cette circonférence. Nous pouvons donc regarder la question comme résolue.

Remarque. Pour que le problème soit possible, il faut et il suffit que la somme donnée soit moindre que 4OE. En général, la construction fournira deux solutions.

PROBLÈME V.

Construire un quadrilatère ABCD, connaissant deux angles opposés B, D, les deux diagonales et leur angle O.

On décrit sur AC deux arcs, l'un capable de l'angle B et l'autre capable de l'angle D; on mène ensuite une droite MN faisant avec AC un angle égal à O, puis une droite BD parallèle à MN, et telle, que la partie comprise entre les deux arcs soit de longueur donnée (Prob. III); et ABCD est le quadrilatère demandé. FIG. 51.

PROBLÈME VI.

Inscrire, dans un carré donné, un autre carré donné.

Soit MNPQ un carré inscrit dans ABCD. Les triangles AMQ, BNM, CPN, DQP sont égaux; car ils ont les hypoténuses égales et les angles aigus égaux. De plus, si l'on mène les diagonales AC, MP, on aura deux triangles AOM, COP égaux entre eux, comme ayant un côté égal adjacent à deux angles égaux, chacun à chacun. Par conséquent OA=OC et OM=ON, c'est-à-dire que les deux diagonales se coupent mutuellement en deux parties égales. On déterminera donc les sommets M, N, P, Q en décrivant un arc de cercle du point O comme centre, avec un rayon égal à la moitié de la diagonale du carré à inscrire. FIG. 17.

Remarque. Le problème est impossible si la diagonale du carré à inscrire est plus petite que le côté de l'autre carré.

PROBLÈME VII.

Construire un triangle, connaissant les pieds M, N, P des trois hauteurs.

FIG. 34. Supposons le problème résolu, et soit ABC le triangle demandé. Nous savons que les perpendiculaires AM, BN, CP sont les bissectrices des angles du triangle MNP (Th. I). Si donc nous menons, par les points donnés M, N, P, des perpendiculaires à ces trois bissectrices, elles formeront le triangle demandé ABC.

PROBLÈME VIII.

Construire un triangle, connaissant la base, la hauteur et l'angle au sommet.

FIG. 53. Sur une droite indéfinie XY, prenons une distance AB égale à la base, et décrivons, sur AB, un arc ADB capable de l'angle donné. Au point A, élevons AD perpendiculaire à AB et égale à la hauteur ; menons par le point D une parallèle à AB. Cette parallèle coupera en général l'arc ADB en deux points C, C′; et les triangles CAB, C′AB répondront à la question.

PROBLÈME IX.

Construire un triangle ABC, connaissant un angle A, la hauteur correspondante et le rayon du cercle inscrit.

FIG. 54. Construisons le cercle inscrit O, et décrivons du point A comme centre, avec un rayon égal à la hauteur donnée, une circonférence DEF. Il est clair que si nous menons à ces deux cercles des tangentes communes extérieures BC, B'C', nous obtiendrons deux triangles ABC, AB'C', qui satisferont à l'énoncé.

PROBLÈME X.

Construire un triangle ABC, connaissant la base AB, la somme des deux autres côtés AC, CB, et un angle A à la base.

On connaît l'angle A et la base AB; on peut donc re- FIG. 55.
garder comme connue la direction du côté AC. Si l'on prend AD égale à la somme donnée, et qu'on élève une perpendiculaire EC au milieu de BD, cette droite rencontrera AD au sommet cherché C. En effet, CD=BC; donc

$$AC + CB = AD.$$

PROBLÈME XI.

Construire un triangle ABC, connaissant la base AB, la différence des deux autres côtés AC, CB, et un angle A à la base.

Ce problème se résout comme celui qui précède. FIG. 56.

PROBLÈME XII.

Construire un triangle ABC, connaissant un angle B à la base, la hauteur H, et le périmètre P.

Si, après avoir fait l'angle XBY égal à l'angle donné, FIG. 57.
on mène une parallèle à BX, qui en soit distante d'une quantité égale à la hauteur donnée H, on connaîtra le sommet A, et on sera évidemment ramené au problème X, puisque la somme des côtés inconnus AC, BC est égale à P — AB.

PROBLÈME XIII.

Construire un triangle ABC, connaissant la base AB, l'angle opposé C et la somme des deux derniers côtés AC, BC.

FIG. 58. Prenons, sur le prolongement de AC, CD = CB, et menons DB. Le triangle BCD étant isocèle, nous aurons $D = \frac{1}{2}$ ACB ; donc l'angle D sera connu.

De là, résulte la construction suivante :

On prend, sur une droite indéfinie, AD égale à la somme donnée. Au point D, on fait, avec AD pour côté, un angle ADB, moitié de l'angle donné C. Du point A comme centre, avec un rayon égal à la base donnée, on décrit une circonférence qui coupe DB au sommet B. Enfin, au milieu de BD, on élève la perpendiculaire EC, qui détermine le dernier sommet C.

PROBLÈME XIV.

Construire un triangle ABC, connaissant la base AB, l'angle opposé C et la différence des deux derniers côtés AC, BC.

L'analyse de ce problème est la même que celle du Problème XIII. Elle conduit à la construction suivante :

FIG. 59. On prend, sur une droite indéfinie, AD égale à la différence donnée. Au point D, on fait, avec AD pour côté, un angle ADB, double de l'angle donné C. Du point A comme centre, avec un rayon égal à la base donnée, on décrit une circonférence qui coupe DB au sommet B. Enfin, si au milieu de DB on élève la perpendiculaire EC, on obtient le dernier sommet C.

PROBLÈME XV.

Construire un triangle ABC, connaissant la base AB et le cercle inscrit O.

Si, par les extrémités A, B de la base, on mène des tangentes au cercle O, on aura le triangle cherché. Fig. 60.

Remarque. Quand l'angle AOB est droit, les tangentes deviennent parallèles entre elles, et le problème est impossible.

PROBLÈME XVI.

Construire un triangle, connaissant le cercle inscrit, et l'un des trois cercles ex-inscrits.

En menant aux cercles O, I une tangente commune intérieure CB, et deux tangentes communes extérieures AB, AC, on obtient le triangle demandé ABC. Fig. 61.

PROBLÈME XVII.

Construire un triangle, connaissant deux des trois cercles ex-inscrits.

En menant aux circonférences I, I′ deux tangentes communes intérieures BC, AC, et une tangente commune extérieure AB, on obtient le triangle demandé ABC. Fig. 61.

PROBLÈME XVIII.

Construire un triangle, connaissant les centres I, I′, I″ des trois cercles ex-inscrits.

D'après le Théorème I, les sommets du triangle cherché ABC sont les pieds des hauteurs du triangle II′I″. Fig. 61.

Remarque. Si, au lieu des trois centres I, I′, I″, on en donnait deux, I, I′, avec le centre O du cercle inscrit, on obtiendrait le triangle ABC en menant les droites IBI″, I′AI″, OC respectivement perpendiculaires à OI′, OI, II′.

PROBLÈME XIX.

Construire un triangle ABC, connaissant la base BC, l'angle opposé A et le rayon du cercle inscrit.

Fig. 45. Le rayon du cercle inscrit étant connu, on peut facilement tracer ce cercle O. Soient D, E les points où il touche les côtés de l'angle donné A. Si l'on pend DH=EI=BC, et que l'on décrive le cercle O′ qui touche AB en H et AC en I, ce cercle sera ex-inscrit au triangle ABC.

En effet, d'après le Théorème XIII,

$$BD+BH=BF+CF=BC.$$

Il suffit donc, pour déterminer le triangle ABC, de mener une tangente commune aux cercles O, O′.

PROBLÈME XX.

Construire un triangle ABC, connaissant la base BC, la somme des deux autres côtés, et le rayon du cercle inscrit.

Fig. 62. A cause de BM+CN=BC (Pr. XIX), il est évident que

$$AB+AC-BC=AM+AN=2AM.$$

Par conséquent, AM est connu ; et comme OM l'est aussi, il s'ensuit que si l'on construit un triangle rectangle ayant pour côtés de l'angle droit AM et OM, on connaîtra l'angle MAO, puis l'angle MAN, double de MAO. Ainsi, le problème est ramené au problème précédent.

PROBLÈME XXI.

Construire un triangle ABC, connaissant la base BC, la différence des deux autres côtés, et le rayon du cercle inscrit.

A cause de AM=AN, la différence des segments CN, BM est égale à la différence des côtés AC, AB. Mais CN=CP, BM=BP; donc Fig. 62.

$$CP-BP=CN-BM=AC-AB.$$

Par conséquent, si l'on porte la différence donnée de C en D, et qu'on élève une perpendiculaire au milieu de BD, égale au rayon du cercle inscrit, on pourra tracer ce cercle. Donc les tangentes qui lui seront menées par les extrémités de la base détermineront le triangle ABC.

PROBLÈME XXII.

Construire un triangle ABC, connaissant le périmètre, l'angle A, et le rayon du cercle inscrit.

Soient, comme dans le Problème XIX, O, O' le cercle inscrit et l'un des cercles ex-inscrits. On aura (Th. XIII) AH=AI=p. Et comme les droites AH, AI comprennent entre elles l'angle donné A, on peut construire le cercle ex-inscrit, et ensuite le cercle inscrit, dont le rayon est une des données de la question. Il ne s'agira donc plus, pour déterminer le triangle ABC, que de mener la tangente commune BC. Fig. 45.

PROBLÈME XXIII.

Construire un triangle ABC, connaissant le périmètre $2p$, un angle A, et la hauteur h abaissée du sommet de cet angle sur le côté opposé.

FIG. 88. Des propriétés démontrées ci-dessus (Th. XII et XIII) on conclut immédiatement la construction suivante :

Sur les côtés Ax, Ay de l'angle donné A, prenez $AE = AF = p$; élevez EO, FO, respectivement perpendiculaires à Ax, Ay; du point O, comme centre, avec EO pour rayon, tracez une circonférence : elle touchera les côtés de l'angle aux points E, O. Du point A, comme centre, avec un rayon égal à la hauteur donnée, tracez une circonférence DD'. Enfin menez, à ces deux circonférences, une tangente intérieure DG. Elle coupera les côtés de l'angle donné en deux points B, C, qui seront les deux derniers sommets du triangle demandé.

Remarques. 1° Le problème admet, en général, une seconde solution AB'C', qui ne diffère pas essentiellement de la première.

2° Pour que le problème soit possible, il faut que l'on ait

$$h \leqq AO - OE.$$

3° Si $h = AO - OE$, les deux circonférences sont tangentes; et les deux triangles ABC, AB'C' se confondent en un triangle isocèle. Alors, la hauteur h est un *maximum*.

4° Si l'angle A est droit, la figure AEOF devient un carré; et la condition ci-dessus se réduit à

$$h \leqq AO - p.$$

PROBLÈME XXIV.

Construire un triangle équilatéral ayant ses sommets sur trois parallèles données X, Y, Z.

Supposons le problème résolu, et soit ABC le triangle équilatéral demandé. Faisons passer une circonférence par les trois sommets A, B, C; elle coupera la parallèle X en un point O. Menons OB, OC : nous formerons un angle BOC égal à BAC comme inscrit dans le même segment CBD; donc $BOC = \frac{2^d}{3}$. De même, $OBD = AOB = ACB = \frac{2^d}{3}$. Fig. 67.

De là, résulte la construction suivante :

En un point O quelconque de la parallèle X, on mène deux droites OC, OB, inclinées à 60° sur les trois parallèles. Ces deux droites coupent Y, Z en deux points C, B. On mène BC; on circonscrit une circonférence au triangle BOC; cette circonférence coupe la parallèle X en A; on joint ce point aux points B et C; et ABC est le triangle équilatéral demandé.

PROBLÈME XXV.

A un triangle donné MNP, circonscrire un triangle ABC égal à un triangle donné A'B'C'.

Le point B se trouve évidemment sur l'arc capable de l'angle B', décrit sur MN comme corde; et le point C, sur l'arc capable de l'angle C', décrit sur MP comme corde. Fig. 69.

Maintenant, si l'on mène par le point M une sécante BC telle, que la partie comprise dans les deux segments soit égale à B'C' (Pr. III), et que l'on tire BN et CP, on aura le triangle demandé ABC.

Remarque. Si le côté donné B'C' n'est ni trop grand ni trop petit, le problème sera susceptible d'une seconde solution; car on pourra, en général, mener par le point M deux sécantes BC, DE telles, que les parties comprises entre les deux segments soient égales à B'C'.

PROBLÈME XXVI.

A un triangle donné ABC, circonscrire un triangle équilatéral maximum.

FIG. 89. Du Problème XXV, on conclut la construction suivante :

Sur les trois côtés du triangle ABC on décrit trois arcs capables de $\frac{2}{3}$ d'angle droit; par le sommet B du plus petit des trois angles, on mène une sécante MP terminée aux arcs BPA, BMC, et parallèle à la ligne des centres. On mène les droites PA, MC, lesquelles, se coupant en un point N situé sur l'arc AC, forment le triangle équilatéral maximum MNP.

PROBLÈME XXVII.

Par un point donné A, mener une sécante ABC qui forme, avec les deux côtés d'un angle donné O, un triangle OBC, dont le périmètre soit donné.

FIG. 63. Si l'on imagine un cercle I, ex-inscrit à ce triangle, on aura (Th. XIII) ON$=$OP$=p$.

De cette remarque résulte la construction suivante :

On prend, sur les deux côtés de l'angle O, des distances ON, OP égales à la moitié du périmètre donné; aux points N, P on élève, sur les deux côtés de l'angle, des perpendiculaires qui se coupent en I. Du point I, avec IN pour rayon, on décrit une circonférence à laquelle on mène, par le point A, une tangente ABMC : cette droite est la sécante demandée.

PROBLÈME XXVIII.

Étant donnés un triangle ABC et un point O, mener par ce point une sécante OMN telle, que le segment MN compris dans l'angle A soit égal à la somme des deux segments BM, CN.

A cause de MN=NB+CN, le périmètre du triangle AMN est égal à la somme des côtés AB, AC du triangle donné. La question se réduit donc à mener, par le point O, une sécante qui détermine dans l'angle A un triangle AMN, ayant un périmètre donné. C'est le problème que nous venons de résoudre. FIG. 64.

PROBLÈME XXIX.

Inscrire, dans l'angle A d'un triangle donné ABC, une droite DE de longueur donnée L, et égale à la somme des segments BD, EC.

Des deux problèmes précédents et du Théorème XIII, on tire la conclusion suivante :

Prenez, sur les côtés de l'angle A, FIG. 66.

$$AF = AG = \frac{1}{2}(AB + AC + BC),$$

et décrivez le cercle O′, qui touche en F, G les côtés de l'angle. Prenez ensuite FI=GK=L, et décrivez le cercle O. Menez enfin, à ces deux cercles, une tangente commune intérieure DE.

PROBLÈME XXX.

Étant donnés deux circonférences et un point A, mener une droite MN terminée aux circonférences et divisée en deux parties égales par le point A.

Fig. 78. Soit C la circonférence *symétrique* de O par rapport au point donné; soient M, M′ les points où cette circonférence auxiliaire coupe la circonférence O′. Si l'on mène les droites MAN, M′AN′, elles satisferont à l'énoncé.

Remarque. Pour que le problème soit possible, il faut que l'on ait

$$CO' < R + R', \quad CO' > R - R',$$

R et R′ étant les rayons des cercles donnés.

PROBLÈME XXXI.

Mener, dans un triangle ABC, une transversale MNP telle, que les segments MP, NP, déterminés par les côtés du triangle, soient égaux à des droites données *m*, *n*.

Fig. 70. Ce problème peut être regardé comme un cas particulier du Problème XXV : celui où le triangle donné MNP se réduirait à une ligne droite.

PROBLÈME XXXII.

Des sommets d'un triangle ABC, comme centres, décrire trois circonférences qui se touchent mutuellement.

Soient M, N, P les points de contact cherchés. La tangente commune aux cercles C, A, et la tangente commune aux cercles A, B, se rencontrent en un point situé sur la bissectrice de l'angle A. De même, la tangente commune en P et la tangente commune en M se rencontrent sur la bissectrice de l'angle B. Or, les bissectrices des trois angles du triangle ABC se coupent en un point unique O, centre du cercle inscrit à ce triangle. Donc les tangentes communes en M, N, P sont les rayons menés aux points de contact du cercle O avec les trois côtés du triangle ABC. FIG. 82.

Il faut donc, pour obtenir les rayons AP, BM, CN :

1° Chercher le centre du cercle O inscrit au triangle donné;

2° Abaisser OM, ON, OP perpendiculaires sur les côtés du triangle donné.

Remarques. I. Si l'on désigne par a, b, c les trois côtés du triangle, et par $2p$ son périmètre, il résultera, de ce que l'on a vu dans le Théorème XIII, que

$$AP=p-a,\quad BM=p-b,\quad CN=p-c.$$

II. Ce problème équivaut à la *résolution géométrique* des équations

$$y+z=a,\quad z+x=b,\quad x+y=c.$$

PROBLÈME XXXIII.

Étant donnés, sur une circonférence O, deux points C, D, situés d'un même côté par rapport à un diamètre donné AB, trouver sur la circonférence, de l'autre côté de ce diamètre, un point M tel, qu'en le joignant aux deux points donnés, les segments OE, OF du diamètre, compris entre le centre et les droites de jonction, soient égaux entre eux.

Fig. 68. Menons le diamètre COG; joignons le point G aux points inconnus M, F par les droites GM, GFH, et menons la corde HC.

Les deux triangles OEC, OFG sont égaux, comme ayant un angle égal compris entre deux côtés égaux chacun à chacun; donc les angles OCE, OGF sont égaux. Il résulte de là que les deux triangles CMG, CHG, évidemment rectangles, sont égaux comme ayant l'hypoténuse égale et un angle aigu égal. Donc la figure CMGH est un rectangle. Actuellement, dans le triangle MGF, l'angle G est droit, et l'angle M est connu, car il est égal à DCG. Si donc nous décrivons, sur la corde GD, un arc capable d'un angle égal à $1^d +$ DCG, cet arc coupera le diamètre AB au point cherché F.

Remarque. Si, aux points D, G, on mène des tangentes, et que du point I, où elles se coupent, on décrive une circonférence, son intersection avec AB donnera le point F.

PROBLÈME XXXIV.

Mener à deux circonférences données O, O′, deux tangentes égales AT, AT′, faisant entre elles un angle donné.

Fig. 71. Joignons les points de contact T, T′ aux deux centres, par les droites TO, T′O′, et prolongeons ces droites jusqu'à leur rencontre en B. Nous formerons ainsi un quadrilatère dans lequel les angles B, A seront supplémentaires, attendu que les angles T, T′ sont droits. De plus, BT=BT′ : c'est ce qu'il est facile de voir en menant la diagonale AB. Il résulte de là que, dans le triangle OBO′, nous connaissons la base OO′, l'angle opposé B, et la différence des deux derniers côtés; car, de BT=OB+OT, BT′=O′B+O′T′, on déduit, à cause de BT=BT′ : BO−BO′=O′T′−OT. La question est donc ramenée au Problème XIV.

Remarque. Si, au lieu de la tangente AT, on considère la tangente AT_1, on aura

$$B_1T = B_1O + OT,\quad B_1T_1 = B_1O' - O'T_1;$$

d'où $$B_1O' - B_1O = OT + O'T_1.$$

PROBLÈME XXXV.

Par un point A, situé hors d'une circonférence O, mener une sécante ABC qui soit divisée en deux parties égales par la circonférence.

Menons OB, OC, et prolongeons OB d'une quantité égale BD. Les deux triangles ABD, OBC seront égaux comme ayant un angle égal compris entre côtés égaux; donc AD=OC. De là, résulte la construction suivante : Fig. 83.

Du point A comme centre, on décrit une circonférence égale à la circonférence donnée; du point O comme centre, avec le double du rayon de la circonférence donnée, on décrit un arc de cercle qui coupe en D la circonférence A. On mène OD, qui coupe la circonférence donnée au point cherché B.

Discussion. Pour que le problème soit possible, il faut qu'on puisse construire le triangle AOD. Par conséquent, il faut que AO, distance du point donné au centre de la circonférence donnée, soit plus petite que la somme des distances AD et OD, c'est-à-dire moindre que trois fois le rayon de la circonférence donnée ; et que cette distance AO soit en même temps plus grande que OD—AD, c'est-à-dire plus grande que le rayon de la circonférence donnée. Dans ce cas, les deux arcs de cercle décrits des points A et O, comme centres, se coupent en deux points D, D′, et il y a deux droites ABC, AB′C′ qui satisfont à la question.

PROBLÈME XXXVI.

Inscrire, dans un cercle donné O, une corde CD, de longueur donnée L, qui soit partagée en deux parties égales par une corde donnée AB.

Fig. 85. Soit E le point d'insertion de la corde inconnue CD avec la corde donnée AB. Joignons ce point au centre O par la droite OE : elle sera perpendiculaire à CD; et, conséquemment, la corde CD sera tangente à la circonférence qui serait décrite du point O comme centre, avec OE pour rayon. Or, deux cordes également éloignées du centre sont égales. Si donc nous inscrivons dans le cercle O une corde quelconque GH égale à L, et si nous décrivons ensuite une circonférence concentrique à la première et tangente à GH, cette ligne passera par le point cherché E.

Remarque. Lorsque le problème est possible, il admet généralement deux solutions.

PROBLÈME XXXVII.

Par un point M, donné sur un diamètre AB, mener une transversale CD telle, que l'arc AC soit le triple de BD.

Fig. 76. Il y a deux cas à distinguer, selon que le point M est situé sur le diamètre AB ou sur son prolongement.

Premier cas. Menons le rayon OD : nous formerons ainsi un triangle MOD, dans lequel l'angle O a pour mesure BD. Mais l'angle BMD a pour mesure $\frac{1}{2}$(AC+BD) ou 2BD. Donc l'angle extérieur BMD est double de l'angle intérieur O. Donc le triangle OMD est isocèle, et MD=OD.

On décrira donc, du point M comme centre, une circonférence ayant pour rayon MO. Si MO est plus grand que MB, cette circonférence coupera la circonférence donnée en deux points D, D'; et l'on tracera les deux cordes DMC, D'MC', qui satisferont à la question.

Second cas. Si le point M est situé sur le prolongement du diamètre AB, on trouve encore MD=OD.

PROBLÈME XXXVIII.

Décrire un cercle qui touche une circonférence donnée C et qui touche, en un point donné A, une droite donnée PQ.

Soit O le centre du cercle demandé. Comme ce point appartient à la perpendiculaire élevée par le point A à la droite PQ, il suffit de connaître une autre droite sur laquelle il soit situé. Or, si l'on prend, sur la perpendiculaire, une distance AB égale au rayon de la circonférence donnée C, et que l'on mène CB, le triangle OBC sera isocèle. Par conséquent, le centre appartient à la perpendiculaire élevée au milieu de BC. Fig. 79.

PROBLÈME XXXIX.

Décrire un cercle qui touche une droite donnée PQ et qui touche, en un point donné A, une circonférence donnée C.

Supposons le problème résolu, et soit O le centre du cercle demandé. Ce point se trouve sur la droite CA qui joint Fig. 80.

le centre du cercle donné au point de contact. De plus, si l'on mène AD perpendiculaire à CA, le centre O sera situé sur la bissectrice DO de l'angle ADP ; donc il est déterminé.

PROBLÈME XL.

Décrire, sur une corde donnée AB, une circonférence qui coupe une circonférence donnée O, de manière que la corde commune CD soit parallèle à une droite donnée EF.

Fig. 81. Lorsque deux circonférences se coupent, la ligne des centres est perpendiculaire à la corde commune ; donc OI est perpendiculaire à CD, ou perpendiculaire à EF. D'ailleurs, le centre cherché I doit se trouver sur la perpendiculaire élevée au milieu de AB ; donc il est déterminé.

PROBLÈME XLI.

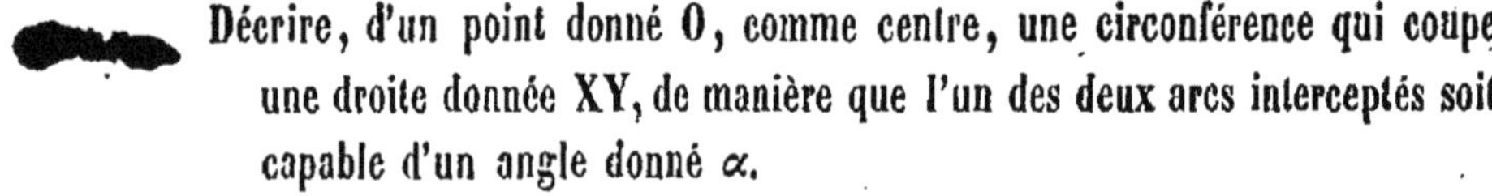

Décrire, d'un point donné O, comme centre, une circonférence qui coupe une droite donnée XY, de manière que l'un des deux arcs interceptés soit capable d'un angle donné α.

Fig. 84. Soit OM le cercle demandé, et soit MAN celui des deux segments qui est capable de l'angle donné α. L'angle au centre MON, étant double de MAN, sera égal à 2α. Si donc on abaisse OB perpendiculaire sur XY, l'angle MOB, moitié de MON, sera égal à l'angle donné α.

De là résulte la construction suivante :

Du point donné O, on abaisse, sur la droite donnée, une perpendiculaire OB ; on fait au point O, avec cette perpendiculaire, un angle MOB égal à l'angle donné α ; et du point O comme centre, avec OM pour rayon, on décrit une circonférence.

THÉORÈME XLII.

Décrire une circonférence ayant pour centre un point donné O, et qui coupe les côtés d'un angle donné BAC, suivant une corde DE parallèle à une droite donnée MN.

Du centre O, abaissons OF perpendiculaire sur DE : le point F sera le milieu de DE. Si actuellement nous menons AF, cette médiane, d'après une propriété connue, partagera en deux parties égales toute parallèle à la base DE du triangle DAE. En particulier, si l'on prolonge les côtés de l'angle donné jusqu'à leur rencontre avec la droite donnée MN, le segment GH sera partagé en deux parties égales par le prolongement de la médiane. Fig. 86.

On voit donc que pour trouver le point F, il faut :

1° Prolonger les côtés de l'angle jusqu'à leur rencontre en G et en H avec la droite donnée MN ; 2° joindre le milieu I de GH avec le sommet A ; 3° enfin abaisser, du centre donné, OF perpendiculaire à MN.

Le point F étant connu, le reste s'achève facilement.

PROBLÈME XLIII.

Étant donnés un cercle C, une droite XY et un point A situé sur cette droite, décrire un autre cercle qui touche cette droite au point A, et qui coupe, sous un angle donné α, le cercle donné.

Soit OA le cercle demandé. Si au point B, où il coupe le cercle donné, on mène les tangentes BD, BE, l'angle de ces Fig. 92.

droites sera, d'après l'hypothèse, égal à α. Si donc on inscrit dans le cercle donné C une corde MN qui en retranche un segment capable de l'angle α ou de son supplément, et qu'on décrive du centre C une circonférence tangente à MN, la tangente inconnue BE touchera cette circonférence CP en un point F, milieu de la corde BE.

Cela posé, menons le rayon CG perpendiculaire à XY; joignons le point G au point de contact F, et prolongeons la corde GF jusqu'à sa rencontre en H avec XY. Enfin, supposons BE prolongée semblablement jusqu'à ce qu'elle rencontre XY en un point I. Nous obtiendrons ainsi deux triangles FCG, FIH tels, que les angles CGF, CFG du premier auront pour compléments respectifs les angles IHF, IFH du second, attendu que CG et CF sont respectivement perpendiculaires à IH et IE. Mais CGF$=$CFG; donc IHF$=$IFH; donc IF$=$IH.

D'un autre côté, les deux tangentes IA, IB sont égales entre elles, comme étant issues d'un même point, donc BF$=$AH.

Il suffira donc, pour obtenir le point H, de prendre AH$=$MP$=\frac{1}{2}$MN. Le point H étant connu, on mènera la droite GH, laquelle, par son intersection avec la circonférence CP, donnera le point F; après quoi l'on obtiendra le centre cherché O par l'intersection de AO perpendiculaire à XY et de OL perpendiculaire au milieu de HF.

Nous laissons au lecteur le soin de discuter le problème.

PROBLÈME XLIV.

Étant donnés deux cercles O et C, avec un point A pris sur l'un d'eux, on propose d'en décrire un qui passe par ce point et qui coupe les deux premiers sous des angles connus α, β.

Supposons le problème résolu, et soit I le cercle demandé. Menons au cercle C la tangente AD, et au cercle demandé I la tangente AE : ces deux tangentes formeront, par hypothèse, un angle égal à α. Si donc on mène au point A une droite AE faisant avec la tangente AD, qui est connue, un angle α, le problème sera ramené à décrire un cercle qui touche AE au point A, et qui coupe le cercle O sous un angle donné β; c'est le problème qui vient d'être résolu. Fig. 93.

PROBLÈME XLV.

Quel est le lieu géométrique des sommets des triangles ayant même base AB et dans lesquels la médiane AM a une longueur donnée L?

Si nous menons CO parallèle à AM, nous aurons $BO=2AB$, et $OC=2AM=2L$. Le lieu est donc une circonférence décrite du point O comme centre, avec 2L pour rayon. Fig. 90.

PROBLÈME XLVI.

Par un point D, pris sur le côté BC d'un triangle donné ABC, on mène une transversale quelconque EDF. On trace les circonférences CDE, BDF. Quel est le lieu du second point M d'intersection de ces circonférences?

Joignons le point M aux points B, C, D, et considérons le quadrilatère ABMC. Fig. 91.

L'angle BMC de ce quadrilatère se compose des angles BMD, CMD. Or, évidemment

$$BMD = BFD, \quad CMD = AEF;$$

donc $$BMC = BFD + AEF = 2^d - A.$$

Ainsi, l'angle BMC est le supplément de l'angle A du triangle ABC; et, conséquemment, le lieu géométrique cherché est la circonférence circonscrite au triangle ABC.

Remarque. Ce lieu géométrique est indépendant de la position du point donné D.

LIVRE III.

THÉORÈME I.

Lorsqu'une droite AB est partagée en deux segments AC, BC, proportionnels aux nombres b, a; si des points A, B, C on abaisse, sur une droite quelconque XY, des perpendiculaires AA', BB', CC'; on a

$$(a+b)\,CC'=a.AA'+b.BB'.$$

Menons la diagonale A'B, qui rencontre CC' en un point D. Les triangles semblables BCD, BAA' donneront FIG. 94.

$$\frac{CD}{AA'}=\frac{BC}{BA}=\frac{a}{a+b};$$

d'où
$$(a+b)\,CD=a.AA'.$$

De même, les deux triangles semblables A'C'D, A'B'B donneront

$$\frac{C'D}{BB'}=\frac{A'D}{A'B}=\frac{AC}{AB}=\frac{b}{a+b};$$

d'où
$$(a+b)\,C'D=b.BB'.$$

Ajoutant les deux égalités, on trouve :

$$(a+b)\,CC'=a.AA'+b.BB'.$$

Remarques. I. Lorsque la droite XY ne laisse pas les trois points A, B, C d'un même côté, on doit affecter du signe + les perpendiculaires situées d'un côté de cette droite, et du signe — celles qui sont situées de l'autre côté.

Considérons, par exemple, la figure 95. Nous aurons, comme ci-dessus,

$$(a+b)\,CD=a.AA',$$
$$(a+b)\,C'D=b.BB'.$$

Mais la perpendiculaire CC′, au lieu d'être égale à C′D+CD, est égale à C′D−CD; donc

$$(a+b)\mathrm{CC'}=b.\mathrm{BB'}-a.\mathrm{AA'}.$$

II. Si les deux segments AC, BC, au lieu d'être *additifs*, sont *soustractifs*, c'est-à-dire si le point C est situé sur le prolongement de AB, on aura

$$(a-b)\mathrm{CC'}=a.\mathrm{AA'}-b.\mathrm{BB'}.$$

En effet, de $\frac{\mathrm{AC}}{\mathrm{BC}}=\frac{a}{b}$, on conclut $\frac{\mathrm{AC}}{\mathrm{AB}}=\frac{b}{a+b}$, d'où, par le théorème ci-dessus,

$$a.\mathrm{AA'}=b.\mathrm{BB'}+(a-b)\mathrm{CC'}.$$

THÉORÈME II.

Étant donné un système de points A, B, C..., on peut toujours déterminer un point tel, que sa distance à une droite quelconque XY soit égale à la moyenne arithmétique entre les distances de la même droite aux points A, B, C...

Fig. 97. D'après le Théorème I, la proposition est vraie dans le cas où le nombre des points A, B, C... se réduit à *deux*. Supposons donc que cette proposition ait été démontrée pour le cas de n points A, B, C, D, E, et vérifions qu'elle a encore lieu si l'on considère $(n+1)$ points A, B, C, D, E, F.

Soit I *le centre des moyennes distances* des points A, B, C, D, E; nous aurons

$$n.\mathrm{II'}=\mathrm{AA'}+\mathrm{BB'}+\mathrm{CC'}+\mathrm{DD'}+\mathrm{EE'}.$$

Menons IF, et partageons cette droite en deux segments IO, OF, proportionnels aux nombres 1, n; nous aurons, par le Théorème I :

$$(n+1)\,\mathrm{OO'}=n.\mathrm{II'}+\mathrm{FF}.$$

Donc $\mathrm{OO'}=\frac{1}{n+1}[\mathrm{AA'}+\mathrm{BB'}+\mathrm{CC'}+\mathrm{DD'}+\mathrm{EE'}+\mathrm{FF'}].$

Remarques. I. Pour obtenir le centre des moyennes distances d'un système de points A, B, C, D,... il suffit, évidemment, d'appliquer la règle suivante :

Menez la droite AB, *et divisez cette droite en deux parties égales* AM, MB; *menez la droite* MC, *et divisez cette droite en deux parties* MN, NC, *proportionnelles aux nombres* 1, 2; *menez la droite* ND, *et divisez cette droite en deux parties* NP, PD, *proportionnelles aux nombres* 1, 3, *etc. Le dernier point de division* O *sera le centre des moyennes distances cherché.*

II. *Tout système de points a un centre des moyennes distances.*

III. *Un système de points ne peut avoir qu'un seul centre des moyennes distances.*

En effet, s'il en avait deux, ces deux centres seraient également distants d'une droite quelconque; ce qui est absurde.

IV. *Si une droite* XY *est située de manière que la somme algébrique de ses distances à des points* A, B, C, D... *soit nulle, cette droite contient le centre des moyennes distances du système de ces points.*

De cette dernière proposition, dont la vérité est évidente, on déduit les conclusions suivantes :

V. *Le centre des moyennes distances d'un triangle est le point d'intersection des trois médianes.*

VI. *Le centre des moyennes distances d'un quadrilatère est le point de rencontre des droites qui joignent les milieux des côtés opposés.*

VII. *Le centre des moyennes distances des sommets d'un polygone régulier est le centre de figure de ce polygone.*

THÉORÈME III.

La somme des carrés des distances de n points A, B, C... à un point quelconque S, est égale à la somme des carrés des distances des mêmes points à leur centre O, augmentée de n fois le carré de SO.

FIG. 98. Projetons les points A, B, C... sur la droite SO, et nous obtiendrons, dans les différents triangles AOS, BOS, COS,... :

$$\overline{AS}^2=\overline{AO}^2+\overline{OS}^2+2OS.A'O,$$

$$\overline{BS}^2=\overline{BO}^2+\overline{OS}^2-2OS.B'O,$$

$$\overline{CS}^2=\overline{CO}^2+\overline{OS}^2-2OS.C'O,$$

. . . .

d'où $\overline{AS}^2+\overline{BS}^2+\overline{CS}^2+\ldots=\overline{AO}^2+\overline{BO}^2+\overline{CO}^2+\ldots+n\overline{OS}^2$
$+2OS(A'O-B'O-C'O+\ldots).$

Or, il est évident que le point O, centre des moyennes distances des points A, B, C,... est aussi le centre de leurs projections A', B', C'... Donc la somme *algébrique* des distances A'O, B'O, C'O..., est nulle, et l'égalité précédente se réduit à

$$\overline{AS}^2+\overline{BS}^2+\overline{CS}^2+\ldots=\overline{AO}^2+\overline{BO}^2+\ldots+n.\overline{OS}^2.$$

Remarque. Cette égalité donne

$$\overline{AS}^2+\overline{BS}^2+\overline{CS}^2+\ldots<\overline{AO}^2+\overline{BO}^2+\overline{CO}^2+\ldots$$

Conséquemment, *la somme des carrés des distances d'un point* S *à des points donnés* A, B, C... *est un minimum, quand ce point* S *se confond avec le centre* O.

THÉORÈME IV.

Le lieu géométrique des points tels que la somme des carrés des distances de chacun d'eux à des points donnés A, B, C, soit constante, est une circonférence qui a pour centre le centre O des moyennes distances des points A, B, C...

Soit S l'un des points du lieu, et soit l la constante donnée. L'égalité précédente donnera Fig. 98.

$$l^2 = \overline{AO}^2 + \overline{BO}^2 + \ldots + n.\overline{OS}^2;$$

ou bien $\overline{OS}^2 = \frac{1}{n}\left[l^2 - \overline{AO}^2 - \overline{BO}^2 - \overline{CO}^2 - \ldots\right];$

c'est-à-dire que la distance OS est constante : le lieu est donc une circonférence ayant pour centre le point O.

Remarques. 1° Pour que la circonférence existe réellement, il faut que l'on ait

$$l^2 > \overline{AO}^2 + \overline{BO}^2 + \overline{CO}^2 + \ldots$$

2° Si $l^2 = \overline{AO}^2 + \overline{BO}^2 + \overline{CO}^2 + \ldots$, *la circonférence se réduit à son centre* O.

THÉORÈME V.

Les droites qui joignent les sommets homologues de deux polygones P, P', semblables et semblablement ou inversement situés, se coupent en un même point.

Soient AB, BC deux côtés consécutifs du polygone P, Fig. 99. et A'B', B'C' les côtés correspondants du polygone P'. Soit O le point de rencontre des droites AA', BB' : il s'agit de démontrer que la droite CC' passe par le point O.

Les triangles semblables OAB, OA'B' donnent

$$\frac{AB}{A'B'}=\frac{BO}{B'O};$$

d'où

$$\frac{AB-A'B'}{AB}=\frac{BB'}{BO}.$$

Appelons O' le point de rencontre des droites BB', CC'; nous aurons, de la même manière,

$$\frac{BC-B'C'}{BC}=\frac{BB'}{BO'}.$$

Mais, les polygones P, P' étant semblables, on a

$$\frac{AB}{A'B'}=\frac{BC}{B'C'};$$

d'où

$$\frac{AB-A'B'}{AB}=\frac{BC-B'C'}{BC}.$$

Les proportions ci-dessus ont donc un rapport commun. Conséquemment,

$$\frac{BB'}{BO}=\frac{BB'}{BO'};$$

d'où

$$BO=BO'.$$

Ainsi, le point O' coïncide avec le point O.

Remarques. I. On appelle, en général, *centre de similitude* de deux lignes un point *situé de la même manière* par rapport à chacune d'elles. En adoptant cette définition, on voit que le point O est le centre de similitude des polygones P, P'.

II. Le centre de similitude est *externe* lorsque les deux figures sont *directement* semblables ; il est *interne* dans le cas contraire.

III. Deux figures semblables et semblablement placées peuvent avoir à la fois deux centres de similitude. Exemple : deux circonférences.

THÉORÈME VI.

Deux polygones semblables ont un centre de similitude.

AB, A'B' étant deux côtés homologues, soit C leur point de concours. Par les trois points A, A', C, faisons passer une circonférence; puis, par les trois points B, B', C, faisons passer une autre circonférence. Ces deux lignes, qui se coupent en C, se couperont en un autre point O; et ce point sera le centre de similitude des deux polygones. FIG. 100.

En effet, dans le quadrilatère inscrit OACA', les angles A, A' sont supplémentaires; donc OAB=OA'B'. De même, OBA=OB'A'. Conséquemment, les triangles OAB, OA'B' sont semblables, et le point O est situé de la même manière relativement aux côtés AB, A'B'. C'est ce qu'il fallait démontrer.

THÉORÈME VII.

Les centres de similitude de trois polygones P, P', P″ semblables et semblablement placés sont en ligne droite.

Soit X le point du polygone P', homologue du centre de similitude O' de P, P″. La droite O'X, qui unit deux points homologues de P, P', doit passer par O″, centre de similitude de ces deux polygones. Cette même droite, qui unit deux points homologues de P', P″, doit passer par leur centre O. Les quatre points O, O', O″, X, sont donc en ligne droite.

Remarques. I. La droite qui passe par les centres de similitude de trois figures semblables et semblablement placées s'appelle *axe de similitude*.

II. Trois circonférences ont en général *six* centres de similitude, lesquels sont situés trois à trois sur *quatre* axes de similitude.

THÉORÈME VIII.

Toute transversale A'B'C' détermine, sur les côtés d'un triangle ABC, six segments tels, que le produit des trois segments qui n'ont pas d'extrémités communes est égal au produit des trois autres.

Fig. 101. Menons par le sommet C la droite CD parallèle à la transversale ; nous aurons

$$\frac{DC'}{CB'}=\frac{AC'}{AB'},\quad \frac{CA'}{DC'}=\frac{BA'}{BC'}.$$

Ces deux proportions donnent

$$\frac{CA'}{CB'}=\frac{AC'}{AB'}\cdot\frac{BA'}{BC'},$$

ou $$AB'.CA'.BC'=BA'.CB'.AC'.$$

Remarques. I. Pour exprimer la relation précédente, on dit que les six segments sont en *involution*.

II. La réciproque du théorème est vraie ; c'est-à-dire que si trois points, pris sur les côtés d'un triangle, déterminent six segments en involution, ces trois points sont en ligne droite. On démontre aisément cette réciproque, à l'aide de la *réduction à l'absurde*.

THÉORÈME IX.

Trois droites AA', BB', CC', issues des trois sommets d'un triangle, et concourant en un même point O, déterminent, sur les côtés d'un triangle, six segments en involution.

Fig. 102. Le triangle ACC' et la transversale BOB' donnent, par le théorème précédent :

$$AB'.CO.BC'=AB.OC'.CB'.$$

Le triangle BCC′ et la transversale AOA′ donnent, en vertu du même théorème;

$$AB.\ OC'.\ CA' = BA'.\ CO.\ AC'.$$

En multipliant membre à membre ces deux égalités, on obtient

$$AB'.\ CA'.\ BC' = BA'.\ CB'.\ AC'.$$

Remarques. I. La réciproque de ce théorème est vraie.

II. On conclut, de cette réciproque, que *les trois médianes d'un triangle se coupent en un même point*, et qu'il en est de même pour *les trois bissectrices*; pour *les trois hauteurs*; pour *les droites qui joignent les sommets aux points de contact des côtés opposés avec le cercle inscrit*, etc.

THÉORÈME X.

Si les droites qui joignent les sommets correspondants de deux triangles se coupent en un même point, les points de concours des côtés opposés sont en ligne droite.

Soient ABC, A′B′C′ les deux triangles, et soit O le point de concours des droites qui joignent les sommets correspondants. Il faut démontrer que les points M, N, P, où se coupent les côtés respectivement opposés à ces sommets, sont en ligne droite. Fig. 108.

Le triangle OAB et la transversale A′B′P donnent, par le théorème VIII :

$$OA'.\ AP.\ BB' = OB'.\ BP.\ AA'.$$

Le triangle OBC et la transversale B′C′M donnent semblablement,

$$OB'.\ BM.\ CC' = OC'.\ CM.\ BB'.$$

Enfin, le triangle ABC et la transversale A′C′N :

$$OC'.\ CN.\ AA' = OA'.\ AN.\ CC'.$$

Multipliant ces égalités membre à membre, on obtient :

$$AP.BM.CN=BP.CM.AN.$$

Donc les points M, N, P sont en ligne droite.

Remarques. I. La réciproque de ce théorème est vraie.

II. Les triangles ABC, A'B'C' sont dits *homologiques;* O est un centre d'homologie ; PMN est un axe d'homologie.

THÉORÈME XI.

Si l'on considère, sur les côtés du triangle ayant pour sommets les centres C, C', C'' de trois circonférences, les trois centres de similitude internes I, I', I'' et les trois centres de similitude externes E, E', E'' : 1° les trois centres internes sont en involution; 2° deux centres internes et un centre externe sont en involution.

Fig. 103. On sait que le centre I'' de similitude interne de deux circonférences divise la ligne des centres CC' en deux segments additifs CI'', C'I'', proportionnels aux rayons R, R'.

Semblablement, le centre de similitude externe E'' partage la droite CC' en deux segments *soustractifs* CE'', C'E'' proportionnels à R, R'.

Cela posé, il faut démontrer que :

1° $$CI''.C'I.C''I'=CI'.C''I.C'I'';$$

2° $$CE''.C'I.C''I'=CI'.C''I.C'E''.$$

Or, ces deux relations deviennent évidentes si l'on multiplie terme à terme les proportions

$$\frac{CI''}{C'I''}=\frac{R}{R'},\quad \frac{C'I}{C''I}=\frac{R'}{R''},\quad \frac{C''I'}{CI'}=\frac{R''}{R};$$

ou si l'on multiplie celles-ci :

$$\frac{CE''}{C'E''}=\frac{R}{R'},\quad \frac{C'I}{C''I}=\frac{R'}{R''},\quad \frac{C''I'}{CI'}=\frac{R''}{R}.$$

On voit donc que : 1° *les droites* CI, C′I′, C″I″ *concourent en un même point* P; 2° *les points* I, I′, E″ *sont en ligne droite*.

On démontrerait de la même manière que les points I, I″, E′ sont en ligne droite, ainsi que les points I′, I″, E.

Remarques. I. On dit qu'une droite AB est partagée *harmoniquement* aux points C, D, lorsque les deux *segments additifs* AC, BC sont proportionnels aux deux *segments soustractifs* AD, BD; c'est-à-dire lorsque l'on a Fig. 104.

$$\frac{AC}{BC}=\frac{AD}{BD}.$$

II. Les points C, D sont dits *conjugués harmoniques*. Il en est de même des points A, B, parce que la droite CD est partagée harmoniquement en ces deux points.

III. En adoptant ces définitions, on conclut que les bissectrices de l'angle d'un triangle partagent harmoniquement le côté opposé; et que les centres de similitude de deux circonférences partagent harmoniquement la distance des centres.

IV. Plus généralement, d'après les Théorèmes VIII et IX, si l'on joint les sommets d'un triangle à un point O par les transversales AA′, BB′, CC′, et que l'on mène ensuite la transversale B′A′C″, les points C′, C″ partageront harmoniquement la base AB.

V. Cette remarque donne le moyen de construire, *avec la règle seulement*, le conjugué harmonique C″ d'un point C′.

THÉORÈME XII.

Si les côtés d'un polygone quelconque sont coupés par une transversale, le produit des segments qui n'ont pas d'extrémités communes sera égal au produit des autres segments.

Fig. 106.

Soit ABC... un polygone, dont les côtés sont coupés en M, N, P... par la transversale MQ. Il s'agit de démontrer que

$$AM.BN.CP.DQ.ER.FS. = AS.BM.CN.DP.EQ.FR.$$

Décomposons le polygone en triangles, au moyen des diagonales BD, BE, BF. Nous aurons :

$$AM.BX.FS. = AS.BM.FX;$$
$$BY.ER.FX. = BX.EY.FR;$$
$$BZ.DQ.EY. = BY.EQ.DZ;$$
$$BN.CP.DZ. = BZ.DP.CN.$$

Multipliant membre à membre, et supprimant les facteurs commun, on obtient la relation ci-dessus.

THÉORÈME XIII.

Si, par un point pris dans le plan d'un polygone quelconque d'un nombre impair de côtés, on mène à chaque sommet une droite qui partage le côté opposé en deux segments, le produit des segments qui n'ont pas d'extrémités communes sera égal au produit des autres segments.

Ce théorème se démontre à peu près comme celui qui précède.

THÉORÈME XIV.

Toute parallèle à l'un des rayons d'un faisceau harmonique est partagée en deux parties égales par les trois autres rayons.

Lorsque, après avoir partagé harmoniquement une droite AB aux points C, D, on joint les points A, B, C, D avec un point quelconque O, les quatre droites OA, OB, OC, OD forment ce qu'on appelle un *faisceau harmonique*. Fig. 107.

Cette définition étant admise, menons, par le point B, MN parallèle à OA ; nous aurons

$$BM = AO.\frac{BD}{AD}, \quad BN = AO.\frac{BC}{AC}.$$

Mais $$\frac{BD}{AD} = \frac{BC}{AC}; \text{ donc } BM = BN.$$

Réciproque. *Si, par le sommet d'un triangle, on mène une médiane et la parallèle à la base correspondante, ces deux droites sont conjuguées harmoniques par rapport aux deux autres côtés du triangle.*

THÉORÈME XV.

Si l'on mène, dans un faisceau harmonique, une transversale quelconque, elle est coupée harmoniquement par les quatre rayons.

Ce théorème est évident par celui qui précède.

THÉORÈME XVI.

Deux points réciproques quelconques C, D partagent harmoniquement le diamètre AB qui les contient.

Deux points C, D, situés sur un diamètre AB, et d'un même côté par rapport au centre O, sont dits *réciproques*, Fig. 112.

lorsque *le rectangle de leurs distances au centre est équivalent au carré du rayon;* c'est-à-dire lorsque l'on a

$$OC.OD = \overline{OB}^2.$$

Il est évident, d'après cette définition, que si le point C est intérieur au cercle, son *conjugué* D sera extérieur.

Cela posé, il s'agit de démontrer la proportion

$$\frac{AC}{BC} = \frac{AD}{BD};$$

ou, ce qui est la même chose, la proportion

$$\frac{BO + OC}{BO - OC} = \frac{OD + BO}{OD - BO}.$$

Or, celle-ci équivaut à la suivante :

$$\frac{BO}{OC} = \frac{OD}{BO},$$

laquelle donne $$OC.OD = \overline{OB}^2.$$

THÉORÈME XVII.

Les distances d'un point quelconque M d'une circonférence, à deux points réciproques C, D, sont dans un rapport constant.

Fig. 113. Les droites MA, MC, MB, MD forment un faisceau harmonique, dans lequel les deux rayons conjugués MA, MB sont perpendiculaires entre eux. Donc, d'après le Théorème XI, ces droites sont les bissectrices des angles formés par MC, MD. On a donc

$$\frac{MC}{MD} = \frac{BC}{BD}.$$

THÉORÈME XVIII.

Le sommet D d'un angle circonscrit EDF a pour polaire la corde de contact EF.

On appelle *polaire* d'un point D, par rapport à un cercle O, la perpendiculaire au diamètre OD, menée par le conjugué du point D. Réciproquement, D est le *pôle* de la perpendiculaire. FIG. 114.

Cette définition étant admise, le théorème énoncé consiste en ce que le point C, où EF coupe OD, est le conjugué du point D.

Or, le rayon OE est moyen proportionnel entre l'hypoténuse OD et le segment OC; donc

$$OC \times OD = \overline{OB}^2.$$

THÉORÈME XIX.

Le pôle N de toute droite GH passant par un point C est sur la polaire EF de ce point.

Le pôle de la droite GH est situé sur OM perpendiculaire à GH. Il faut donc, pour démontrer le théorème, faire voir que le point N, où les droites OM, EF se coupent, est conjugué du point M. Or, les deux triangles rectangles OMC, ODN, évidemment semblables, donnent FIG. 115.

$$OM . ON = OC . OD.$$

Mais, les points C, D étant réciproques, on a

$$OC . OD = \overline{OB}^2;$$

donc aussi $$OM . ON = \overline{OB}^2.$$

THÉORÈME XX.

La polaire de tout point pris sur une droite passe par le pôle de cette droite.

Cette proposition, réciproque évidente de celle qui précède, donne lieu à la propriété remarquable que voici :

FIG. 116. *Si, par différents points* C, C′, C″.... *pris sur une droite* AB, *on mène des tangentes à une circonférence* O, *les cordes de contact* DE, D′E′,... *passent toutes par un même point* P.

THÉORÈME XXI.

Toute corde FG, menée par un point P, est divisée harmoniquement par ce point et par sa polaire BC.

FIG. 117. Les points A, P étant réciproques, on a (Th. XVII)

$$\frac{AF}{PF}=\frac{AG}{PG}, \quad \text{ou} \quad \frac{AF}{AG}=\frac{PF}{PG}.$$

Cette proportion exprime que AP est la bissectrice de l'angle FAG. Et comme BC est perpendiculaire à AP, les quatre droites AP, AB, AF, AG forment un faisceau harmonique (Th. XI, Rem. II).

THÉORÈME XXII.

Étant donné un polygone P, on peut toujours construire un polygone P′ tel, que les sommets de l'un des polygones soient les pôles des côtés de l'autre, relativement à un cercle donné O.

FIG. 87. Supposons, pour fixer les idées, que le polygone P soit un quadrilatère ABCD. Soient A′, B′, C′, D′ les pôles des côtés de cette figure. La droite A′B′, qui joint le pôle de AB au pôle de BC, est la polaire de B (Th. XX), etc. Donc les deux quadrilatères ABCD, A'B'C'D' jouissent des propriétés énoncées.

Remarques. I. En général, les polygones P, P' sont dits *polaires réciproques* par rapport au *cercle directeur* O.

II. La *théorie des polaires réciproques*, due en grande partie à M. Poncelet, *double* le nombre des théorèmes de la Géométrie; c'est-à-dire qu'un théorème *de situation* (*) étant admis, la considération des polaires réciproques en donne immédiatement un autre, *corrélatif* du premier. Soit, par exemple, ce théorème très-simple : *les hauteurs* AM BN, CP *d'un triangle* ABC *se coupent en un même point* I (I, Th. I). Fig. 265.

Construisons la polaire réciproque de la figure, relativement à un cercle ayant pour centre le point arbitraire O; et soient A', B', C' les pôles des côtés BC, CA, AB.

Le pôle de AM est situé sur B'C', polaire de A. De plus, ainsi qu'il est aisé de le reconnaître, *les pôles de deux droites perpendiculaires entre elles sont situés sur deux rayons perpendiculaires entre eux*. Donc le pôle de AM doit aussi se trouver sur OM' perpendiculaire à OA'; donc il est en M'.

Une construction semblable donne les pôles N', P' des droites BN, CP. Et comme AM, BN, CP se coupent en I, les pôles de ces lignes sont situés sur une même droite, polaire de I.

Donc :

(*) M. *Mannheim*, officier d'artillerie distingué, est parvenu à étendre aux *propriétés numériques des figures* l'application du principe des polaires réciproques.

THÉORÈME XXIII.

Si, d'un point quelconque O, on mène des droites aux trois sommets d'un triangle A'B'C', et des perpendiculaires à ces droites; qu'on prolonge chaque perpendiculaire jusqu'à ce qu'elle rencontre le côté opposé au sommet qui lui correspond; les trois points M', N', P' ainsi obtenus seront sur une même droite.

THÉORÈME XXIV.

Dans tout hexagone ABCDEF inscrit au cercle, les points de concours I, G, H des côtés opposés pris deux à deux sont tous les trois en ligne droite.

FIG. 120. Ce théorème, l'un des plus féconds de toute la Géométrie, est dû à Pascal. Il se démontre facilement comme il suit :

Prolongeons les côtés, de deux en deux, jusqu'à ce qu'ils se rencontrent aux points L, M, N. Nous aurons, par la propriété des droites qui se coupent hors d'un cercle :

$$LA.LF = LB.LC,\quad MC.MB = MD.ME,\quad NE.ND = NF.NA.$$

D'un autre côté, le triangle LMN, coupé par les transversales AG, CI, FH, donne (Th. VIII) :

$$LB.MG.NA = MB.NG.LA,\quad MD.NI.LC = ND.LI.MC,$$
$$ME.NF.LH = NE.LF.MH.$$

Multipliant ces six égalités membre à membre, et supprimant les facteurs communs, il nous vient :

$$MG.NI.LH = NG.LI.MH.$$

Donc les trois points G, H, I sont sur une même droite.

THÉORÈME XXV.

Dans tout hexagone *abcdef* circonscrit au cercle, les diagonales menées par les sommets opposés, pris deux à deux, se coupent en un même point.

Si l'on mène les cordes de contact AB, BC,... on construira un hexagone inscrit ABCDEF. Les côtés de cet hexagone auront pour pôles les sommets correspondants de l'hexagone circonscrit. Si l'on mène *be*, le pôle de cette droite devra se trouver sur la polaire de *b* et sur la polaire de *e*; donc il sera en G. De même, les pôles des deux autres diagonales *ad*, *cf* seront les points I, H. Donc, puisque les points G, I, H sont en ligne droite, leurs polaires concourent en un même point P. Fig. 121.

Remarque. Ce dernier théorème, découvert par M. Brianchon, est un *corrélatif* du Théorème de Pascal (Th. XXII, Rem. II). Il donne lieu, comme celui-ci, à un très-grand nombre de corollaires, que nous ne pouvons indiquer ici. Nous nous bornerons à énoncer l'un d'eux :

THÉORÈME XXVI.

Dans tout triangle inscrit, les points de concours des côtés avec les tangentes aux sommets opposés sont situés sur une même droite.

THÉORÈME XXVII.

Le lieu géométrique des points M d'égale puissance par rapport à deux circonférences O, O', est une perpendiculaire MN à la ligne des centres.

On appelle *puissance* d'un point, par rapport à une circonférence, le rectangle constant des segments additifs ou soustractifs que forme ce point sur toute corde qui le contient. Fig. 122.

D'après cette définition, il est évident : 1° que la ligne cherchée se confond avec le lieu des points d'où l'on peut mener aux deux circonférences des tangentes MT, MT', égales entre elles ; 2° que si les circonférences sont tangentes ou sécantes, le lieu géométrique dont il s'agit sera la tangente commune ou la corde commune. Considérons donc le cas où les circonférences seraient extérieures ou intérieures.

Abaissons MP perpendiculaire à OO', et menons MO, MO'. Nous aurons

$$\overline{MT}^2 = \overline{OM}^2 - \overline{OT}^2,\quad \overline{MT'}^2 = \overline{MO'}^2 - \overline{O'T'}^2,$$

d'où, à cause de MT=MT', et en appelant R, R' les deux rayons :

$$\overline{OM}^2 - R^2 = \overline{MO'}^2 - R'^2.$$

Or,

$$\overline{OM}^2 = \overline{OP}^2 + \overline{MP}^2,\quad \overline{O'M}^2 = \overline{O'P}^2 + \overline{M'P}^2;$$

donc

$$\overline{OP}^2 - R^2 = \overline{O'P}^2 - R'^2.$$

Cette égalité donne $\overline{OP}^2 - \overline{O'P}^2 = R^2 - R'^2$,

ou $$(OP + O'P)(OP - O'P) = (R + R')(R - R');$$

ou encore, à cause de $OP + O'P = OO'$,

$$OP - O'P = \frac{(R+R')(R-R')}{OO'}.$$

Ainsi, la position du point P est indépendante de celle du point M ; c'est-à-dire que tous les points du lieu cherché ont même projection sur OO' ; ou que ce lieu est précisément la perpendiculaire MP.

Remarques. I. La droite MN est appelée *axe radical* des circonférences O, O'.

II. D'après la valeur trouvée pour OP—OP', on voit que si R surpasse R', OP sera plus grand que O'P. Ainsi, *l'axe radical est plus près du centre de la petite circonférence que du centre de la grande.*

III. De $\overline{OP}^2 - R^2 = \overline{O'P}^2 - R'^2$,

on déduit

$$(OP+R)(OP-R)=(O'P+R')(O'P-R'),$$

ou $$(OP+R).AP=(O'P+R')A'P.$$

Nous avons supposé $R>R'$, d'où nous avons conclu $OP>O'P$. Donc, par compensation, $AP<A'P$. C'est-à-dire que *l'axe radical est plus près de la grande circonférence que de la petite.*

THÉORÈME XXVIII.

Les axes radicaux de trois circonférences, considérées deux à deux, se coupent en un même point.

Les axes radicaux MN, M'N' se coupent en un point tel, que si l'on mène de ce point les tangentes CT, CT', CT'', on aura, en même temps, CT'=CT'', CT''=CT. Donc CT'=CT; donc le point C est situé sur l'axe radical M''N''. FIG. 123.

Remarques. I. Le point C est le *centre radical* des trois circonférences.

II. Pour obtenir l'axe radical de deux circonférences C, C' qui n'ont aucun point commun, il suffit de les couper par une circonférence auxiliaire C'', puis d'abaisser, par le point de rencontre des deux cordes communes, une perpendiculaire sur la droite qui joint les centres des circonférences C, C'.

III. *Si trois circonférences se coupent deux à deux, les trois cordes communes se coupent en un même point; si trois circonférences se touchent deux à deux, les trois tangentes communes se coupent en un même point;* etc.

THÉORÈME XXIX.

Le point de rencontre O des trois hauteurs d'un triangle ABC est : 1° le centre radical des circonférences ayant pour diamètres les côtés du triangle; 2° le centre radical des circonférences ayant pour diamètres les segments OA, OB, OC des trois hauteurs.

FIG. 357. 1° Les circonférences décrites sur AC et BC passent par le point C'; donc leur axe radical est CC'; etc.

2° Même démonstration.

Remarque. A cause de la première partie du théorème, on a

$$OA.OA'=OB.OB'=OC.OC'.$$

THÉORÈME XXX.

Dans tout quadrilatère complet, les circonférences décrites sur les diagonales BE, CD, AF comme diamètres, étant prises deux à deux, ont même axe radical.

FIG. 358. Les cordes CG, HE, AI, respectivement perpendiculaires à DG, BH, FI, sont les hauteurs du triangle AEC; donc elles concourent en un point L; et, à cause des quadrilatères inscriptibles HCGE, HEAI, AICG, on a

$$LC.LG=LH.LE=LA.LI.$$

Par conséquent, le point de rencontre L des hauteurs du triangle AEC appartient aux axes radicaux des circonférences CD, HE, AF, prises deux à deux.

De même, *les points de rencontre* M, N, P, relatifs aux triangles ABD, DEF, BCF, appartiennent, chacun, aux mêmes axes radicaux; donc ceux-ci sont confondus en une seule droite LMNP (*).

THÉORÈME XXXI.

Les points de rencontre L, M, N, P des hauteurs des triangles déterminés par les côtés d'un quadrilatère complet sont situés sur une même droite.

Ce théorème est compris dans celui que nous venons de démontrer.

THÉORÈME XXXII.

Dans tout quadrilatère complet, les milieux O, O′, O″ des trois diagonales sont en ligne droite.

En effet, les trois *lignes des centres* OO′, O′O″, O″O sont perpendiculaires à l'axe radical commun LMNP; donc elles coïncident en direction. Fig. 358.

Remarques. I. Ce théorème peut être démontré directement.

II. Les points O, O′, O″ étant les milieux respectifs des droites BE, CD, AF, il s'ensuit que la droite des centres est un *axe des moyennes distances* relativement aux six sommets A, B, C, D, E, F du quadrilatère (**).

(*) Si les points M, N, P pouvaient coïncider avec L, on devrait seulement conclure, comme dans le théorème précédent, que le point L est le centre radical des trois circonférences.

(**) Les démonstrations précédentes (Th. XXX, XXXI, XXXII) sont dues à M. Mention (*Nouvelles Annales de Math.*, tome XI).

THÉORÈME XXXIII.

Si, d'un point quelconque O, on mène des droites aux sommets d'un quadrilatère ABCD et des perpendiculaires à ces droites :

1° Les points où la perpendiculaire qui répond à un sommet coupe les droites qui joignent deux à deux les trois autres sommets sont, trois à trois, sur quatre droites $aa''a'''$, $bb'b'''$, $cc'c''$, $d'd''d'''$;

2° Ces quatre droites concourent en un même point I.

FIG. 359. La première partie de la proposition a été démontrée cidessus (Th. XXIII).

Quant à la seconde partie, elle se déduit du Théor. XXXI, par le moyen des polaires réciproques. Nous laissons au lecteur le soin de développer la démonstration.

THÉORÈME XXXIV.

Les points de rencontre O, O', O'', O''' des hauteurs des triangles déterminés par les sommets d'un quadrilatère inscriptible ABCD sont les sommets d'un quadrilatère égal au premier.

FIG. 360. Soient O, O' les points de rencontre relatifs aux triangles ABC, ADC. Menons OB, O'D et OO'. Abaissons, du centre I, la perpendiculaire IP sur AC. Il est facile de voir que

$$OB = 2IP = O'D.$$

D'ailleurs, les droites OB, IP, O'D sont parallèles; donc OBDO' est un parallélogramme; donc OO' est égale et parallèle à BD. Semblablement, O''O''' est égale et parallèle à AC; donc les deux quadrilatères ABCD, O'''O'O''O sont égaux et ont leurs côtés respectivement parallèles.

THÉORÈME XXXV.

Dans tout quadrilatère complet, chaque diagonale est partagée harmoniquement par les deux autres.

Soit ABCD un quadrilatère, dont les trois diagonales sont AC, BD, EF. Pour démontrer que la diagonale EF, par exemple, est partagée harmoniquement aux points G, H par les prolongements des deux autres diagonales, il suffit d'observer que, dans le triangle AEF, AH, DE, FB sont trois transversales menées des sommets à un même point C. Donc (Th. X, Rem. IV) DBG et ACH partagent harmoniquement EF. Fig. 109.

De même, dans le triangle ABD, CB, CA, CD sont trois transversales issues d'un même point C; donc la base BD est partagée harmoniquement par les droites CA, EF, aux points I, G.

Enfin, dans le triangle ABC, DA, DB, DC sont trois transversales issues d'un même point; donc la base AC est partagée harmoniquement par la transversale DB et par la droite EF.

THÉORÈME XXXVI.

Dans tout quadrilatère inscrit ABCD, le point de rencontre I des diagonales AC, BD, et les points de concours P, Q des côtés opposés forment un triangle dont chaque sommet est le pôle du côté opposé.

Menons la droite PQ : cette ligne formera, avec PA, PD, PI, un faisceau harmonique (Th. XXXV); donc la corde AD est partagée harmoniquement aux points Q, E; et, par la même raison, la corde CB est partagée harmoniquement aux points Q, F. Les points E, F, conjugués harmo- Fig. 118.

niques du point Q, appartiennent à la polaire de ce point (Th. XVI). Cette polaire est donc PI.

De même, la droite QI a pour pôle le point P.

Quant à la droite PQ, elle a évidemment pour pôle le point I, intersection de QI, polaire de P, et de PI, polaire de Q.

Remarque. Si les droites AD, BC tournent autour du point Q, les points I, P se déplaceront, mais la droite PI restera constante, attendu qu'elle est la polaire du point Q. On conclut de cette remarque le moyen de *construire, à l'aide de la règle, la polaire d'un point.*

THÉORÈME XXXVII.

Dans tout quadrilatère complet circonscrit ABCD, chacune des diagonales est la polaire du point d'intersection des deux autres.

Fig. 119. Soient G, H, I, K, les points de contact des côtés du quadrilatère avec la circonférence inscrite. Construisons le quadrilatère complet ayant pour sommets ces quatre points.

D'après le théorème précédent, la droite MN, qui joint le point de rencontre des diagonales GI, KH avec le point de concours des côtés opposés IH, KG, est la polaire du point L où se coupent les côtés opposés GH, IK. Mais, d'un autre côté, les sommets B, D du quadrilatère circonscrit sont les pôles des cordes de contact GH, IK (Th. XVIII); donc la diagonale BD est la polaire du point L; c'est-à-dire que *les quatre points* B, D, N, M *sont en ligne droite.*

Pour la même raison, les quatre points A, C, L, N sont en ligne droite; et il en est de même pour les quatre points E, F, L, M.

Il est évident, en outre, que les points où ces droites se

coupent deux à deux sont les points L, N, M. Donc *le point* L, *intersection des diagonales* AC, EF, *a pour polaire la diagonale* BD, etc.

THÉORÈME XXXVIII.

Si deux quadrilatères sont l'un inscrit et l'autre circonscrit à un même cercle, de manière que les sommets du premier soient les points de contact des côtés du second : 1° les points de concours des côtés opposés de ces quadrilatères sont situés sur une même droite ; 2° les diagonales du quadrilatère inscrit et celles du quadrilatère circonscrit se coupent en un même point, pôle de cette droite ; 3° les points de concours des côtés opposés du quadrilatère inscrit sont situés sur les diagonales du quadrilatère circonscrit.

La démonstration de ce théorème est évidemment renfermée dans celle qui précède.

THÉORÈME XXXIX.

Si d'un point A, pris dans le plan d'un angle $y0x$, on mène des transversales AB, AB', AB''... les points de concours D, D', D''... des quadrilatères BC', B'C''..., sont situés sur une même droite passant par le sommet O de l'angle.

La diagonale B'C est partagée harmoniquement aux points D, E (Th. XXXIV) ; donc OA, Oy, OD, Ox forment un faisceau harmonique. Il en est de même pour OA, Oy, OD', Ox. Donc les droites OD, OD' coïncident. Ce qui démontre la proposition. Fig. 110.

Remarques. I. Si le point A se déplace sur OA, la droite OD ne change pas. Si, au contraire, OA se déplace, OD tourne autour du point O. C'est ce qu'on exprime en disant que le point A est le *pôle* de la droite OD : celle-ci est la *polaire* du point A. De même, le point D est un pôle de OA, et cette droite est la polaire de D.

II. Dans un faisceau harmonique, tout pôle de l'un des rayons est un pôle du rayon conjugué, relativement à l'angle formé par les deux autres rayons.

THÉORÈME XL.

Si les côtés d'un triangle ABC coupent une circonférence O, de manière qu'il y ait sur chaque côté deux segments déterminés par un sommet et la courbe, le produit des six segments obtenus en faisant le tour de la figure dans un sens sera égal au produit obtenu en faisant le tour en sens contraire.

FIG. 126. On a, par la propriété des sécantes qui se coupent hors d'un cercle :

$$AP.AP'=AN.AN',\ BM.BM'=BP.BP',\ CN.CN'=CM.CM';$$

d'où

$$AP.AP'.BM.BM'.CN.CN'=AN.AN'.CM.CM'.BP.BP'.$$

Remarque. Ce théorème, dû à *Carnot*, subsiste, comme ceux de Pascal et de Brianchon, quand on remplace la circonférence O par *une ligne quelconque du second ordre.* Il est vrai, en particulier, dans le cas où cette circonférence serait remplacée par le système de deux droites DE, FG.

THÉORÈME XLI.

Un quadrilatère ABCD étant inscrit à une circonférence O, si l'on mène une transversale XY qui rencontre la courbe en deux points, et les côtés du quadrilatère en quatre points, ces six points sont en involution : les points conjugués sont situés sur la circonférence et sur les côtés opposés du quadrilatère.

Avant de passer à la démonstration de ce théorème, rappelons quelques définitions :

1° Lorsqu'une droite AB est partagée aux points C, D en trois segments AC, CD, BD, on donne le nom de *rapport anharmonique* à celui qui existe entre le *rectangle des segments extrêmes et le rectangle de la droite entière par le segment moyen;* c'est-à-dire que le rapport anharmonique des quatre points A, B, C, D est $\frac{AC.BD}{AB.CD}$. FIG. 128.

2° Lorsque six points A, B, C, A′, B′, C′, situés sur une droite, sont tels que le rapport anharmonique de quatre d'entre eux est égal au rapport anharmonique de leurs conjugués ou à l'inverse de celui-ci, on dit que *ces six points sont en involution.* FIG. 129.

3° Cette dernière dénomination a été adoptée, parce que si l'on a

$$\frac{AB.B'C'}{AB'.BC'} = \frac{A'B'.BC}{A'B.B'C},$$

on aura aussi, comme on peut le démontrer,

$$AB.CA'.B'C' = A'B'.C'A.BC,$$

relation analogue à celles que nous avons considérées ci-dessus (Th. VII, VIII, etc.).

Cela posé, prolongeons les côtés opposés AB, CD jusqu'à ce qu'ils se rencontrent en E : le théorème de Carnot, appliqué au triangle ELL′, donnera FIG. 130.

$$EB.EA.L'N.L'N'.LC.LD = EC.ED.LN.LN'.L'A.L'B.$$

Le même théorème, appliqué au triangle ELL′ et au système des droites AD, BC, donnera aussi

$$EC.ED.LM.LM'.L'A.L'B = EB.EA.L'M.L'M'.LC.LD.$$

Multipliant ces deux égalités membre à membre, et supprimant les facteurs communs, on obtient

$$L'N.L'N'.LM.LM' = LN.LN'.L'M.L'M';$$

ou

$$\frac{L'N.LM'}{L'M'.LN} = \frac{LN'.L'M}{LM'.L'N'}.$$

Remarque. La proposition précédente est connue sous le nom de *Théorème de Desargues.*

THÉORÈME XLII.

Si l'on joint les sommets A, B, C d'un triangle à un point intérieur O, par les droites AOA', BOB', COC', on aura $\frac{OA'}{AA'}+\frac{OB'}{BB'}+\frac{OC'}{CC'}=1$.

Fig. 124. Les triangles BAC, BOC, qui ont même base BC, sont entre eux comme leurs hauteurs, ou, ainsi qu'il est aisé de le voir, comme les droites AA', OA'. Ainsi,

$$\frac{BOC}{BAC}=\frac{OA'}{AA'}.$$

De même, $\frac{AOC}{ABC}=\frac{OB'}{BB'}$, $\frac{AOB}{ACB}=\frac{OC'}{CC'}$.

Ces proportions donnent

$$\frac{OA'}{AA'}+\frac{OB'}{BB'}+\frac{OC'}{CC'}=\frac{BOC+AOC+AOB}{ABC}=1.$$

THÉORÈME XLIII.

Si trois droites, aboutissant en un même point O, sont coupées par deux transversales ABC, A'B'C', on aura

$$\frac{AB}{A'B'}\cdot\frac{OC}{OC'}=\frac{BC}{B'C'}\cdot\frac{OA}{OA'}=\frac{AC}{A'C'}\cdot\frac{OB}{OB'}.$$

Fig. 125. Prolongeons les transversales jusqu'à leur rencontre en M; le triangle AA'M et la transversale BB'O nous donneront

$$AO.A'B'.MB=AB.A'O.MB'.$$

Le même triangle et la transversale CC' donnent

$$AC.A'O.MC'=AO.A'C'.MC.$$

En multipliant membre à membre ces deux égalités, et supprimant les facteurs communs, nous obtiendrons

$$A'B'.MB.AC.MC' = AB.MB'.A'C'.MC,$$

ou
$$\frac{MB}{MB'}\cdot\frac{AC}{A'C'} = \frac{MC}{MC'}\cdot\frac{AB}{A'B'}. \quad (1)$$

Maintenant, le Théorème VIII, appliqué aux deux triangles OB'C', OBC, respectivement coupés par les transversales MBC, MB'C', donne

$$MB'.CC'.OB = MC'.BB'.OC,$$
$$MB.CC'.OB' = MC.BB'.OC';$$

d'où
$$\frac{MB'}{MB}\cdot\frac{OB}{OB'} = \frac{MC'}{MC}\cdot\frac{OC}{OC'}. \quad (2)$$

Nous obtiendrons donc, par la combinaison des relations (1) et (2), et par un simple changement de lettres :

$$\frac{AC}{A'C'}\cdot\frac{OB}{OB'} = \frac{AB}{A'B'}\cdot\frac{OC}{OC'} = \frac{BC}{B'C'}\cdot\frac{OA}{OA'}.$$

THÉORÈME XLIV.

Si d'un point O, pris dans l'intérieur d'un triangle ABC, on abaisse des perpendiculaires sur les trois côtés, on détermine six segments tels, que la somme des carrés de ceux qui n'ont pas d'extrémités communes est égale à la somme des carrés des autres.

Menons OA, OB, OC; nous aurons, à cause des triangles rectangles, Fig. 131.

$$\overline{OA'}^2 + \overline{A'B}^2 = \overline{OC'}^2 + \overline{C'B}^2,$$
$$\overline{OB'}^2 + \overline{B'C}^2 = \overline{OA'}^2 + \overline{A'C}^2,$$
$$\overline{OC'}^2 + \overline{C'A}^2 = \overline{OB'}^2 + \overline{BA'}^2.$$

Donc, en ajoutant membre à membre et en supprimant les termes égaux,

$$\overline{A'B}^2 + \overline{B'C}^2 + \overline{C'A}^2 = \overline{C'B}^2 + \overline{A'C}^2 + \overline{B'A}^2.$$

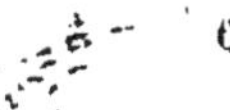

THÉORÈME XLV.

Si l'on joint le sommet A d'un triangle à un point quelconque M de la base BC, on aura $\overline{AB}^2.CM+\overline{AC}^2.BM=(\overline{AM}^2+BM.CM).BC.$

Fig. 132. Abaissons AD perpendiculaire sur BC ; nous aurons, dans le triangle AMB :

$$\overline{AB}^2=\overline{AM}^2+\overline{BM}^2-2BM.MD\,;$$

et, dans le triangle AMC :

$$\overline{AC}^2=\overline{AM}^2+\overline{CM}^2+2CM.MD.$$

Afin d'obtenir une relation indépendante de MD, multiplions la première égalité par CM, la seconde par BM, et ajoutons ; il vient

$$\overline{AB}^2.CM+\overline{AC}^2.BM=\overline{AM}^2.BC+\overline{BM}^2.CM+\overline{CM}^2.BM\,;$$

ou, en simplifiant,

$$\overline{AB}^2.CM+\overline{AC}^2.BM=\overline{AM}^2.BC+BM.CM.BC.$$

Remarques. I. Si le point M est le milieu de BC, la relation précédente devient

$$\overline{AB}^2+\overline{AC}^2=2\overline{AM}^2+2\overline{BM}^2.$$

Celle-ci exprime un théorème connu.

II. Si la droite AM divise l'angle A en deux parties égales, on a

$$\frac{BM}{AB}=\frac{CM}{AC}=\frac{BC}{AB+AC}\,;$$

d'où $\quad BM=AB.\frac{BC}{AB+AC}, \quad CM=AC.\frac{BC}{BC+AC}.$

Ces valeurs, substituées dans le premier membre de la relation générale, donnent

$$(\overline{AB}^2 . AC + \overline{AC}^2 . AB) \frac{BC}{AB+AC} = (\overline{AM}^2 + BM . CM) BC;$$

d'où $$\overline{AM}^2 = AB . AC - BM . CM.$$

Ainsi, *dans tout triangle, le carré d'une bissectrice est équivalent au rectangle des deux côtés adjacents, diminué du rectangle des segments déterminés par la bissectrice sur le troisième côté.*

THÉORÈME XLVI.

Dans tout trapèze ABCD, la somme des carrés des côtés non parallèles AC, BD, est égale à la somme des carrés des diagonales, diminuée de deux fois le rectangle des bases.

Si l'on joint les milieux M, N des diagonales, on aura FIG. 133.

$$\overline{AC}^2 + \overline{BD}^2 + \overline{CD}^2 + \overline{AB}^2 = \overline{CB}^2 + \overline{AD}^2 + 4\overline{MN}^2.$$

Mais $$MN = \frac{CD-AB}{2};$$

d'où $$4\overline{MN}^2 = \overline{CD}^2 + \overline{AB}^2 - 2AB . CD.$$

En substituant, on obtient

$$\overline{AB}^2 + \overline{CD}^2 = \overline{CB}^2 + \overline{AD}^2 - 2AB . CD.$$

THÉORÈME XLVII.

Lorsqu'une droite AB est partagée en moyenne et extrême raison, la somme des carrés de la droite entière et du plus petit segment BC est égale à trois fois le carré du plus grand segment AC.

On a, par hypothèse, $\overline{AC}^2 = AB . BC.$ FIG. 135.

Mais, $$\overline{AC}^2 = \overline{AB}^2 + \overline{BC}^2 - 2AB . BC;$$

donc $$\overline{AC}^2=\overline{AB}^2+\overline{BC}^2-2\overline{AC}^2,$$

ou $$3\overline{AC}^2=\overline{AB}^2+\overline{BC}^2.$$

Remarque. Si l'on prend, sur le prolongement de BA, un point C′ tel, que $\overline{AC'}^2=AB.BC'$, on aura, par le même calcul,

$$3\overline{AC'}^2=\overline{AB}^2+\overline{BC'}^2.$$

THÉORÈME XLVIII.

La somme des carrés des segments formés par deux cordes qui se coupent rectangulairement est égale au carré du diamètre.

FIG. 134. Soient AB, CD les deux cordes : je mène BC, AD, le diamètre DOF et la corde AF.

On a $$\overline{AE}^2+\overline{ED}^2+\overline{BE}^2+\overline{CE}^2=\overline{AD}^2+\overline{BC}^2.$$

Mais la somme des arcs AD, BC est une demi-circonférence, attendu que l'angle E est droit ; donc les arcs BC, AF sont égaux, et, par suite, leurs cordes sont égales. La relation précédente devient donc

$$\overline{AE}^2+\overline{ED}^2+\overline{BE}^2+\overline{CE}^2=\overline{DF}^2.$$

THÉORÈME XLIX.

La somme des carrés de deux cordes perpendiculaires AB, CD, est égale à huit fois le carré du rayon, moins quatre fois le carré de la distance OE du centre au point d'intersection des deux cordes.

FIG. 134. On a évidemment

$$\overline{AB}^2+\overline{CD}^2=\overline{AE}^2+\overline{BE}^2+\overline{CE}^2+\overline{DE}^2+2AE.BE+2CE.DE\,;$$

ou, en vertu du théorème précédent,

$$\overline{AB}^2 + \overline{CD}^2 = \overline{DF}^2 + 2(AE.BE + CE.DE).$$

Menons OG, OH perpendiculaires à CD, AB; nous aurons

$$AE = AH + EH, \quad BE = AH - EH;$$

d'où $$AE.BE = \overline{AH}^2 - \overline{EH}^2.$$

De même, $$CE.DE = \overline{DG}^2 - \overline{GE}^2.$$

L'égalité précédente devient donc

$$\overline{AB}^2 + \overline{CD}^2 = \overline{DF}^2 + 2\overline{AH}^2 + 2\overline{DG}^2 - 2(\overline{EH}^2 + \overline{GE}^2),$$

ou $$\overline{AB}^2 + \overline{CD}^2 = \overline{DF}^2 + \tfrac{1}{2}(\overline{AB}^2 + \overline{CD}^2) - 2\overline{OE}^2,$$

ou enfin $$\overline{AB}^2 + \overline{CD}^2 = 8\overline{OD}^2 - 4\overline{OE}^2.$$

THÉORÈME L.

Si l'on construit des carrés sur les côtés d'un triangle rectangle ABC, et que l'on mène les droites BD, CE et la hauteur AL : 1° ces trois droites se coupent en un même point I; 2° les segments AH, AK sont égaux entre eux.

1° Les triangles semblables AHC, BHE donnent — Fig. 136.

$$\frac{AH}{BH} = \frac{AC}{BE} = \frac{AC}{AB}.$$

De même, $$\frac{CK}{AK} = \frac{AC}{AB}.$$

D'ailleurs, par une propriété connue,

$$\frac{BL}{CL} = \frac{\overline{AB}^2}{\overline{AC}^2}.$$

Multipliant ces proportions terme à terme, on obtient

$$AH.BL.CK = BH.AK.CL;$$

donc les droites CH, BK, AL se coupent en un même point I (Th. IX).

2° De la proportion $\frac{AH}{BH}=\frac{AC}{AB}$, on conclut $AH=\frac{AC}{AB+AC}$.
De même, $AK=\frac{AB.AC}{AB+AC}$. Donc $AH=AK$.

Remarques. I. Si, dans l'égalité

$$AH.BL.CK=BH.AK.CL,$$

on supprime les facteurs égaux AH, AK, on obtient

$$\frac{BH}{CK}=\frac{BL}{CL}.$$

II. Menons la droite HK, et soit P le point où elle coupe le prolongement de l'hypoténuse BC : ce point sera le conjugué harmonique de L; donc

$$\frac{BP}{CP}=\frac{BL}{CL}=\frac{\overline{AB}^2}{\overline{AC}^2}.$$

THÉORÈME LI.

Si d'un point O, pris dans le plan d'un parallélogramme ABCD, on mène des droites à tous les sommets, le triangle AOC, qui a pour base la diagonale, sera équivalent à la somme ou à la différence des triangles AOB, AOD ayant pour bases les côtés AB, AD, selon que la droite AO laissera ou ne laissera pas, d'un même côté, les sommets B, C, D.

Fig. 138. Les trois triangles AOC, AOB, AOD ont même base; donc ils sont entre eux comme leurs hauteurs CC′, BB′, DD′. Or, le point E, intersection des deux diagonales, est le centre des moyennes distances des points B, D; donc 2EE′ ou CC′ est égale à la *somme algébrique* des distances BB′, DD′; donc aussi le triangle AOC est équivalent à la somme algébrique des triangles AOB, AOD.

THÉORÈME LII.

Dans tout triangle ABC, le point H de rencontre des trois hauteurs, le centre D des moyennes distances et le centre O du cercle circonscrit sont sur une même droite. De plus, la distance DH des deux premiers points est double de la distance OD des deux derniers.

Soient E, F les milieux des côtés AB, BC. Menons EO, FO, AH, CH, CD et DE. Fig. 139.

Les triangles AHC, FOE, sont évidemment équiangles entre eux; donc

$$\frac{CH}{EO}=\frac{AC}{EF}=2.$$

D'un autre côté, le point D étant le centre des moyennes distances du triangle ABC, on a $\frac{CD}{DE}=2$. Conséquemment, les triangles HCD, OED ont un angle égal compris entre côtés proportionnels; donc ils sont semblables; donc les angles CDH, EDO sont égaux; et ODH est une ligne droite. De plus, HD=2OD.

Remarque. Dans tout triangle, la distance d'un sommet au point de rencontre des hauteurs est double de la distance du côté opposé au centre du cercle circonscrit.

THÉORÈME LIII.

Dans tout triangle ABC : 1° les milieux M, N, P des trois côtés, les pieds A′, B′, C′ des trois hauteurs, les milieux E, F, G des segments compris entre les sommets et le point de rencontre D des trois hauteurs sont neuf points situés sur une même circonférence; 2° le centre K de cette circonférence est le milieu de la droite qui joint le centre O du cercle circonscrit au point de rencontre des trois hauteurs; 3° le rayon de cette circonférence est égal à la moitié du rayon du cercle inscrit.

1° Les points E, G étant les milieux des segments AD, CD, la droite GE est parallèle à AC et égale à la moitié Fig. 144.

de ce côté. Pour une raison semblable, les droites EP, GM, sont parallèles à BD et égales à la moitié de ce segment ; d'ailleurs BD est perpendiculaire à AC ; donc la figure EPMG, qui a deux côtés égaux et parallèles et deux angles droits, est un rectangle ; donc les quatre points E, P, M, G sont situés sur une même circonférence, décrite sur MF comme diamètre.

Cette circonférence passe évidemment par les points A′, C′, sommets des angles droits MA′E, GC′P.

On verrait de même que les points E, F, M, N sont les sommets d'une circonférence décrite sur ME comme diamètre ; donc ces deux circonférences coïncident. Et comme NF serait un diamètre, le point B′ appartient encore à la même circonférence, qui contient, par conséquent, les neuf points M, N, P, A′, B′, C′, E, F, G.

2° Le point D, où se coupent les trois hauteurs, est le centre du cercle circonscrit au triangle que l'on obtiendrait en menant, par les sommets A, B, C, des parallèles aux côtés opposés ; donc CD = 2OP, DG = OP, et le centre K, milieu de PG, est en même temps le milieu de OD.

3° Les triangles ABC, MNP sont semblables, et leur rapport de similitude est égal à 2. Donc le rayon MI est la moitié du rayon OA.

Remarque. On peut encore démontrer que le *cercle des neuf points* est tangent au cercle inscrit et aux quatre cercles ex-inscrits (*).

(*) *Nouvelles Annales de Mathématiques*, t. I, p. 197.

THÉORÈME LIV.

Dans tout triangle, la somme des rayons des cercles inscrit et circonscrit est égale à la somme des perpendiculaires abaissées, du centre du cercle circonscrit, sur les trois côtés.

Soit ABC un triangle quelconque, dont les côtés sont a, b, c. Par le centre O du cercle circonscrit, abaissons OM, ON, OP perpendiculaires sur les côtés. Menons les droites MP, PN, NM : elles seront égales, respectivement, à $\frac{1}{2}a$, $\frac{1}{2}b$, $\frac{1}{2}c$. Enfin tirons les rayons OA, OB, OC. Fig. 140.

Les quadrilatères APON, BMOP, CNOM, évidemment inscriptibles, donnent, R étant le rayon du cercle circonscrit,

$$aR = b.OP + c.ON,$$
$$bR = c.OM + a.OP,$$
$$cR = a.ON + b.OM.$$

Donc

$$(a+b+c)R = (a+b)OP + (b+c)OM + (a+c)ON.$$

Dans le second membre, ajoutons et retranchons la quantité $a.OM + b.ON + c.OP$; nous aurons

$$(a+b+c)R = (a+b+c)(OP+OM+ON) - (a.OM+b.ON+c.OP).$$

Le terme soustractif représente évidemment le double de l'aire du triangle, c'est-à-dire $(a+b+c)r$, r étant le rayon du cercle inscrit; donc l'égalité précédente devient

$$R + r = OP + OM + ON.$$

THÉORÈME LV.

La distance d des centres des circonférences inscrite et circonscrite à un triangle ABC est moyenne proportionnelle entre le rayon R de la seconde et l'excès de ce rayon sur deux fois celui r de la première.

FIG. 141. Les droites AI, CI, bissectrices des angles A, C, divisent en deux parties égales les arcs BDC, BEA, aux points D, E. Il résulte de là que la somme des arcs AE, CD est égale à l'arc DBE; et, par suite, que les angles AIE, DAE sont égaux. Donc AE=IE.

Si nous menons le diamètre EOF du cercle circonscrit, nous aurons

$$\overline{AE}^2 = EF.EG,$$

ou

$$\overline{IE}^2 = 2R.EG. \quad (1)$$

D'un autre côté,

$$\overline{IO}^2 = \overline{IE}^2 + R^2 - 2R(EG + GP);$$

ou

$$d^2 = \overline{IE}^2 + R^2 - 2R(EG + r). \quad (2)$$

Les égalités (1) et (2), ajoutées membre à membre, donnent enfin

$$d^2 = R(R - 2r).$$

Remarques. I. *Le rayon* R *du cercle circonscrit ne peut être moindre que le diamètre du cercle inscrit.*

II. *Si l'on a, entre les rayons* R, r *de deux cercles, et la distance* d *de leurs centres, la relation* $d^2 = R(R - 2r)$, *un même triangle pourra être inscrit au premier cercle, et circonscrit au second.*

Cette réciproque importante se vérifie aisément au moyen de la *réduction à l'absurde.*

III. *Si deux cercles sont tels qu'un même triangle puisse être inscrit au premier et circonscrit au second, il y aura une infinité de triangles qui jouiront de la même propriété.*

THÉORÈME LVI.

L'inverse du rayon du cercle inscrit à un triangle est égal à la somme des inverses des trois hauteurs.

Soient a, b, c les côtés d'un triangle; soient a', b', c' les hauteurs correspondantes. Désignons par T l'aire de ce triangle, et par r le rayon du cercle inscrit; nous aurons

$$2T = aa' = bb' = cc' = (a+b+c)r;$$

ou

$$\frac{a}{\left(\frac{1}{a'}\right)} = \frac{b}{\left(\frac{1}{b'}\right)} = \frac{c}{\left(\frac{1}{c'}\right)} = \frac{a+b+c}{\left(\frac{1}{r}\right)}.$$

Dans cette suite de rapports égaux, le dernier antécédent est égal à la somme des trois autres; donc

$$\frac{1}{r} = \frac{1}{a'} + \frac{1}{b'} + \frac{1}{c'}.$$

THÉORÈME LVII.

Les circonférences circonscrites aux triangles formés par les côtés d'un quadrilatère complet ABCDEF se coupent toutes les quatre en un même point M.

Considérons le triangle ABF et les points C, D, E, situés sur ses trois côtés. Les circonférences ADE, BCE, FCD, passant par les sommets de ce triangle, et se coupant deux à deux en C, D, E, doivent se couper en un même point M (II, Th. VIII). FIG. 142.

Pour une raison semblable, les circonférences ABF, BCE, FCD, se coupent en un même point. Mais ces deux dernières ont déjà le point M commun : donc les quatre circonférences passent par ce point.

THÉORÈME LVIII.

Si l'on circonscrit des circonférences aux triangles formés par chacun des côtés d'un pentagone et les prolongements des côtés adjacents, les points d'intersection de ces lignes sont situés tous les cinq sur une même circonférence.

Fig. 143. Soit ABCDE un pentagone quelconque. Soient ABF, BCG,... les triangles dont il s'agit. Les circonférences circonscrites à ces triangles se coupent consécutivement aux points L, M, N, P, Q ; et il s'agit de démontrer que ces cinq points sont situés sur une même circonférence.

Si nous considérons le quadrilatère complet ABCIFG, nous conclurons du théorème précédent que les circonférences circonscrites aux triangles ABF, BCG, FCI, se coupent au point L.

De même, les circonférences circonscrites aux triangles CDH, EDI, FCI formés par les côtés du quadrilatère complet CDEFIH se coupent au point N.

La circonférence circonscrite au triangle FCI passe donc par les points L et N.

Actuellement, les circonférences ABF, FCI ayant, avec la circonférence qui passerait par les points L, N, Q, un point commun L, et la droite FAI étant menée par l'intersection F des deux premières circonférences, il résulte de la réciproque du théorème qui vient d'être cité que si l'on joint les points A, I aux intersections Q, N de ces deux lignes avec la troisième, les droites QA, IN, prolongées, se couperont sur cette dernière circonférence.

Cela posé, en considérant le triangle ARI, et les trois points Q, N, E, situés sur ses trois côtés, nous voyons que les circonférences QRN, NEI, QEA doivent se couper en un même point. Donc la circonférence QLN passe par le point P, intersection des circonférences DEI et AEK.

On verrait de la même manière que cette ligne contient aussi le point M.

Donc les cinq points L, M, N, P, Q sont situés sur une même circonférence (*).

THÉORÈME LIX.

Le lieu des points réciproques des points d'une droite donnée AB, relativement à un cercle donné C, est une circonférence.

Soit GH la polaire d'un point quelconque D de la droite AB, et soit M le point de rencontre de GH avec le rayon CD : les points M, D seront réciproques (Th. XVI). D'ailleurs, la polaire GH passe par le pôle P de AB (Th. XX); donc *la figure réciproque de la droite* AB *est la circonférence décrite sur* CP *comme diamètre*. Fig. 207.

THÉORÈME LX.

Le lieu des points réciproques des points d'une circonférence donnée O, relativement à un cercle donné C, est une circonférence.

M′ étant le point réciproque d'un point quelconque M pris sur la circonférence C, nous aurons Fig. 208.

$$CM . CM' = \overline{CA}^2.$$

Prolongeons la transversale CM jusqu'à ce qu'elle ren-

(*) Ce remarquable théorème a été donné dans *le Géomètre*, par Auguste Miquel, alors élève de l'institution Barbet.

contre de nouveau en N la circonférence O, et menons la tangente CT; nous aurons aussi :

$$CM.CN=\overline{CT}^2.$$

Ces deux relations donnent $\frac{CM'}{CN}=\left(\frac{CA}{CT}\right)^2$.

Ainsi, les deux rayons CN, CM′ sont dans un rapport constant; donc le lieu des points M′ est une circonférence.

Pour obtenir à la fois le centre et le rayon de cette ligne, construisons la polaire T″T′O′ du point de contact T. Nous aurons d'abord $CT'=\frac{\overline{CA}^2}{CT}$; puis, à cause des parallèles OT, O′T′ :

$$\frac{CO'}{CO}=\frac{O'T'}{OT}=\frac{CT'}{CT}.$$

Les points O′, T′ sont donc homologues des points O, T.

Remarques. I. La position et la grandeur du cercle O′ varieront avec la valeur du rapport $\frac{CA}{CT}$. Si l'on veut que ce cercle *se confonde* avec le cercle O, il faudra que CT=CA;
Fig. 209. dans ce cas, les deux rayons CT, TO étant perpendiculaires entre eux, ces deux rayons sont des tangentes, et les deux cercles C, O se coupent *orthogonalement*.

II. Si nous menons un rayon vecteur CM′M, nous aurons $CM.CM'=\overline{CT}^2=\overline{CA}^2$; donc les deux points M, M′ sont réciproques. De plus, si nous menons M′P perpendiculaire à CM, cette droite, polaire du point M, passera évidemment par l'extrémité P du diamètre MOP. Donc, *quand deux cercles se coupent orthogonalement, la polaire d'un point du premier, prise par rapport au second, passe par le point diamétralement opposé au premier point.*

THÉORÈME LXI.

Dans deux figures réciproques, les angles correspondants sont égaux.

Supposons que la première figure se réduise au système de deux droites AC, BC (*). Soit O le centre du *cercle directeur* (**). A′ étant le pôle de AC et B′ le pôle de BC, la circonférence décrite sur OA′ comme diamètre est la figure réciproque de AC, et la circonférence OB′ est la figure réciproque de BC. Par conséquent, le système des deux circonférences constitue la figure réciproque du système des deux droites. Fig. 361.

Cela posé, soient C′S, C′T les tangentes aux deux circonférences, menées par le point C′, réciproque du point C : il s'agit de démontrer que les angles SC′T, ACB, sont égaux. Or, si l'on mène les tangentes OS′, OT′, évidemment perpendiculaires à OA, OB, on aura

$$S'OT' = SC'T, \quad S'OT = ACB;$$

donc

$$SC'T = ACB.$$

THÉORÈME LXII.

A, B étant deux points d'une figure, et A′, B′ les points correspondants de la figure réciproque, on a, en appelant R le rayon du cercle directeur :

$$A'B' = AB.\frac{R^2}{OA.OB}.$$

De

$$OA.OA' = OB'.OB = R^2,$$

Fig. 362.

on conclut

$$\frac{OA}{OB'} = \frac{OB}{OA'};$$

(*) Pour la théorie générale des figures réciproques, le lecteur pourra consulter, soit un beau mémoire de M. Liouville, inséré dans le *Journal de Mathématiques* (tome XII), soit l'intéressant opuscule publié par M. Paul Serret : *Des Méthodes en Géométrie* (p. 21 et suivantes).

(**) On n'a pas tracé ce cercle, afin de rendre la figure plus claire.

donc les triangles OAB, OB'A', qui ont un angle égal compris entre côtés proportionnels, sont semblables. Par suite

$$A'B' = AB.\frac{OA'}{OB} = AB\frac{R^2}{OA.OB}.$$

Remarque sur les figures réciproques. La théorie dont nous venons d'indiquer les premières notions peut, aussi bien que la théorie des polaires réciproques, faire découvrir aisément un grand nombre de théorèmes, auxquels il serait difficile d'arriver par d'autres voies. Pour montrer un exemple remarquable de cette application du principe général de la *transformation des figures*, prenons ce théorème très-simple :

FIG. 363. *Si, à un cercle* C, *inscrit à un angle* xOy, *on mène une tangente intérieure* AB, *le triangle* OAB *aura un périmètre constant* (II, Th. XII); et construisons la figure réciproque de OABCD, par rapport à un cercle de rayon R, ayant pour centre le sommet O.

1° La figure réciproque du cercle CD est un cercle C'D', inscrit dans l'angle xOy (Th. LX).

2° La figure réciproque de AB est une circonférence OA'T'B', qui a son centre sur OC, et qui touche le cercle C' au point T', réciproque du point de contact T.

3° La relation OA+OB+AB=2p devient, par le dernier théorème,

$$\frac{R^2}{OA'} + \frac{R^2}{OB'} + A'B'.\frac{R^2}{OA'.OB'} = 2p;$$

ou, plus simplement,

$$\frac{OB'+OA'+A'B'}{OA'.OB'} = \textit{constante}.$$

4° Désignons par T l'aire du triangle OA'B' et par r le rayon du cercle inscrit à ce triangle. Nous aurons

$$T = \frac{1}{2} OA'.OB' \sin xOy = \frac{1}{2}(OB' + OA' + A'B')r;$$

donc l'égalité précédente équivaut à

$$r = constante.$$

Ainsi, *quelle que soit la tangente* AB, *le triangle* OA'B' *est circonscrit à une circonférence fixe* I (*), *inscrite dans l'angle* xOy. Les tangentes *extérieures* à cette circonférence sont les cordes A'B' des circonférences *variables* OA'B', tangentes à la circonférence *fixe* C'D'. Nous pouvons donc énoncer la proposition suivante :

THÉORÈME LXIII.

Si, à un cercle I, inscrit à un angle xOy, on mène une tangente extérieure quelconque A'B' (**), la circonférence circonscrite au triangle OA'B' sera tangente à une circonférence fixe C', inscrite dans l'angle xOy (**).

PROBLÈME I.

Par un point donné A, mener une droite qui passe par le point de concours de deux droites BC, DE, que l'on ne peut prolonger.

Traçons deux parallèles quelconques FG, F'G', qui coupent BC en G, G', et DE en F, F'. Tirons la droite FA ; et, par le point F', menons-lui la parallèle F'A'. De même, menons GA et sa parallèle G'A'. La droite AA' sera la droite cherchée. Fig. 146.

En effet, les triangles AFG, A'F'G', semblables et semblablement placés, ont un centre de similitude, par lequel passent les droites BC, DE, AA' (Th. VI).

(*) Non tracée sur la figure.

(**) Ce remarquable théorème est dû à M. Mannheim, ainsi que les considérations précédentes.

PROBLÈME II.

Inscrire, dans un angle donné AOB, une droite MN qui soit divisée, par un point donné C, en deux segments ayant un rapport donné.

Fig. 150. Soit $\frac{m}{n}$ le rapport donné, de manière que $\frac{MC}{NC}=\frac{m}{n}$. Par le point C, menons CD parallèle au côté AO; nous aurons

$$\frac{OD}{DN}=\frac{MC}{NC}=\frac{m}{n}.$$

On construira donc le point N, au moyen d'une quatrième proportionnelle; après quoi l'on joindra ce point au point donné C.

PROBLÈME III.

Par un point I, donné dans le plan de trois droites OA, OB, OC qui concourent en un même point, mener une droite MNP telle, que les deux segments MP, PN aient un rapport donné $\frac{m}{n}$.

Fig. 151. Après avoir pris arbitrairement un point E sur la droite OB, on mènera par ce point une droite DEF telle, que l'on ait $\frac{DE}{DF}=\frac{m}{n}$. Il ne restera plus, évidemment, qu'à mener par le point I une parallèle MPN à DEF.

PROBLÈME IV.

Par un point D, donné sur le côté AB d'un triangle ABC, mener une droite DE qui partage ce triangle en deux segments ayant un rapport donné.

Fig. 152. Soit $\frac{p}{q}$ ce rapport : nous aurons $\frac{ADE}{ABC}=\frac{p}{p+q}$. Mais, à cause de l'angle commun A,

$$\frac{ADE}{ABC}=\frac{AD.AE}{AB.AC};$$

donc $$AE=AC.\frac{AB}{AD}.\frac{p}{p+q}.$$

Ainsi, on obtiendra AE par deux quatrièmes proportionnelles.

PROBLÈME V.

Partager un triangle ABC, dans un rapport donné, par une droite MN, parallèle à une direction donnée.

Les deux triangles CAB, CMN, ayant un angle égal C, sont entre eux comme les rectangles des côtés qui comprennent l'angle égal; donc, $\frac{p}{q}$ étant le rapport donné, Fig. 153.

$$\frac{CA.CB}{CM.CN}=\frac{p+q}{p}.$$

Mais, la droite MN étant parallèle à DE, on a

$$\frac{CN}{CM}=\frac{CF}{CG}.$$

Ces deux proportions donnent

$$\frac{CA.CB}{\overline{CM}^2}=\frac{p+q}{p}.\frac{CF}{CG}.$$

Soit CI une moyenne proportionnelle entre CA et CB. Alors

$$\frac{\overline{CM}^2}{\overline{CI}^2}=\frac{p}{p+q}.\frac{CG}{CF}.$$

Cette dernière égalité montre que CM est le côté d'un carré qui est au carré de CI dans un rapport donné. Le problème peut donc être regardé comme résolu.

PROBLÈME VI.

Partager un quadrilatère ABCD en deux parties équivalentes, par une droite partant du sommet A.

Fig. 154. On construit un triangle ADE équivalent au quadrilatère. On mène la médiane AM : elle partage ADE en deux parties équivalentes. Donc AM est la droite demandée.

PROBLÈME VII.

Partager un quadrilatère ABCD, dans un rapport donné, par une droite MN, parallèle à une direction donnée EF.

Fig. 155. Soit $\frac{p}{q}$ le rapport donné, de manière que $\frac{\text{ABMN}}{\text{MNCD}}=\frac{p}{q}$.

Prolongeons les côtés BC, AD jusqu'à leur rencontre en O ; nous pourrons remplacer la proportion précédente par celle-ci :

$$\frac{\text{OAB}-\text{OMN}}{\text{OMN}-\text{OCD}}=\frac{p}{q};$$

ou bien, en substituant aux triangles OAB, OMN, OCD les rectangles proportionnels :

$$\frac{\text{OA}.\text{OB}-\text{OM}.\text{ON}}{\text{OM}.\text{ON}-\text{OC}.\text{OD}}=\frac{p}{q}.$$

Cette proportion donne

$$\text{OM}.\text{ON}=\frac{q}{p+q}.\text{OA}.\text{OB}+\frac{p}{p+q}.\text{OC}.\text{OD}.$$

Mais, la droite MN étant parallèle à EF, on a

$$\frac{\text{OM}}{\text{ON}}=\frac{\text{OE}}{\text{OF}}.$$

Par suite, en multipliant membre à membre :

$$\overline{\text{OM}}^2=\left(\frac{q}{p+q}.\text{OA}.\text{OB}+\frac{p}{p+q}.\text{OC}.\text{OD}\right).\frac{\text{OE}}{\text{OF}}.$$

Soit OG une moyenne proportionnelle entre OA et OB; soit de même OH une moyenne proportionnelle entre OC et OD. Nous aurons

$$\overline{OM}^2 = \left(\frac{q}{p+q}\cdot\overline{OG}^2 + \frac{p}{p+q}\cdot\overline{OH}^2\right)\cdot\frac{OE}{OF}.$$

On voit que, pour obtenir OM, il suffira d'appliquer les solutions de ces problèmes : *construire un carré qui soit à un carré donné dans un rapport donné; trouver un carré équivalent à la somme de deux carrés donnés* (*).

PROBLÈME VIII.

Inscrire un carré MNPQ à un triangle donné ABC.

Abaissons la hauteur AD du triangle; et, sur AD comme côté, construisons un carré ADEF. Les deux carrés étant semblables et semblablement placés, les droites qui joignent leurs sommets homologues concourent en un même point, lequel est évidemment le sommet B. FIG. 149.

Ainsi, pour résoudre le problème, on mène AF parallèle à la base BC et égale à la hauteur AD. On trace BF, qui coupe AC au sommet cherché N; etc.

Remarques. I. Si l'on désigne par a, b, c les côtés du triangle; par a', b', c' les hauteurs correspondantes; par x, y, z les côtés des *trois carrés* qui satisfont à la question, on trouve :

$$x = \frac{aa'}{a+a'},\quad y = \frac{bb'}{b+b'},\quad z = \frac{cc'}{c+c'}.$$

II. On peut conclure, de ces valeurs, que *le plus grand carré s'appuie sur le plus petit côté du triangle.*

(*) On peut aussi obtenir OM au moyen de plusieurs *quatrièmes proportionnelles* et d'une *moyenne proportionnelle.*

PROBLÈME IX.

Inscrire, à un triangle donné, un rectangle semblable à un rectangle donné.

Ce problème ne diffère pas essentiellement de celui qui précède.

PROBLÈME X.

Inscrire, à un triangle ABC, un rectangle MNPQ équivalent à un carré donné m^2.

Fig. 156. Abaissons la hauteur AD; nous aurons

$$\frac{MP}{AD}=\frac{BM}{AB}, \quad \frac{MN}{BC}=\frac{AM}{AB}.$$

Ces deux proportions, multipliées terme à terme, donnent

$$\frac{MP.MN}{AD.BC}=\frac{BM.AM}{\overline{AB}^2};$$

d'où, à cause de $MP.MN=m^2$:

$$BM.AM=\frac{m^2.\overline{AB}^2}{AD.BC}.$$

Soit p la moyenne proportionnelle entre la base BC et la hauteur AD du triangle, et soit x la moyenne proportionnelle *inconnue*, entre AM et MB : l'égalité précédente se réduit à

$$x=AB.\frac{m}{p}.$$

Si donc l'on cherche une quatrième proportionnelle aux droites p, m, AB, et que l'on mène, parallèlement à AB, une droite qui en soit éloignée d'une longueur égale à cette quatrième proportionnelle, on obtiendra le point E, et, par suite, le point M.

Remarque. Le problème admet ordinairement deux solutions.

PROBLÈME XI.

A un quadrilatère donné ABCD, circonscrire un quadrilatère MNPQ semblable à un autre quadrilatère donné.

Le quadrilatère MNPQ devant être semblable à un quadrilatère donné, il s'ensuit que ses angles sont connus. Par suite, les sommets M, N, Q doivent être situés sur trois arcs AMB, BNC, AQD, capables de trois angles donnés. Fig. 157.

Soient E, F les points d'intersection du premier arc avec les deux derniers. Menons ME, MF, QE, NF. Prenons ensuite, *arbitrairement*, un point M′ sur l'arc AMB, et menons encore M′AQ′, M′BN′, M′E, M′F, Q′E, N′F.

A cause de l'égalité des angles AME, AM′E, et de celle des angles AQE, AQ′E, les triangles MQE, M′Q′E sont semblables, et l'on a

$$\frac{ME}{M'E}=\frac{MQ}{M'Q'}.$$

Pour la même raison, $\frac{MF}{M'F}=\frac{MN}{M'N'}$.

On tire, de ces deux proportions,

$$\frac{ME}{MF}=\frac{M'E}{M'F}\cdot\frac{M'N'}{M'Q'}\cdot\frac{MQ}{MN}.$$

Le rapport des distances ME, MF est donc connu. Par suite, le sommet cherché M, qui doit se trouver sur la circonférence AEFB, appartient aussi au lieu des points tels, que le rapport des distances de chacun d'eux aux deux points E, F, soit un nombre donné. Or, on sait que ce lieu est une circonférence. On peut donc regarder le problème comme résolu.

PROBLÈME XII.

Inscrire, à un rectangle donné ABCD, un rectangle semblable à un autre rectangle donné EFGH.

FIG. 158. Renversons d'abord la question, et proposons-nous de *circonscrire, au rectangle* EFGH, *un rectangle* MNPQ *semblable au rectangle* ABCD.

Ce problème *inverse*, cas particulier du Problème XII, peut être résolu aussi comme il suit :

L'angle M étant droit, le sommet M doit se trouver sur la circonférence décrite sur EF comme diamètre ; donc il s'agit d'évaluer l'un ou l'autre des deux segments EM, MF, ou seulement leur rapport.

Les deux triangles EMF, FNH, évidemment semblables, donnent

$$\frac{EM}{FN}=\frac{MF}{NH}=\frac{EF}{FH}.$$

D'ailleurs, le rectangle NMPQ devant être semblable à ABCD, on a

$$\frac{MN}{NP}=\frac{AB}{BC};$$

ou, à cause de HP=EM,

$$\frac{MF+FN}{NH+EM}=\frac{AB}{BC}.$$

Remplaçons, dans cette dernière proportion, FN par $EM.\frac{FH}{EF}$, et NH par $MF.\frac{FH}{EF}$; nous aurons

$$\frac{MF+EM.\frac{FH}{EF}}{EM+MF.\frac{FH}{EF}}=\frac{AB}{BC};$$

puis, par un calcul très-simple,

$$\frac{EM}{EF}=\frac{EF.BC-FH.AB}{EF.AB-FH.BC}.$$

Le rapport des segments EM, MF étant connu, on pourra déterminer le point M par sa projection I; et alors le rectangle MNPQ sera connu.

Si ensuite on divise AB dans le rapport de MF à FN, on aura le sommet R d'un angle RSTU, qui sera inscrit à ABCD, et semblable à EFGH.

Remarque. Ce problème donne lieu à une discussion qui est tout à fait du ressort de l'Algèbre.

PROBLÈME XIII.

Par un point O, situé sur la bissectrice d'un angle droit CAB, mener une transversale MN telle, que le segment de cette droite, compris entre les côtés de l'angle, soit de longueur donnée l.

Du point donné O, abaissons, sur les côtés de l'angle, les perpendiculaires égales OD, OE. Par le pied N de la transversale cherchée, imaginons NF perpendiculaire à MN, puis NG perpendiculaire à DO. Si le point F, où NF ira rencontrer DO prolongée, était connu, on obtiendrait le point N, en décrivant, sur OF comme diamètre, une demi-circonférence. Fig. 159.

Or, les triangles rectangles MDO, FGN sont égaux, parce qu'ils ont les côtés perpendiculaires, et que DO = OE = GN. Donc MO = NF. Il suit de là que

$$\overline{MN}^2 = l^2 = (ON + NF)^2 = \overline{ON}^2 + \overline{NF}^2 + 2ON.NF.$$

D'un autre côté, le triangle ONF étant rectangle en O, on a

$$\overline{ON}^2 + \overline{NF}^2 = \overline{OF}^2, \quad ON.NF = OF.GN = OF.OE.$$

L'égalité précédente devient donc

$$l^2 = \overline{OF}^2 + 2OF.OE, \quad \text{ou} \quad l^2 = OF(OF + 2OD).$$

Supposons que du point D comme centre, avec DF pour rayon, nous décrivions la circonférence FHF', et que nous prolongions EO jusqu'à sa rencontre en H avec cette circonférence. Nous aurons $OF' = OF + 2OD$, et $\overline{OH}^2 = OF.OF'$; d'où, à cause de $l^2 = OF.OF'$, $OH = l$.

Il faut donc, pour résoudre le problème : prendre $OH = l$; décrire, du point D comme centre, la circonférence FHF'; décrire, sur OF et OF' comme diamètres, les circonférences ONF, ON″F'; joindre le point O avec les points où ces circonférences coupent AB ou son prolongement : les droites MN, M'N', M″N″, M‴N‴ satisfont à l'énoncé, ou à l'énoncé généralisé.

Remarques. I. Si la longueur donnée l est moindre que le double de AO, la circonférence OF ne coupe pas AB, et les solutions MN, M'N' n'existent plus.

II. La question que nous venons de résoudre est connue sous le nom de *Problème de Pappus*.

PROBLÈME XIV.

Par un point O, situé sur la bissectrice d'un angle droit CAB, mener une transversale MN telle, que le triangle MAN soit équivalent à un carré donné m^2.

Fig. 160. Cherchons, comme dans le problème précédent, à déterminer le point où DO rencontre NF perpendiculaire à MN. Si nous abaissons FP perpendiculaire à AB, nous aurons, à cause de l'égalité des triangles MDO, NPF : GFPN = 2 MDO. De même, le rectangle GOEN est double du triangle OEN. Si donc nous construisons le carré DO'E'A égal à DOEA, le rectangle FPE'O' sera double du triangle MAN ; c'est-à-dire qu'il sera équivalent à $2m^2$. Or, nous connaissons la hauteur OE de ce rectangle. Il suffira donc, pour obtenir le point F, de prendre O'F égale à $2\frac{m^2}{OE}$.

PROBLÈME XV.

Par un point O, situé dans un angle droit CAB, mener une transversale MN telle, que le triangle MAN soit équivalent à un carré donné m^2.

Du point donné O, abaissons sur AB la perpendiculaire OE, et soit O' le point où elle rencontre la bissectrice de l'angle droit. Joignons le pied N de la transversale cherchée, avec le point O', par la transversale M'O'N. Il est clair que Fig. 161.

$$\frac{M'AN}{MAN}=\frac{M'A}{MA}=\frac{O'E}{OE}=\frac{AE}{OE}.$$

Conséquemment, $$M'AN=m^2.\frac{AE}{OE}.$$

Donc, pour obtenir le point N et la transversale MN, il suffit de mener, par le point O', situé sur la bissectrice, la transversale M'O'N qui détermine un triangle équivalent à $m^2.\frac{AE}{OE}$. Le problème proposé est donc ramené à celui qui précède.

PROBLÈME XVI.

Par un point O, situé dans le plan d'un angle quelconque CAB, mener une transversale MN telle, que le triangle MAN soit équivalent à un carré donné m^2.

Après avoir mené OE parallèle à AC, élevons AC', EO' perpendiculaires à AB, et coupons ces droites par MM', OO' Fig. 162.

parallèles à AB. Les trois points M′, O′, N seront en ligne droite, et les triangles M′AN, MAN seront équivalents. Il suffit donc, pour obtenir le point N et la transversale MN, de mener par le point O′, situé dans l'angle droit C′AB, la transversale M′O′N telle, que le triangle M′AN soit équivalent au carré donné m^2. Ce problème est celui que nous venons de résoudre.

Remarque. Les solutions des deux derniers problèmes sont fondées sur le *principe de la transformation des figures.* (p. 96.)

PROBLÈME XVII.

Par un point O, situé dans le plan d'un angle CAB, mener une transversale MN telle, que le rectangle des segments AM, AN déterminés par cette droite sur les côtés de l'angle, soit équivalent à un carré donné m^2.

FIG. 163. Si l'angle donné est droit, le rectangle construit sur AM et AN sera double du triangle MAN ; de telle sorte que celui-ci sera équivalent à la moitié du carré donné.

Si l'angle A est aigu ou obtus, abaissons MP perpendiculaire à AB ; nous aurons

$$\text{MAN}=\frac{1}{2}\text{AN}.\text{MP}=\frac{1}{2}\text{AN}.\text{AM}.\frac{\text{MP}}{\text{AM}}=\frac{1}{2}m^2\frac{\text{MP}}{\text{AM}};$$

c'est-à-dire que le triangle MAN sera au carré m^2 dans un rapport connu.

Dans les deux cas, le problème est ramené à celui qui précède.

PROBLÈME XVIII.

Par un point O, situé dans le plan d'un angle CAB, mener une transversale MN telle, que le rectangle des segments de cette droite, interceptés entre le point donné et les côtés de l'angle, soit équivalent à un carré donné m^2.

Après avoir mené OD parallèle à AB, prenons, sur cette parallèle, une distance OF troisième proportionnelle à OD et m. Nous aurons Fig. 164.

$$DO.OF = m^2 = OM.ON.$$

Les points M, N, D, F appartiennent donc à une même circonférence. Conséquemment, pour obtenir le point N, il suffit de décrire sur OF un arc capable de l'angle ONF = MDO = A.

Remarque. Ordinairement, le problème admet *deux* solutions.

PROBLÈME XIX.

Inscrire, dans un angle donné CAB, une droite MN de longueur donnée l, de manière que le triangle résultant soit équivalent à un carré donné m^2.

Soit MP la hauteur du triangle cherché : nous aurons Fig. 165. AN. MP $= 2m^2$. D'un autre côté,

$$l^2 = \overline{AM}^2 + \overline{AN}^2 - 2\,AN.AP.$$

Pour simplifier cette équation, et pour introduire le rectangle des deux côtés cherchés AM, AN, abaissons, d'un point quelconque D de AC, DE perpendiculaire sur AN. Nous aurons, en appelant p, q, r les trois côtés du triangle rectangle ainsi déterminé, AP $= \frac{q}{r}$AM, MP $= \frac{p}{r}$AM. L'équation précédente devient alors

$$l^2 = \overline{AM}^2 + \overline{AN}^2 - 2\frac{q}{r}AN.AM,$$

ou, à cause de $\frac{p}{r}AM.AN = 2m^2$:

$$l^2 = \overline{AM}^2 + \overline{AN}^2 - 4\frac{q}{p}m^2.$$

Dans le second membre, ajoutons et retranchons $2AM.AN = 4\frac{r}{p}m^2$; il nous viendra

$$l^2 = (AM + AN)^2 - 4\frac{q+r}{p}m^2;$$

ou
$$(AM + AN)^2 = l^2 + 4\frac{q+r}{p}m^2.$$

Nous voyons donc qu'indépendamment du rectangle des deux côtés AM, AN, nous connaissons la somme de ces droites. La question est ainsi ramenée à un problème connu.

Remarques. I. Quand on veut décomposer une somme donnée en deux facteurs dont le produit soit donné, il faut que le carré de la somme ne soit pas inférieur à *quatre* fois le produit donné.

Conséquemment, la condition de possibilité du problème est

$$l^2 + 4\frac{q+r}{p}m^2 \gtreqless 8\frac{r}{p}m^2,$$

ou
$$l^2 \gtreqless 4\frac{r-q}{p}m^2.$$

II. Les rapports $\frac{p}{r}$, $\frac{q}{r}$, $\frac{p}{q}$ sont, comme on sait, désignés sous les noms de *sinus*, *cosinus* et *tangente* de l'angle A. En employant ces dénominations, nous aurons, au lieu des relations précédentes,

$$AM.AN = \frac{2}{\sin.A}m^2, \quad (AM + AN)^2 = l^2 + 4m^2 \cot.\tfrac{1}{2}A,$$

$$l^2 \gtreqless 4m^2 \operatorname{tg}.\tfrac{1}{2}A.$$

III. Lorsque l^2 égale $4m^2$ tg. $\frac{1}{2}$A, la droite l est le plus petite possible. En même temps, le triangle MAN sera isocèle; et la valeur commune des deux côtés AM, AN sera $\frac{l}{2 \sin. \frac{1}{2} A}$.

PROBLÈME XX.

Inscrire, entre les côtés d'un angle donné CAB, un triangle MNP semblable à un triangle donné DEF, et ayant un sommet donné P.

Décrivons sur DF, homologue du côté inconnu MP, un arc capable de l'angle connu CAP. Décrivons de même, sur EF, un arc capable de l'angle BAP. Ces deux arcs, qui se coupent en F, se couperont en un second point O. Menons OD, OE, OF. Prenons, sur les côtés de l'angle donné, des distances AM, AN, déterminées par les proportions FIG. 167.

$$\frac{OF}{AP} = \frac{OD}{AM}, \quad \frac{OF}{AP} = \frac{OE}{AN}:$$

les points M, N seront les deux sommets cherchés.

On justifie aisément cette construction.

PROBLÈME XXI.

A un triangle ABC, inscrire un triangle DEF semblable à un triangle donné MNP, et qui ait l'un de ses sommets situé en D sur le côté AB.

Sur le côté MN, homologue du côté inconnu DE, décrivons un arc capable de l'angle B. De même, décrivons sur MP un arc capable de l'angle A. Menons ensuite, par le point M, une droite A'B' telle, que l'on ait $\frac{MA'}{MB'} = \frac{DA}{DB}$: ce problème auxiliaire ne présente aucune difficulté. FIG. 168.

Cela posé, si nous menons A'P et B'N, nous formerons

un triangle A′B′C′, qui sera semblable au triangle ABC; car ces deux triangles ont, par construction, deux angles égaux chacun à chacun. Il suffira donc, pour achever la construction, de faire les angles ADF, BDE, respectivement égaux à A′MP, B′MN : on obtiendra ainsi les sommets F, E.

PROBLÈME XXII.

Construire un triangle, connaissant ses trois hauteurs.

Désignons par a, b, c, les côtés du triangle, et par a', b', c', les hauteurs correspondantes. Nous aurons

$$aa' = bb' = cc' = ;$$

d'où

$$\frac{a}{b'} = \frac{b}{a'} = \frac{c}{\left(\frac{a'b'}{c'}\right)}.$$

Cette proportion continue apprend que le triangle cherché est semblable à celui dont les côtés seraient : b', a', et une quatrième proportionnelle à c', a', b'. Si l'on construit ce dernier triangle, il sera bien facile ensuite d'obtenir le triangle cherché, en observant que, dans deux triangles semblables, les hauteurs correspondant aux côtés homologues sont des droites homologues.

Remarque. Le problème sera possible, quand on pourra construire le triangle auxiliaire. Admettons que l'on ait $a > b' > c'$, d'où $a' < \frac{a'b'}{c'}$. Alors la condition de possibilité sera $\frac{a'b'}{c'} < a' + b'$.

PROBLÈME XXIII.

Construire un triangle, connaissant deux hauteurs et le rayon du cercle inscrit.

Soient a', b' les deux hauteurs données, a, b les deux côtés inconnus correspondants, c le troisième côté, et r le rayon du cercle inscrit.

L'aire du triangle est représentée par chacune des trois expressions : $\frac{1}{2}aa'$, $\frac{1}{2}bb'$, $\frac{1}{2}(a+b+c)r$;

donc $$aa'=bb'=(a+b+c)\,r;$$

d'où $$\frac{a}{b'}=\frac{b}{a'}=\frac{a+b+c}{\frac{a'b'}{r}}.$$

On voit, par cette proportion continue, que le triangle cherché est semblable à celui dont deux côtés et le périmètre seraient b', a' et la quatrième proportionnelle à r, a', b'. Le problème peut donc être regardé comme résolu.

PROBLÈME XXIV.

Construire un triangle, connaissant la hauteur a' abaissée sur le côté inconnu a, le rayon r du cercle inscrit, et le rayon α du cercle ex-inscrit, tangent au côté a.

En raisonnant comme dans le problème précédent, on aura d'abord

$$aa'=(a+b+c)\,r=(b+c-a)\,\alpha.$$

On déduit, de ces deux égalités,

$$a+b+c=\frac{aa'}{r},\quad b+c-a=\frac{aa'}{\alpha};$$

puis, des deux dernières,

$$\frac{1}{a'}=\frac{1}{2}\left(\frac{1}{r}-\frac{1}{\alpha}\right).$$

Cette *équation de condition* entre a', r et α nous apprend que :

Dans tout triangle, l'inverse de chacune des hauteurs est égal à la demi-différence entre l'inverse du rayon du cercle inscrit, et l'inverse du rayon du cercle ex-inscrit, opposé à cette hauteur.

Conséquemment aussi :

Tous les triangles dans lesquels les rayons du cercle inscrit et de l'un des cercles ex-inscrits sont constants ont même hauteur.

En revenant au problème proposé, nous voyons qu'il sera *indéterminé* ou *impossible*, selon que les données satisferont ou ne satisferont pas à la relation $\frac{1}{a'}=\frac{1}{2}\left(\frac{1}{r}-\frac{1}{\alpha}\right)$.

PROBLÈME XXV.

Construire un triangle, connaissant la hauteur a' abaissée sur le côté inconnu a, ainsi que les rayons β, γ des cercles ex-inscrits, tangents aux côtés b, c.

Nous aurons, par les expressions connues de l'aire du triangle :

$$aa'=(a+c-b)\,\beta=(a+b-c)\,\gamma;$$

puis, par un calcul semblable au précédent :

$$a+c-b=\frac{aa'}{\beta},\quad a+b-c=\frac{aa'}{\gamma},$$

et

$$\frac{1}{a'}=\frac{1}{2}\left(\frac{1}{\beta}+\frac{1}{\gamma}\right).$$

Ainsi, *dans tout triangle, l'inverse de chacune des hauteurs est égal à la demi-somme des inverses des rayons des cercles ex-inscrits, adjacents à cette hauteur*, etc.

PROBLÈME XXVI.

Construire un triangle, connaissant les rayons α, β, γ des trois cercles ex-inscrits.

Nous aurons, comme précédemment,

$$\alpha(b+c-a)=\beta(c+a-b)=\gamma(a+b-c);$$

d'où
$$\frac{b+c-a}{\beta}=\frac{c+a-b}{\alpha}=\frac{a+b-c}{\left(\frac{\alpha\beta}{\gamma}\right)}.$$

On déduit, de cette proportion continue,

$$\frac{a}{\alpha+\frac{\alpha\beta}{\gamma}}=\frac{b}{\beta+\frac{\alpha\beta}{\gamma}}=\frac{c}{\alpha+\beta}.$$

Ainsi, le triangle cherché est semblable à celui qui aurait pour côtés $\alpha+\frac{\alpha\beta}{\gamma}$, $\beta+\frac{\alpha\beta}{\gamma}$, $\alpha+\beta$.

Si l'on construit ce triangle, et que l'on décrive les trois cercles qui le touchent extérieurement, il suffira, pour avoir le triangle cherché, de mener des parallèles aux côtés du triangle auxiliaire, à des distances des trois centres respectivement égales à α, β, γ.

PROBLÈME XXVII.

Construire un triangle, connaissant le rayon r du cercle inscrit, et les rayons α, β de deux des trois cercles ex-inscrits.

Ce problème se résout aussi facilement que le précédent, et par les mêmes considérations.

PROBLÈME XXVIII.

Construire un triangle ABC, connaissant la base BC, l'angle opposé A et le rapport des deux derniers côtés.

Fig. 166. Le sommet A appartient à l'arc capable de l'angle donné, décrit sur la base BC.

Supposons menée la bissectrice AED : elle passera au milieu D de l'arc BDC ; de plus, elle doit diviser la base BC en deux segments BE, EC, proportionnels aux deux côtés AB, AC. Il est donc bien facile d'obtenir les points D, E, de cette bissectrice : l'intersection de cette ligne avec l'arc BAC sera le sommet A.

PROBLÈME XXIX.

Décrire une circonférence qui passe par deux points donnés A, B, et qui touche une droite donnée CD.

Voyez le Problème II.

Remarque. Le problème admet ordinairement deux solutions. Pour qu'il soit possible, il faut que les deux points A, B soient d'un même côté de CD.

PROBLÈME XXX.

Décrire une circonférence qui passe par deux points donnés A, B, et qui touche une circonférence donnée I.

Fig. 171. Soit E le point de contact de la circonférence demandée O avec la circonférence donnée I. Soit F le point où la droite AB rencontre la tangente commune EF. Si nous menons une sécante quelconque FDC, nous aurons

$$\overline{FE}^2 = FA.FB = FD.FC ;$$

les quatre points A, B, C, D appartiennent donc à une même circonférence. Ainsi, pour résoudre le problème, il faut : décrire une circonférence quelconque passant par les points A, B et coupant la circonférence donnée ; tirer les cordes AB, CD, et les prolonger jusqu'à leur rencontre en F ; enfin, mener par ce point des tangentes FE, FE′ à la circonférence donnée. Les points E, E′, où cette circonférence touche les deux cercles cherchés, étant connus, le problème s'achève comme celui qui précède.

PROBLÈME XXXI.

Décrire une circonférence O qui passe par un point donné A, et qui touche deux droites MN, PQ.

Que les droites MN, PQ se coupent ou qu'elles soient parallèles, nous pourrons facilement construire leur *axe de symétrie* CD, axe qui sera aussi celui de toute la figure. Si donc nous abaissons AE perpendiculaire à CD, et que nous prolongions cette droite d'une longueur égale EA′, le point A′ appartiendra à la circonférence demandée. Il suffira donc de faire passer, par les deux points A, A′, une circonférence qui touche la droite PQ : c'est un problème que nous savons résoudre. Fig. 172.

PROBLÈME XXXII.

Décrire une circonférence O qui passe par un point donné A, et qui touche deux circonférences données B, C.

Soient D, E les points de contact inconnus. Menons la corde ED, et prolongeons-la jusqu'à sa rencontre en F avec la ligne des centres. Il est facile de voir que, les deux circonférences B, O se touchant extérieurement en E, ce Fig. 173.

point de contact E est un centre de similitude *interne*. De même, les circonférences O, C ont pour centre de similitude *interne* le point D. Donc (Th. VII) F est le centre de similitude *externe* des deux circonférences données.

Si nous prolongeons FDE jusqu'à sa rencontre en L avec la circonférence B, les points D, L seront homologues dans les deux circonférences données; et, en appelant H, H', K, K' les points de rencontre de BC avec ces deux lignes, nous aurons

$$\frac{FL}{FD}=\frac{FH}{FK'}.$$

D'ailleurs, $$FH.FH'=FL.FE;$$

donc, en multipliant membre à membre,

$$FH'.FK'=FD.FE.$$

Cette relation nous apprend que les quatre points H', K', D, E sont sur une même circonférence.

Soit maintenant G le point inconnu où la droite AF rencontre le cercle cherché O. Nous aurons

$$FD.FE=FA.FG;$$

d'où, à cause de l'égalité précédente,

$$FH'.FK'=FA.FG.$$

Ainsi, les quatre points A, H', K', G sont situés sur une même circonférence.

Construction. Après avoir mené la ligne des centres BC et avoir construit le centre de similitude F, on mène AF. Par les trois points A, H', K' on fait passer une circonférence, laquelle coupe AF en un point G. Il suffit ensuite de faire passer, par les deux points A, G, une circonférence qui touche l'un des deux cercles donnés : elle touchera en même temps l'autre, et satisfera à la question.

Remarque. Par les points A, G, on peut faire passer deux circonférences tangentes au cercle B. En même temps, l'on peut remplacer le centre de similitude *externe* F par le centre de similitude *interne*. Donc le problème admet, généralement, *quatre* solutions.

PROBLÈME XXXIII.

Décrire une circonférence O qui passe par un point donné A, et qui touche une droite donnée BC et une circonférence donnée I.

Soit E le point inconnu où la circonférence cherchée touche la droite BC, et soit D le point de contact des deux circonférences. Menons OI qui passe par ce point D; joignons le centre inconnu O au point E; menons, par le centre donné I, la droite FIKH perpendiculaire à BC ; enfin, tirons les cordes ED, FD, DK. Fig. 174.

Le rayon OE, perpendiculaire à la tangente BC, est parallèle à IF ; donc les angles EOD, FID sont égaux comme alternes internes, et les deux triangles isocèles EOD, FID sont semblables. Par suite, les points E, D, F sont sur une même ligne droite. Il résulte de là que l'angle EDK est droit, parce qu'il est supplémentaire de l'angle FDK, inscrit dans un demi-cercle.

Le quadrilatère EDKH a deux angles opposés droits ; donc la circonférence décrite sur EK comme diamètre passerait par les sommets D, H. Nous aurons donc

$$FD.FE = FK.FH.$$

Soit maintenant G le point où la droite connue AF rencontre la circonférence cherchée O. Nous aurons aussi

$$FA.FG = FD.FE.$$

La comparaison de ces deux égalités donne

$$FA.FG = FK.FH.$$

Ainsi, les quatre points A, G, K, H sont situés sur une même circonférence.

On construira donc aisément le point G, après quoi il ne s'agira plus que de faire passer, par les points A, G, une circonférence tangente à la droite BC.

Remarque. Le problème admet, en général, *quatre* solutions.

PROBLÈME XXXIV.

Décrire une circonférence O qui touche deux droites données AB, AC, et une circonférence donnée I.

Fig. 175. Soient N, P, R les points de contact de la circonférence O avec les deux droites données et avec la circonférence I. Menons ON, OP, OR; du point O, décrivons une circonférence qui passe par le centre I de la circonférence donnée : elle coupera les prolongements des droites ON, OP en des points M, Q tels, que $MN = PQ = IR$. Conséquemment, si l'on mène aux droites données AB, AC, des parallèles A'B', A'C' qui en soient distantes d'une longueur égale au rayon IR de la circonférence donnée, ces parallèles seront tangentes à la circonférence OI.

On est donc ramené à trouver le centre O d'une circonférence passant en un point donné I, et tangente à deux droites données A'B', A'C'.

Remarque. Le problème admet, ordinairement, *deux* solutions.

PROBLÈME XXXV.

Décrire une circonférence tangente à une droite donnée PQ et à deux circonférences données AN, BM.

Il peut arriver plusieurs cas : 1° la circonférence cherchée peut toucher extérieurement les deux circonférences données ; 2° elle peut les toucher intérieurement ; 3° elle peut toucher l'une d'elles intérieurement et l'autre extérieurement. Ce qui fait, en tout, quatre solutions.

Soit O le centre de la circonférence qui touche la droite PQ et qui est tangente, extérieurement, aux deux circonférences données. Décrivons, du point O comme centre, une circonférence passant par le centre A de la plus petite des deux circonférences données : elle touchera la circonférence décrite du point B comme centre avec un rayon BF égal à la différence des rayons donnés ; elle touchera aussi la droite P′Q′ menée parallèlement à PQ, à une distance de cette droite égale au rayon AD de la plus petite circonférence. La question est donc ramenée au Problème XXXIII. Fig. 176.

Remarque. La droite P′Q′ donnera deux des solutions du problème. Pour avoir les deux autres, on devra prendre la droite P″Q″, symétrique de P′Q′ relativement à la droite donnée PQ.

PROBLÈME XXXVI.

Décrire une circonférence tangente à trois circonférences données A, B, C.

Première solution. Soit O le centre de la circonférence demandée, et soient M, N, P les points de contact inconnus. Menons OA, OB, OC. Décrivons, du point O comme centre, une circonférence qui passe par le centre B du plus Fig. 177.

petit des trois cercles donnés, et qui coupe les droites OA, OC aux points D', E : elle sera tangente aux cercles qui seraient décrits des points A et C comme centres, avec AD et CE pour rayons. Le problème est donc ramené à celui-ci : *décrire une circonférence* OB *qui passe par un point donné* B, *et qui touche deux circonférences données.* Ce dernier problème a été résolu ci-dessus : il admet quatre solutions.

En remplaçant les cercles AD, CE par deux cercles ayant pour rayons, respectivement, AM+BP, CN+BP, on obtiendra les quatre autres circonférences qui satisfont à la question.

Seconde solution. L'élégante solution qu'on va lire est due en partie à Bobillier, en partie à M. Gergonne ; elle est extraite, presque textuellement, de la *Géométrie* du premier de ces deux savants professeurs.

Les circonférences données peuvent être touchées toutes trois extérieurement ou toutes trois intérieurement ; chacune peut être touchée extérieurement et les deux autres intérieurement, ou bien intérieurement et les deux autres extérieurement.

Deux circonférences, qui déterminent sur chacune des trois circonférences données un contact extérieur et un contact intérieur, sont appelées *circonférences conjuguées.*

Fig. 178. Considérons les deux circonférences conjuguées abc, $a'b'c'$, qui touchent les circonférences données, l'une extérieurement et l'autre intérieurement. Le point de contact a' est le centre de similitude directe de $a'b'c'$, $a'a'a''$; le point a est le centre de similitude inverse de abc, $aa'a''$. Donc la droite aa' doit passer par le centre de similitude inverse de abc, $a'b'c'$. Il en est de même pour bb' et pour cc'. Par conséquent, ces trois droites concourent en un point o, qui est ce centre de similitude. De plus, si l'on prolonge aa' en s, et cc' en t, les droites os et oa', ot et oc seront des droites homologues; d'où résulte

$$\frac{os}{oa'}=\frac{ot}{oc'},$$

ou $$os.oc'=oa'.ot.$$

On a aussi $$oc.ot=os.oa;$$

donc $$oc.oc'=oa.oa'=ob.ob'.$$

Le point o est donc le *centre radical* des trois circonférences données.

La droite ab, passant par le centre de similitude inverse de abc, $aa'a''$, et par le centre de similitude inverse de abc, $bb'b''$, doit contenir le centre de similitude directe de $aa'a''$, $bb'b''$. Il en est de même pour $a'b'$. Donc m est ce centre de similitude. De même, m' est le centre de similitude directe de $bb'b''$, $cc'c''$; enfin m'' est le centre de $aa'a''$, $cc'c''$. Donc $mm'm''$ est l'axe de similitude directe des trois circonférences données.

A cause de la relation $oa.oa'=oc.oc'$, les quatre points a, a', c, c' sont situés sur une même circonférence ; donc

$$m''a.m''c'=m''a'.m''c'.$$

Ainsi, le point m'' appartient à l'axe radical des deux circonférences cherchées. On prouverait de la même manière que les points m' et m'' appartiennent à cet axe ; d'où l'on conclut que $mm'm''$, axe de similitude directe des trois circonférences données, est en même temps l'axe radical des deux circonférences conjuguées.

Puisqu'il en est ainsi, les tangentes en a et a' doivent se couper en un point x situé sur cette droite; et il en est de même pour les tangentes en b, b', et pour les tangentes en c, c'.

La polaire du point x est aa'; donc le pôle p de $mm'm''$ doit se trouver sur aa'. Ainsi, *les pôles de l'axe de similitude directe des trois circonférences données, par rapport à chacune d'elles, sont placés respectivement sur les trois cordes de contact* aa', bb', cc'.

De là, cette construction : 1° *tracez l'axe de similitude des trois circonférences* A, B, C; 2° *cherchez les pôles de cet axe par rapport à chaque circonférence; 3° joignez ces pôles* p, p', p'' *au centre radical* o.

En remplaçant l'axe de similitude directe par chacun des trois axes de similitude inverse, on obtient les trois autres couples de circonférences conjuguées.

PROBLÈME XXXVII.

Décrire une circonférence O passant par deux points donnés A, B et interceptant, sur un cercle donné C, une corde DE de longueur donnée L.

Fig. 179. Faisons passer, par les points A, B, une circonférence quelconque ABFG, qui coupe en F, G la circonférence donnée C. Les deux cordes AB, FG et la *corde inconnue* DE se coupent en un même point I (Th. XXVII). Ce point étant obtenu par la construction précédente, il suffira d'*inscrire, dans le cercle donné* C, *une corde* DE, *de longueur donnée, passant par le point donné* I.

PROBLÈME XXXVIII.

Décrire une circonférence I, qui passe par deux points donnés A, B, et qui coupe, suivant un diamètre, une circonférence donnée O.

Ce problème peut être regardé comme un cas particulier de celui qui précède. On peut aussi le résoudre directement comme il suit. Fig. 180.

Si l'on joint le point A au centre O de la circonférence donnée, et qu'on prolonge AO jusqu'à sa rencontre en E avec la circonférence I, on aura $OE.OA=OC.OD=R^2$. On obtient donc le point E en construisant une troisième proportionnelle DE à la droite AO et au rayon R du cercle donné.

PROBLÈME XXXIX.

Trouver sur un arc AB un point C tel, que le rectangle de ses distances aux extrémités de l'arc soit équivalent à un carré donné p^2.

Si l'on mène le diamètre CD, et qu'on abaisse CE perpendiculaire à AB, on aura, d'après un théorème connu, $AC.CB=CD.CE$; et, par suite, $CD.CE=p^2$. On tire, de cette dernière égalité, $CE=\frac{p^2}{CD}$. La distance du point C à la corde AB étant connue, le problème peut être regardé comme résolu. Fig. 169.

PROBLÈME XL.

Par un point A, extérieur à un cercle O, mener une droite ABC qui soit partagée en moyenne et extrême raison par la circonférence.

1° Supposons d'abord que la corde BC soit le plus grand des deux segments de la droite ABC, de manière que Fig. 181.

$$\overline{CB}^2=AC.AB.$$

Si nous menons la tangente AD, nous aurons

$$\overline{AD}^2 = AC.AB.$$

On déduit, de ces deux égalités, BC = AD ; en sorte que le problème peut être considéré comme résolu (Pr. XXXVII).

Pour qu'il soit possible, AD ne doit pas surpasser le diamètre du cercle. Cette condition équivaut à

$$\overline{OA}^2 - \overline{OD}^2 \leqq 4\overline{OD}^2 ;$$

d'où, en désignant par R le rayon du cercle et par d la distance OA :

$$d \leqq R\sqrt{5}.$$

2° Admettons que le segment extérieur AB soit moyen proportionnel entre la sécante entière AC et le segment intérieur BC ; nous aurons

Fig: 182.

$$\overline{AB}^2 = AC.BC ;$$

et, en menant encore la tangente AD,

$$\overline{AD}^2 = AC.AB.$$

La première égalité équivaut à la proportion

$$\frac{AC}{AB} = \frac{AB}{AC - AB}.$$

Multiplions tous les termes par AB, et remplaçons AC. AB par $\overline{AD}^2$; nous aurons

$$\frac{\overline{AD}^2}{\overline{AB}^2} = \frac{\overline{AB}^2}{\overline{AD}^2 - \overline{AB}^2}.$$

Cette nouvelle proportion démontre que le carré construit sur AB est moyen proportionnel entre le carré construit sur la tangente AD et la différence des carrés construits sur AD et sur AB ; c'est-à-dire que, pour obtenir AB, *il faut partager en moyenne et extrême raison le carré construit sur la tangente, et chercher la moyenne proportionnelle entre les deux dimensions du plus grand des deux segments.*

On peut simplifier cette construction en observant que dans tout triangle rectangle AFD, les carrés des côtés de l'angle droit et le carré de l'hypoténuse sont entre eux comme les projections AE, DE et AD. Si donc l'hypoténuse est partagée en moyenne et extrême raison au point E, nous aurons

$$\frac{\overline{AD}^2}{\overline{AF}^2}=\frac{\overline{AF}^2}{\overline{DF}^2},$$

ou

$$\frac{\overline{AD}^2}{\overline{AF}^2}=\frac{\overline{AF}^2}{\overline{AD}^2-\overline{AF}^2}.$$

Cette proportion, comparée à la précédente, nous apprend que $AB=AF$.

Pour que le problème soit possible, il faut que l'on ait $AF \overline{\gtrless} AG$, ou $AF \overline{\gtrless} R-d$.

Mais $\overline{AF}^2=\overline{AD}^2\left(\frac{-1+\sqrt{5}}{2}\right)=(d^2-R^2)\left(\frac{-1+\sqrt{5}}{2}\right)$.

La condition cherchée est donc

$$(d^2-R^2)\frac{-1+\sqrt{5}}{2}\overline{\gtrless}(d-R)^2,$$

ou

$$(d+R)\frac{-1+\sqrt{5}}{2}\overline{\gtrless}d-R;$$

d'où enfin

$$d\overline{\lessgtr}R(2+\sqrt{5}).$$

PROBLÈME XLI.

Inscrire, à une circonférence donnée O, un triangle isocèle ABC, connaissant la somme *a* de sa base et de sa hauteur.

Prenons sur le diamètre CI, à partir du point C, la distance CE égale à *a*. Prenons ensuite, sur la tangente CT, Fig. 183.

CF égale à $\frac{a}{2}$. Si nous menons EF, cette droite rencontrera généralement la circonférence en deux points B, B′, sommets de deux triangles CAB, C′A′B′, qui satisferont à la question.

Il résulte, en effet, de cette construction, que $AB = DE$; donc $AB + CD = CE = a$.

Remarque. Pour que le problème soit possible, il faut que le pied P de la perpendiculaire abaissée du centre sur EF ne soit pas extérieur au cercle. Or, $OP = CF . \frac{OE}{EF}$, ou $OP = \frac{a - R}{\sqrt{5}}$, R étant le rayon. La condition de possibilité est donc $\frac{a-R}{\sqrt{5}} \overline{\overline{<}} R$,

ou $$a \overline{\overline{<}} R(1 + \sqrt{5}).$$

PROBLÈME XLII.

A un cercle donné O, inscrire un trapèze ABCD ayant une hauteur donnée *h*, et équivalant à un carré donné m^2.

FIG. 184. Menons le diamètre OEF perpendiculaire aux deux bases, et le rayon OHL perpendiculaire au côté BC du trapèze : le point H sera le milieu de ce côté. Joignons ce point au milieu G du côté opposé, par la droite HMG. Enfin, menons LN parallèle à GH, et CP perpendiculaire à cette droite.

Le trapèze a pour mesure GH. EF ; donc la longueur de GH peut être supposée connue : appelons-la *a*.

La question se réduit évidemment à déterminer le milieu L de l'arc BC, ou la longueur de LN.

Or, les deux triangles LNO, HMO sont semblables ; donc $MH = OH . \frac{LN}{OL}$.

De même, les deux triangles LNO, CPH sont semblables, et donnent $$CP = CH . \frac{LN}{OL}.$$

Élevant au carré et ajoutant, on obtient

$$\overline{MH}^2 + \overline{CP}^2 = \overline{OC}^2 . \left(\frac{LN}{OL}\right)^2;$$

d'où $$FH = LN.$$

Ainsi, la droite cherchée LN est égale à l'hypoténuse d'un triangle rectangle dont les côtés seraient $\frac{1}{2} a$ et $\frac{1}{2} h$. Cette droite est donc connue.

PROBLÈME XLIII.

Trouver, sur une droite donnée MN, un point C tel, que la somme de ses distances à deux points donnés A, B, soit égale à une longueur donnée *l*.

Supposons la droite inconnue AC prolongée d'une quantité CD égale à CB : nous aurons AD$=l$; en sorte que le point D appartient à la circonférence DD′ décrite du point A comme centre, avec l pour rayon. Fig. 186.

Si nous abaissons BGH perpendiculaire à MN, et si nous prenons GH$=$GB, les deux obliques BC, HC seront égales entre elles ; d'où il résulte que le point cherché C est le centre de la circonférence passant par les trois points B, H, D. De plus, les deux circonférences BDH, DD′ se touchent en D, car ce point D est situé sur la ligne des centres.

On a vu précédemment (Probl. XXX) comment on détermine une circonférence tangente à une circonférence donnée, et passant par deux points donnés. Conséquemment, on est conduit à la construction suivante :

Du point donné A, comme centre, avec l pour rayon, on

décrit la circonférence DD′. D'un point quelconque N de la droite donnée MN, comme centre, on décrit une circonférence passant au point donné B, et coupant la première circonférence aux points E, F. On mène la corde EF, que l'on prolonge jusqu'à sa rencontre en T avec BH perpendiculaire à MN. On construit les points de contact D, D′ des tangentes menées du point T à la circonférence DD′. Les rayons AD, AD′ déterminent, par leurs intersections avec MN, deux points C, C′, qui satisfont à la question.

Discussion. 1° Lorsque le point H, symétrique du point B par rapport à la droite MN, est intérieur à la circonférence DD′, on peut, par ces deux points, faire passer deux circonférences qui touchent la première. Donc le problème admet deux solutions.

2° Si le point H est sur la circonférence DD′, il se confond avec le point de contact D, et alors le problème n'admet plus qu'une solution. En même temps le point C, qui se trouve alors en I, à l'intersection de AH avec MN, est le point de cette dernière droite pour lequel la somme des distances aux deux points donnés est un minimum. (I, Probl. I.)

3° Enfin, quand le point H est extérieur à MN, le problème proposé est impossible.

Remarque. On sait que le lieu des points tels, que la somme des distances de chacun d'eux à deux points fixes A et B, soit une constante *l*, est une *ellipse* ayant A et B pour *foyers*, et dont le *grand axe* est égal à *l*. Conséquemment le problème que nous venons de résoudre peut être énoncé en ces termes : *Construire les points de rencontre d'une droite donnée et d'une ellipse non tracée, mais dont le grand axe et les foyers sont donnés.*

PROBLÈME XLIV.

Trouver, sur une droite donnée MN, un point C tel, que la différence de ses distances à deux points donnés A, B, soit égale à une longueur donnée l.

L'analyse de ce problème est la même que celle du problème précédent. Elle donne lieu à la construction indiquée dans la figure 187.

Remarque. On sait que le lieu des points tels, que la différence des distances de chacun d'eux à deux points fixes A et B, soit une constante l, est une *hyperbole* ayant A et B pour *foyers*, et dont l'*axe transverse* est égal à l. Conséquemment, le problème que nous venons de résoudre peut être énoncé en ces termes : *Construire les points de rencontre d'une droite donnée et d'une hyperbole non tracée, mais dont l'axe transverse et les foyers sont donnés.*

PROBLÈME XLV.

Par l'extrémité A d'un diamètre AB perpendiculaire à une corde CD, mener une droite dont la partie FG, comprise entre la corde et la circonférence, soit de longueur donnée l.

Si nous menons les cordes AD et GD, nous formerons deux triangles FAD, GAD, qui auront l'angle A commun, et dans lesquels les angles en G et en D seront égaux, comme ayant pour mesures les moitié d'arcs égaux. Ces deux triangles seront donc semblables ; en sorte que nous aurons $\frac{AF}{AD}=\frac{AD}{AG}$; ou FIG. 224.

$$AF.AG=\overline{AD}^2.$$

Cette relation montre que AF et AG sont les côtés d'un rectangle équivalent au carré construit sur AD.

Construction. A l'extrémité D de la corde AD, élevons la perpendiculaire DH égale à L; puis, sur cette droite prise comme diamètre, décrivons une circonférence. Joignons son centre I avec le point A, par la sécante AH, qui rencontre cette circonférence en M et en N. Du point A comme centre, avec AM pour rayon, décrivons un arc : il coupera, au point cherché G, la circonférence donnée.

Remarques. I. Si la longueur donnée *l* est moindre que EB, il y aura, indépendamment de AGF, une droite AF′G′ qui répondra à la question. On obtiendra l'extrémité G′ de cette ligne au moyen de l'arc décrit du point A comme centre, avec AN pour rayon.

II. A chaque droite, telle que AF ou AF′, il en répond une autre, placée symétriquement par rapport à AB, et qui n'a pas été indiquée sur la figure. Le problème peut donc admettre *quatre* solutions.

PROBLÈME XLVI.

Par un point A, extérieur à un cercle O, mener une sécante telle, que la somme des carrés des segments BC, AC de cette droite, soit équivalente à un carré donné m^2.

FIG. 225. Soit AT la tangente menée par le point donné A. Joignons le point de contact T aux deux points inconnus B, C; et menons CD parallèle à BT. Si le point D était connu, la construction s'achèverait facilement; car les deux triangles ADC, ACT, évidemment semblables, donnent $\frac{AD}{AC}=\frac{AC}{AT}$,

ou $$\overline{AC}^2=AD.AT.$$

Ainsi, AC serait une moyenne proportionnelle entre AD et AT.

Pour déterminer AD, observons que les parallèles BT, CD, donnent, d'où $\overline{BC}^2 = \overline{AC}^2 \frac{\overline{DT}^2}{\overline{AD}^2}$.

A cause de l'égalité ci-dessus, cette valeur se réduit à

$$\overline{BC}^2 = \frac{AT.\overline{DT}^2}{AD}.$$

La somme des carrés de AC et de BC doit égaler m^2 ; donc

$$AD + \frac{\overline{DT}^2}{AD} = \frac{m^2}{AT}.$$

Prenons maintenant une droite EF, troisième proportionnelle à AT et m. Décrivons, sur EF comme diamètre, une demi-circonférence; prenons la perpendiculaire EG = EH = AT. Du point M, où cette droite coupe la circonférence, abaissons MN perpendiculaire à EF : le segment EN sera la longueur cherchée AD. Fig. 226.

En effet, nous aurons d'abord

$$EN + NM = EN + NH = EH = AT.$$

En second lieu, EN + NF = EF,

ou $$EN + \frac{\overline{MN}^2}{EN} = EF = \frac{m^2}{AT}.$$

Donc EN et NM sont égaux, respectivement, aux segments AD, DT de la droite AT.

On peut réunir les figures 225 et 226, et l'on obtient ainsi la figure 227.

PROBLÈME XLVII.

Par l'un des points d'intersection A de deux circonférences données; mener une corde commune BAC telle, que le rectangle fait sur le segment AB et une droite donnée m, augmenté du rectangle fait sur le segment AC et une droite donnée n, soit équivalent à un carré donné p^2.

FIG. 218. Menons les diamètres AD, AE, puis les cordes BD, CE : ces droites, perpendiculaires à BC, sont parallèles entre elles.

Divisons le diamètre AD, au point F, de manière que $\frac{AD}{AF}=\frac{n}{m}$; et abaissons FG perpendiculaire à AB : nous aurons $\frac{AB}{AG}=\frac{n}{m}$,

ou
$$m.AB=n.AG.$$

En remplaçant $m.AB$ par $n.AG$ dans la relation

$$m.AB+n.AC=p^2,$$

nous obtiendrons
$$n(AG+AC)=p^2;$$

d'où
$$GC=\frac{p^2}{n}.$$

La longueur de GC est donc connue.

Actuellement, joignons le point F au point E, et menons FH perpendiculaire à EC. Dans le triangle rectangle OHE, nous connaissons l'hypoténuse et le côté FH, égal à GC. Nous pourrons donc aisément obtenir le point H, et ensuite la corde BAC parallèle à FH.

Construction. Du point donné A, menez les deux diamètres AD, AE; partagez AD en F, de telle sorte que $\frac{AD}{AF}=\frac{n}{m}$; sur EF comme diamètre, décrivez une demi-circonférence; du point F comme centre, avec un rayon égal à la troisième proportionnelle aux droites n et p, décrivez un arc qui coupe cette demi-circonférence en H; enfin menez, par le point A, BAC parallèle à OH.

PROBLÈME XLVIII.

Inscrire, à un cercle donné O, un triangle MNP, dont les côtés soient parallèles à trois droites données AB, CD, EF.

Par un point quelconque G de la circonférence O, menons GH parallèle à EF et GI parallèle à CD : l'angle HGI étant égal à l'angle cherché P, les cordes interceptées IH, MN, seront égales entre elles. Il suffira donc, pour obtenir MN, ou pour déterminer le triangle demandé, de résoudre la question suivante : *Inscrire, à une circonférence donnée, une corde parallèle à une droite donnée et égale à une droite donnée.* FIG. 188.

Remarque. On trouve deux triangles satisfaisant à l'énoncé. Ces deux triangles sont symétriquement placés par rapport au centre O.

PROBLÈME XLIX.

Inscrire, à un cercle donné O, un triangle MNP, dont deux côtés soient parallèles à deux droites données AB, CD, et dont le troisième côté passe par un point donné L.

Si l'on cherche, comme dans la question précédente, une corde IH égale au côté inconnu MN, et que l'on fasse passer, par le point L, une corde MN égale à IH; le problème pourra être regardé comme résolu. FIG. 189.

PROBLÈME L.

Inscrire, à un cercle donné O, un triangle MNP, dont deux côtés passent par deux points donnés A, B, et dont le troisième côté soit parallèle à une droite donnée CD.

FIG. 190. Par le sommet inconnu N, imaginons NE parallèle à AB, et menons la corde EM. Soit F le point où cette droite, prolongée s'il est nécessaire, rencontre AB. Si ce point F était connu, le problème serait résolu; car ENM étant égal à l'angle des droites AB, CD, la corde EM pourrait être déterminée de grandeur, et ensuite de position.

Pour trouver le point F, observons que les angles E, F sont égaux comme alternes internes, et que les angles E, P sont égaux comme inscrits dans le même segment; donc les angles P, F sont égaux, et les triangles PAB, MAF, qui ont un angle égal et un angle commun, sont équiangles et semblables. Ainsi $\frac{AB}{AM}=\frac{AP}{AF}$,

ou

$$AM.AP=AB.AF.$$

Si l'on mène une sécante quelconque AGH, on aura encore

$$AG.AH=AB.AF.$$

Dans cette égalité, tout est connu, excepté AF. De plus, les quatre points G, H, B, F sont sur une même circonférence, etc.

PROBLÈME LI.

Inscrire, à un cercle donné, un triangle MNP, dont les côtés passent par trois points donnés A, B, C.

FIG. 191. Imaginons encore, comme dans le problème précédent, NE parallèle à AB, puis la corde EMF qui rencontre AB en F. Nous pourrons, comme ci-dessus, construire le point F, après quoi il ne s'agira plus que d'*inscrire, dans le cercle* O, *un triangle* EMN *dont deux côtés passent par deux points donnés* C, F, *et dont le troisième côté soit parallèle à une droite donnée* AB : ce problème est précisément celui qui précède.

Remarque. La question que nous venons de résoudre est connue sous le nom de *problème de Castillon.* Résolue d'abord par ce géomètre, elle l'a été ensuite, de différentes manières, par Lagrange, par Giordano di Ottaiano, et par Malfatti. (Voyez *Nouvelles Annales de Mathématiques*, t. III, page 463.)

PROBLÈME LII.

Inscrire, à un cercle donné O, un polygone dont un côté passe par un point donné A, et dont les autres côtés soient respectivement parallèles à des droites données.

Il y a deux cas à distinguer, suivant que le nombre n des côtés du polygone est *impair* ou *pair*. FIG. 192.

1° n impair.

Inscrivons dans la circonférence, à partir d'un point quelconque M′, une ligne brisée M′N′P′Q′R′S′T′ dont les côtés soient, respectivement, parallèles aux directions données. Nous obtiendrons ainsi un arc M′IT′ égal à l'arc inconnu MIT. En effet,

$$M'IT' = MIT + MM' - TT'$$

et, à cause des couples de cordes parallèles,

$$MM' = NN' = \ldots = TT'.$$

Par suite, la corde M′T′ sera égale au côté inconnu MT. Il

ne s'agira donc plus que *d'inscrire une corde* MT, *égale à une autre corde* M'T', *et passant par le point* A.

2° n pair.

Si nous effectuons la même construction, il en résultera, à cause de MM' = SS', que M'S' sera parallèle au côté inconnu MS. Et comme ce côté doit passer par le point donné A, il est complétement déterminé. Le problème est donc résolu.

PROBLÈME LIII.

Inscrire, à un cercle donné O, un polygone MNPQ... dont les côtés passent respectivement par des points donnés A, B, C...

Fig. 194. Soient PQ, QR deux côtés consécutifs, lesquels doivent passer respectivement par les points D, E. Soit, comme dans le Problème L, PP' parallèle à la droite DE. On verra, comme dans le problème cité, que le point F, où DE rencontre la corde P'R, peut aisément être déterminé. Par suite, la recherche du polygone MNPQR est remplacée par celle du polygone MNPP'R, dont un côté PP' doit être parallèle à une droite donnée, et dont les autres côtés doivent passer par des points donnés.

Semblablement, la recherche de ce second polygone sera remplacée par celle d'un nouveau polygone ayant deux côtés parallèles à deux droites données, et dont les autres côtés passent par des points donnés.

En continuant de la sorte, on ramène la solution du problème proposé à la solution du problème précédent.

PROBLÈME LIV.

Circonscrire, à un cercle donné O, un triangle MNP dont les sommets soient situés sur trois droites données X, Y, Z.

Soit DEF le triangle inscrit qui aurait pour sommets les points de contact de la circonférence O avec les côtés du triangle circonscrit MNP. Il est clair que les sommets du second triangle sont les pôles des côtés du premier. Conséquemment, la droite X, qui passe par le point M, a son pôle A sur EF. De même, les pôles B, C des deux autres droites données sont situés sur FD, DE. Il faudra donc, pour résoudre le problème proposé : chercher les pôles A, B, C des droites données; construire le triangle inscrit DEF, dont les côtés passent par ces trois points (Probl. LI) ; mener, par les sommets de ce triangle, des tangentes à la circonférence O. Fig. 195.

Remarque. La solution que nous venons d'indiquer est une application de la *Théorie des polaires réciproques*.

PROBLÈME LV.

Construire un cercle tel, que les angles circonscrits, dont les sommets seraient trois points donnés A, B, C, soient respectivement égaux à des angles donnés 2α, 2β, 2γ.

Soit O le cercle cherché. Menons les tangentes AD, AD'; BE, BE', CF, CF'. Menons aussi les rayons OD, OE, OF. L'angle DAO, moitié de DAD', est égal à α. De même, les angles EBO, FCO sont respectivement égaux à β et à γ. D'ailleurs, les triangles ADO, BEO, CFO sont rectangles. Fig. 214.

Si donc, d'un point arbitraire O', pris en dehors d'une

droite indéfinie XY, nous menons la perpendiculaire O'I, puis les obliques O'A', O'B', O'C' faisant avec XY des angles égaux à α, β, γ; cette construction déterminera des triangles A'IO', B'IO', C'IO', semblables aux premiers triangles.

La comparaison des côtés homologues donne

$$\frac{O'I}{OD}=\frac{O'A'}{OA}, \quad \frac{O'I}{EO}=\frac{O'B'}{OB}, \quad \frac{O'I}{OF}=\frac{O'C'}{OC};$$

d'où, à cause de OD=OE=OF :

$$\frac{OA}{OB}=\frac{O'A'}{O'B'}, \quad \frac{OA}{OC}=\frac{O'A'}{O'C'}.$$

Les distances du point O aux points A, B, C étant proportionnelles à des longueurs connues, ce point sera déterminé par l'intersection de deux circonférences que l'on obtiendra facilement.

PROBLÈME LVI.

Construire un cercle O tel, que les tangentes menées à ce cercle par trois points donnés A, B, C, aient des longueurs données *a*, *b*, *c*.

FIG. 214. *Première solution.* Les trois triangles rectangles ADO, BEO, BFO donnent

$$\overline{AO}^2-a^2=\overline{BO}^2-b^2=\overline{CO}^2-c^2;$$

d'où, en supposant $a>b>c$:

$$\overline{AO}^2-\overline{BO}^2=a^2-b^2, \quad \overline{BO}^2-\overline{CO}^2=b^2-c^2.$$

La différence entre les carrés des distances du centre inconnu aux points A, B doit donc être égale à un carré donné. Il en est de même pour la différence entre les carrés des distances de ce point aux points B, C. Conséquemment, on le construira par l'intersection de deux circonférences (Probl. LXVII).

Le centre O étant connu, on obtiendra le rayon OD en construisant le triangle rectangle ADO, dans lequel on connaît l'hypoténuse et un côté de l'angle droit.

Seconde solution. Des points A, B, C, comme centres, avec a, b, c pour rayons, décrivons trois circonférences. Chacune d'elles coupe orthogonalement le cercle cherché, attendu, par exemple, que le rayon OD de ce cercle, étant perpendiculaire au rayon AD, est une tangente à la circonférence AD.

Il résulte de cette observation que le cercle cherché est celui qui coupe orthogonalement les trois autres cercles. Il a pour centre leur centre radical.

PROBLÈME LVII.

Quelle est la route ABC que doit suivre une bille sur un billard circulaire, pour revenir au point de départ A, après deux réflexions successives sur la bande?

D'après la loi de la réflexion des corps élastiques (I, Probl. X), les rayons OB, OC divisent en deux parties égales, respectivement, les angles ABC, ACB. Mais, dans le triangle isocèle OBC, les angles B, C sont égaux; donc les angles ABC, ACB, doubles des premiers, sont égaux entre eux; et le triangle ABC est isocèle. Conséquemment, la figure est symétrique par rapport au diamètre EF passant par le point A, et BC est perpendiculaire à ce diamètre. Fig. 219.

Cela posé, prolongeons le rayon OB jusqu'à sa rencontre

en G avec la perpendiculaire à EF menée par le point A, et décrivons, de ce point comme centre, la circonférence OHL. Ainsi qu'on le voit aisément, le triangle BAG est isocèle, et la circonférence coupe BG en un point H tel, que GH=OB. Donc, la différence des segments BG, BH est connue, et égale au rayon R du cercle donné.

D'un autre côté, si nous menons LH, nous formerons un triangle rectangle OHL, évidemment semblable au triangle rectangle OAG. La comparaison des côtés homologues donne $\frac{OH}{OA}=\frac{OL}{OG}$,

ou $$OG.OH=OA.OL.$$

Le rectangle et la différence des deux segments cherchés étant connus, le problème peut être regardé comme résolu.

Calcul du chemin parcouru par la bille. Représentons par a la distance donnée OA, par x le segment OG, par y le côté AB du triangle ABC. La longueur l du chemin parcouru se compose de $2AB+2BD$. Or, $BD=AB\frac{OB}{OG}$; et, dans le triangle rectangle OAG, $y=\sqrt{x^2-a^2}$; donc

$$l=2\left(1+\frac{R}{x}\right)\sqrt{x^2-a^2}.$$

D'après ce qui précède, on a $x(x-R)=2a^2$, équation d'où l'on tire, en prenant seulement la racine positive,

$$x=\frac{1}{2}R+\sqrt{\frac{1}{4}R^2+2a^2}.$$

Avant de substituer dans la valeur de l, on peut observer que $x^2-a^2=Rx+a^2$; et l'on obtient

$$l=2\,\frac{\frac{3}{2}R+\sqrt{\frac{1}{4}R^2+2a^2}}{\frac{1}{2}R+\sqrt{\frac{1}{4}R^2+2a^2}}\sqrt{\frac{1}{2}R^2+a^2+R\sqrt{\frac{1}{4}R^2+2a^2}}.$$

ou, en simplifiant,

$$l=\frac{1}{4a^2}(4a^2-R^2+R\sqrt{R^2+8a^2})\sqrt{4a^2+2R^2+2R\sqrt{R^2+8a^2}}.$$

PROBLÈME LVIII.

Trouver un point M tel, que la somme de ses distances à trois points donnés A, B, C, soit un minimum.

Du point C comme centre, décrivons une circonférence passant par le point inconnu M. La somme des distances d'un point quelconque M′ de cette ligne aux trois points A, B, C, doit être plus grande que la somme des distances AM, BM, CM. Ainsi, nous aurons Fig. 220.

$$AM'+BM'+CM'>AM+BM+CM;$$

ou, à cause de $CM'=CM$,

$$AM'+BM'>AM+BM.$$

M est donc le point de la circonférence MM′, pour lequel la somme des distances aux deux points A, B est un minimum.

Menons la tangente TMT, et soient a, b les points où elle est coupée par AM′ et BM′. Menons aussi Ab. Nous aurons, dans le triangle AbM′ :

$$AM'+M'b>Ab;$$

et, en ajoutant Bb de part et d'autre :

$$AM'+BM'>Ab+Bb.$$

Si donc nous disposons du point M de manière à vérifier l'inégalité $Ab+Bb>AM+BM$, nous aurons, à plus forte raison, $AM'+BM'>AM+BM$.

Or, pour que la somme des distances AM, BM soit moindre que $Ab+Bb$, b étant un point quelconque de MT, il faut (I, Probl. X) que les deux droites AM, BM soient également inclinées sur la normale MC. En d'autres termes : *la droite* CMC′, *qui joint le sommet* C *au point* M, *doit diviser en deux parties égales l'angle formé par les droites menées de ce même point aux deux autres sommets.*

Ce que nous disons du sommet C s'applique aux deux autres ; c'est-à-dire que *le point, dont la somme des distances à trois points donnés est un minimum, est tel, que chacune des trois droites qui le joignent aux points donnés, est la bissectrice de l'angle formé par les deux autres.*

On conclut facilement de là que chacun des trois angles formés autour du point M est égal à 120°. Conséquemment, le point M est celui d'où les côtés du triangle ABC sont vus sous un même angle. Il est donc bien facile de le construire. (II, Th. II.)

PROBLÈME LIX.

M étant le point dont la somme des distances aux trois sommets d'un triangle donné ABC, est un minimum, on demande d'exprimer cette somme en fonction des côtés.

FIG. 221. Désignons par a, b, c les longueurs des côtés, par x, y, z les distances MA, MB, MC, et par s leur somme. Les trois triangles ABM, BCM, ACM donnent, comme il est facile de le vérifier :

$$a^2 = y^2 + z^2 + yz,$$
$$b^2 = z^2 + x^2 + xz,$$
$$c^2 = x^2 + y^2 + xy.$$

Nous aurons ensuite, en exprimant que l'aire T du triangle ABC est égale à la somme des aires des trois autres triangles :

$$T=\frac{1}{4}\sqrt{3}\,(xy+yz+zx).$$

On déduit, de ces quatre équations,

$$a^2+b^2+c^2+4T\sqrt{3}=2(x^2+y^2+z^2+2xy+2xz+2yz),$$

ou $$s^2=2T\sqrt{3}+\frac{1}{2}(a^2+b^2+c^2).$$

PROBLÈME LX.

Trouver un point M tel, que la somme des carrés de ses distances aux trois côtés d'un triangle ABC soit un minimum.

Du point cherché M, abaissons les perpendiculaires MP, MQ, MR, sur les côtés du triangle donné, et menons PQ, QR, RP. Puis, d'un autre point quelconque M′, abaissons les perpendiculaires M′P′, M′Q′, M′R′, et les obliques M′P, M′Q, M′R. Nous aurons Fig. 221.

$$\overline{MP}^2+\overline{MQ}^2+\overline{MR}^2<\overline{M'P'}^2+\overline{M'Q'}^2+\overline{M'R'}^2;$$

et, à plus forte raison,

$$\overline{MP}^2+\overline{MQ}^2+\overline{MR}^2<\overline{M'P}^2+\overline{M'Q}^2+\overline{M'R}^2.$$

Conséquemment le point M est tel, que la somme des carrés de ses distances aux points P, Q, R, est un minimum. Ce point est donc (Th. III) le centre des moyennes distances du triangle PQR.

Menons la droite CM, et soit C′ le point où elle coupe le côté AB. Abaissons C′D, C′E perpendiculaires sur AC, BC. Menons encore, des points P, Q, les perpendiculaires PG, QF sur la médiane RM : ces droites seront égales entre elles. Enfin, soit CI la hauteur du triangle ABC. Fig. 222.

Pour évaluer le rapport de AC′ à BC′, observons d'abord

que les deux triangles rectangles AC′D, ACI, évidemment semblables, donnent

$$AC' = AC \cdot \frac{C'D}{CI}.$$

Nous aurons de même :

$$BC' = BC \cdot \frac{CE}{CI}.$$

Donc
$$\frac{AC'}{BC'} = \frac{AC}{BC} \cdot \frac{C'D}{C'E}.$$

Les deux distances C′D, C′E sont évidemment proportionnelles à MQ, MP : il ne s'agit donc plus que de chercher le rapport de ces dernières droites.

Or, les triangles rectangles QMF, CIA, qui ont leurs côtés perpendiculaires chacun à chacun, sont semblables ; donc

$$\frac{QM}{AC} = \frac{QF}{CI}.$$

De même,
$$\frac{PM}{BC} = \frac{PG}{CI}.$$

On déduit, de ces proportions,

$$\frac{QM}{PM} = \frac{AC}{BC},$$

puis
$$\frac{AC'}{BC'} = \frac{\overline{AC}^2}{\overline{BC}^2}.$$

Ainsi, 1° *les distances du point* M *aux côtés du triangle sont proportionnelles à ces côtés ;* 2° *la droite menée du point* M *à un sommet partage le côté opposé en deux segments proportionnels aux carrés des côtés adjacents.*

Remarque. Nommons a, b, c les côtés du triangle, dont l'aire sera représentée par T, et soient α, β, γ les distances MP, MQ, MR. Nous aurons, dans le triangle ABC,

$$2T = a\alpha + b\beta + c\gamma;$$

puis, par ce qui précède,

$$\frac{\alpha}{a}=\frac{\beta}{b}=\frac{\gamma}{c}.$$

Ces relations donnent

$$\alpha=a\frac{2T}{a^2+b^2+c^2},\quad \beta=b\frac{2T}{a^2+b^2+c^2},\quad \gamma=c\frac{2T}{a^2+b^2+c^2}.$$

Le minimum cherché est donc

$$\alpha^2+\beta^2+\gamma^2=\frac{4T^2}{a^2+b^2+c^2}.$$

PROBLÈME LXI.

Étant donnés un cercle O et une droite AB, trouver sur le diamètre OE, perpendiculaire à cette droite, un point P tel, que, menant par ce point une corde quelconque CC′, et abaissant des extrémités de cette corde les perpendiculaires CD, C′D′ sur la droite donnée, on ait

$$\frac{1}{CD}+\frac{1}{C'D'}=\text{constante.}$$

Remarquons d'abord que la condition donnée équivaut à Fig. 234.

$$\frac{CD\,.\,C'D'}{CD+C'D'}=\text{constante.}$$

Conséquemment, nous allons évaluer la somme et le rectangle des perpendiculaires CD, C′D′.

Soit R le point de rencontre de CC′ avec la droite donnée; nous aurons

$$CD=\frac{PE}{PR}CR,\quad C'D'=\frac{PE}{PR}C'R;$$

d'où

$$CD.C'D'=\left(\frac{PE}{PR}\right)^2 CR.C'R,\quad CD+C'D'=\frac{PE}{PR}(CR+C'R).$$

Pour transformer la première relation, menons la tangente RT : elle est moyenne proportionnelle entre CR et C′R; donc

$$CD.C'D'=\left(\frac{PE}{PR}\right)^2\overline{RT}^2,$$

ou, à cause des deux triangles rectangles OTR, OER :

$$CD.C'D' = \left(\frac{PE}{PR}\right)^2 (\overline{OE}^2 + \overline{ER}^2 - R^2),$$

R étant le rayon du cercle.

Abaissons OF perpendiculaire à la corde CC′ : nous aurons

$$CR + C'R = 2RF = 2(FP + PR);$$

donc $$CD + C'D' = 2\frac{PE}{PR}(FP + PR).$$

Les deux triangles OFP, REP sont évidemment semblables ; donc nous pouvons remplacer FP par $PE.\frac{PR}{OP}$. Nous obtenons ainsi

$$CD + C'D' = 2\frac{PE}{\overline{PR}^2}(PE.OP + \overline{PR}^2),$$

ou, par une transformation simple,

$$CD + C'D' = 2\frac{PE}{\overline{PR}^2}(\overline{OE}^2 + \overline{ER}^2 - OP.OE).$$

Si nous choisissons le point P de manière que $OP.OE = R^2$, nous aurons

$$\frac{CD.C'D'}{CD + C'D'} = \frac{1}{2}PE = \text{constante},$$

c'est-à-dire que nous aurons satisfait à la condition proposée.

Remarques. I. Le point P est le pôle de la droite AB.

II. On a

$$\frac{1}{CD} + \frac{1}{C'D'} = \frac{2}{PE}.$$

PROBLÈME LXII.

Étant données deux circonférences O, O′, on prend un point A sur la première et un point B sur la seconde; et l'on demande de trouver, sur l'axe radical de ces deux lignes, un point C tel, que si l'on mène les sécantes CAD, CBE, la droite DE, qui joint les seconds points d'intersection de ces sécantes et des circonférences données, soit perpendiculaire à l'axe radical.

Menons AC′ perpendiculaire à CD, et soit C′ le point où elle coupe l'axe radical. Soit G le point de rencontre de cet axe avec la droite DE. Les deux triangles rectangles CGD, CAC′, évidemment semblables, donnent $\frac{CG}{CA}=\frac{CD}{CC'}$; d'où Fig. 196.

$$CG.\ CC'=CA.\ CD.$$

Si l'on menait par le point B une perpendiculaire à CE, on aurait de la même manière, en appelant C″ son point d'intersection avec l'axe radical :

$$CG.\ CC''=CB.\ CE.$$

Mais le point C appartient à cet axe; donc CA.CD=CB.CE; donc aussi

$$CG.\ CC'=CG.\ CC'';$$

ce qui apprend que les points C″, C′ se confondent. Et comme les angles A et B sont droits, les points A, B sont situés sur une circonférence qui a CC′ pour diamètre.

Il suffit donc, pour trouver les points C, C′, qui satisfont tous deux à la question, de décrire une circonférence passant par les points A, B, et dont le centre soit sur l'axe radical.

PROBLÈME LXIII.

On donne une circonférence O et un point A de cette ligne. Par ce point on mène une sécante quelconque sur laquelle on prend un point C tel, que le rectangle de la sécante entière et de sa partie extérieure soit égal à un carré donné m^2. Quel est le lieu géométrique du point C?

Fig. 196. Si, par le point C, on mène au cercle donné la tangente CM, on aura $\overline{CM}^2 = AC.CB$; donc $CM = m$.

Dans le triangle rectangle OMC, on connaît le côté OM égal au rayon de la circonférence, et le côté MC égal à M; on peut donc construire ce triangle et connaître ainsi la distance OC du centre O à un point C quelconque du lieu; par conséquent ce lieu est la circonférence décrite du point O comme centre, avec OC pour rayon.

PROBLÈME LXIV.

Étant donnés quatre points A, B, C, D sur une droite indéfinie, on demande quel est le lieu géométrique des points M tels, que les angles AMB, CMD soient égaux entre eux.

Fig. 197. Les triangles AMB, CMD ont un angle égal; ils ont aussi même hauteur; donc

$$\frac{AMB}{CMD} = \frac{AM.BM}{CM.DM} = \frac{AB}{CD}.$$

Les deux triangles AMC, BMD donnent, pareillement,

$$\frac{AMC}{BMD} = \frac{AM.CM}{BM.DM} = \frac{AC}{BD}.$$

Si l'on multiplie terme à terme, on obtient

$$\frac{\overline{AM}^2}{\overline{DM}^2} = \frac{AB.AC}{CM.BD}.$$

Soit p la moyenne proportionnelle entre AB et AC; soit q la moyenne proportionnelle entre CD et BD : la relation précédente deviendra $\frac{\overline{AM}^2}{\overline{BM}^2}=\frac{p^2}{q^2}$, ou $\frac{AM}{BM}=\frac{p}{q}$.

Les distances AM, BM étant dans un rapport constant, le lieu demandé est une circonférence qui a son centre sur la droite donnée, et que l'on construira facilement.

PROBLÈME LXV.

Par un point fixe A, situé sur une circonférence donnée O, on mène une transversale ABM, sur laquelle on prend le point M, de manière que AB.AM $=m^2$. Quel est le lieu géométrique des points M?

Menons le diamètre AOC; abaissons, sur ce diamètre, la perpendiculaire MD; enfin, menons la corde BC. Fig. 198.

Les deux triangles rectangles ABC, ADM sont semblables; donc $\frac{AC}{AM}=\frac{AB}{AD}$. Cette proportion donne

$$AC.AD=AB.AM=m^2;$$

d'où $AD=\frac{m^2}{AC}$. Ainsi le point D est fixe; et, par conséquent, le lieu demandé est une droite EF, perpendiculaire à AC.

PROBLÈME LXVI.

D'un point donné C, on mène une droite quelconque CB, qui coupe une droite donnée MN, puis l'on prend CA $=\frac{m^2}{CB}$. Quel est le lieu géométrique des points A?

Abaissons CB′ perpendiculaire à MN, prenons CA′ $=\frac{m^2}{CB'}$; Fig. 199.
nous aurons CB.CA $=$ CB′.CA′, ou $\frac{CA}{CB'}=\frac{CA'}{CB}$.

Si donc nous menons AA′, les deux triangles CBB′ et CAA′ seront semblables comme ayant un angle égal compris entre côtés proportionnels; par suite, l'angle CAA′, égal à CB′B, sera droit; donc le lieu géométrique demandé est la circonférence décrite sur CA′ comme diamètre.

PROBLÈME LXVII.

Par l'une des extrémités d'un diamètre AB du cercle O, on mène une transversale ACD, sur laquelle on prend CD$=m$AC, m étant un nombre donné. On joint le point D au centre du cercle, par la droite OD; enfin on trace la corde BC, qui rencontre CD en M. Quel est le lieu du point M?

Fig. 200. Du centre O, abaissons OE perpendiculaire à AC : le point E sera le milieu de cette corde. De plus, OE étant parallèle à BC, nous aurons OD$=(2m+1)$OM; donc les lieux décrits par les points M, D sont semblables, et ils ont, pour centre de similitude, le point O. Or, pour la même raison, le lieu décrit par le point D est une circonférence qui touche en A la circonférence O. Donc le lieu du point M est pareillement une circonférence.

On peut remarquer que cette ligne touche en B la circonférence donnée, et qu'elle coupe le rayon AO en un point G tel, que $$\mathrm{OG}=\frac{\mathrm{OA}}{2m+1}.$$

PROBLÈME LXVIII.

Quel est le lieu des points tels, que la différence des carrés des distances de chacun d'eux à deux points donnés A, B, soit égale à un carré donné m^2?

Fig. 201. M étant un point du lieu cherché, abaissons MP perpendiculaire à la droite qui joint les deux points, et menons MA, MB. Nous aurons :

$$\overline{AM}^2 = \overline{AP}^2 + \overline{MP}^2, \quad \overline{BM}^2 = \overline{BP}^2 + \overline{MP}^2;$$

donc $$\overline{AM}^2 - \overline{BM}^2 = \overline{AP}^2 - \overline{BP}^2 = m^2.$$

Cette relation donne $AP - PB = \frac{m^2}{AB}$; donc le point P est fixe ; donc le lieu demandé est une perpendiculaire à AB, perpendiculaire dont on peut aisément obtenir un point quelconque.

PROBLÈME LXIX.

Étant donnés deux points A, B, trouver le lieu des points C satisfaisant à la relation $$m\overline{AC}^2 + n\overline{BC}^2 = l^2,$$ dans laquelle m, n, l sont des nombres donnés et une longueur donnée.

Partageons la distance AB en deux parties AD, BD qui soient en raison inverse des nombres m, n; nous aurons (Th. XLV) : Fig. 202.

$$BD.\overline{AC}^2 + AD.\overline{BC}^2 = (\overline{CD}^2 + AD.BD)\,AB;$$

ou, en remplaçant BD par $\frac{m}{m+n}$ AB, et AD par $\frac{n}{m+n}$ AB :

$$m\overline{AC}^2 + n\overline{BC}^2 = (m+n)\,\overline{CD}^2 + \frac{mn}{m+n}\,\overline{AB}^2.$$

La relation proposée devient donc

$$(m+n)\,\overline{CD}^2 + \frac{mn}{m+n}\,\overline{AB}^2 = l^2.$$

Celle-ci exprime que la distance CD est constante ; donc le lieu du point C est une circonférence.

Remarque. Si m et n étaient des nombres entiers, on pourrait supposer que m points sont confondus en A et que n points sont confondus en B. Alors le point D serait le centre des moyennes distances de ces deux groupes de points ; et le problème proposé serait un cas particulier de celui-ci : *trouver le lieu des points tels, que la somme des carrés des distances de chacun d'eux à des points donnés soit équivalente à un carré donné*. Nous savions déjà (Th. III) que ce lieu est une circonférence ; mais comme les nombres m, n pourraient n'avoir pas de commune mesure, une solution directe était nécessaire.

PROBLÈME LXX.

Étant donnés deux points A, B, trouver le lieu des points C satisfaisant à la relation

$$m\overline{AC}^2 - n\overline{BC}^2 = l^2,$$

dans laquelle m, n, l sont des nombres donnés et une longueur donnée.

Fig. 202. Ce problème se résout absolument comme le précédent : le lieu est une circonférence dont le centre partage AB en deux segments *soustractifs* AD′, BD′, inversement proportionnels aux nombres m, n.

PROBLÈME LXXI.

Étant donnés deux groupes de points, trouver le lieu des points tels, que la somme des carrés des distances de chacun d'eux aux points du premier groupe, diminuée de la somme des carrés de ses distances aux points du second groupe, soit égale à un carré donné m^2.

Fig. 203. Soient A, B, C..., les points, en nombre n, appartenant au premier groupe, et A′, B′, C′..., les points, en nombre n', composant le second groupe. Soient O, O′ les centres des moyennes distances relatifs à ces deux groupes de points.

Nous aurons (Th. III) :

$$\overline{AM}^2+\overline{BM}^2+\overline{CM}^2+\ldots=\overline{AO}^2+\overline{BO}^2+\overline{CO}^2+\ldots+n\overline{OM}^2,$$

$$\overline{A'M}^2+\overline{B'M}^2+\overline{C'M}^2+\ldots=\overline{A'O'}^2+\overline{B'O'}^2+\overline{C'O'}^2+\ldots+n'\overline{O'M}^2;$$

d'où, en retranchant,

$$m^2=(\overline{AO}^2+\overline{BO}^2+\overline{CO}^2+\ldots)-(\overline{A'O'}^2+\overline{B'O'}^2+\ldots)$$
$$+n\overline{OM}^2-n'\overline{O'M}^2.$$

Cette relation donne

$$n\overline{OM}^2-n'\overline{O'M}^2=k^2,$$

en représentant par k une droite que l'on peut regarder comme connue.

Le problème est donc ramené à celui qui précède, et le lieu est une circonférence.

PROBLÈME LXXII.

Quel est le lieu des points tels, que les tangentes MT, MT', menées de chacun d'eux à deux cercles donnés O, O', soient entre elles comme deux longueurs données m, m'?

Si nous menons les rayons OT, OT' passant par les points de contact, nous aurons Fig. 204.

$$\overline{MT}^2=\overline{OM}^2-\overline{OT}^2,\quad \overline{MT'}^2=\overline{O'M}^2-\overline{O'T'}^2;$$

conséquemment, $$\frac{\overline{OM}^2-\overline{OT}^2}{\overline{O'M}^2-\overline{O'T'}^2}=\frac{m^2}{m'^2}.$$

Cette proportion donne

$$m'^2.\overline{OM}^2-m^2.\overline{O'M}^2=m'^2.\overline{OT}^2-m^2.\overline{O'T'}^2.$$

Ainsi, la différence des carrés des distances OM, OM', respectivement multipliés par des nombres donnés, est constante. Donc le lieu est une circonférence.

PROBLÈME LXXIII.

Quel est le lieu géométrique d'un point M tel, que sa distance à la base AB d'un triangle isocèle donné, soit moyenne proportionnelle entre ses distances aux deux autres côtés?

FIG. 205. Abaissons MQ, MN, MP perpendiculaires sur les côtés du triangle. Nous aurons $\overline{MN}^2 = MQ.MP$, ou

$$\frac{MQ}{MN} = \frac{MN}{MP}.$$

Les angles QMN, ABC sont égaux, comme ayant les côtés perpendiculaires chacun à chacun. De même, l'angle NMP est égal à BAC. Donc les angles QMN, NMP sont égaux entre eux.

Par suite, les triangles MQN, MNP sont semblables, comme ayant un angle égal compris entre côtés proportionnels; et les triangles QBN, NAP sont équiangles entre eux. Donc les deux quadrilatères MQBN, MNAP sont semblables.

Menons les diagonales MB, MA : nous formerons deux triangles rectangles MQB, MNA, lesquels, à cause de la similitude des quadrilatères, seront semblables; donc les angles MBQ, MAB seront égaux entre eux; d'où il suit que l'angle AMB sera constamment égal à l'angle CBA du triangle donné. Le lieu du point M sera donc la circonférence tangente en A et en B aux deux côtés AC, BC.

Remarque. Les extrémités D, E du diamètre COE sont les centres des cercles inscrit et ex-inscrit au triangle ABC.

PROBLÈME LXXIV.

Quel est le lieu des points M d'où deux cercles O, O' sont vus sous des angles égaux?

Menons, du point M, deux tangentes MA, MB au cercle O : l'angle AMB est celui sous lequel un observateur, placé en M, verrait le cercle O. Menons de même les tangentes MA', MB'. Il faudra, d'après l'énoncé, que les angles AMB, A'MB' soient égaux entre eux. Fig. 206.

Or, si nous joignons les deux centres au point M et aux points de contact A, A', par les droites OM, O'M, OA, O'A', nous formerons deux triangles rectangles dans lesquels les angles en M, moitiés d'angles égaux, seront égaux entre eux; donc ces triangles seront semblables; et nous aurons :

$$\frac{OM}{O'M}=\frac{OA}{O'A'}.$$

Les distances du point M aux centres O, O' étant dans un rapport constant, le lieu de ce point sera une circonférence ayant son centre sur la ligne des centres.

Pour la déterminer complétement, menons les tangentes communes CC', DD', et soient T, T' les points où elles coupent la ligne des centres; nous aurons, par un théorème connu :

$$\frac{OT}{O'T}=\frac{OT'}{O'T'}=\frac{OA}{O'A'}.$$

Il suit de là que le lieu des points M est la circonférence décrite sur TT' comme diamètre.

PROBLÈME LXXV.

Quel est le lieu des points tels, que les polaires de chacun d'eux, par rapport à trois cercles donnés O, O′, O″, se coupent en un même point?

Fig. 210. Par un point quelconque N, faisons passer une circonférence I, qui coupe orthogonalement les cercles O′, O″, et une circonférence I′, qui coupe orthogonalement les cercles O, O″. Les polaires du point N, relativement aux cercles O′, O″, se coupent en P, à l'extrémité du diamètre NIP (Th. LX). De même, les polaires de N, par rapport aux cercles O, O″, se coupent à l'extrémité P′ du diamètre NIP′.

Pour que les points P et P′ se confondent, il faut et il suffit que le point N appartienne à la circonférence qui coupe orthogonalement les trois cercles donnés. Cette circonférence est donc le lieu cherché.

Remarque. Cette même circonférence est le lieu des points de rencontre des polaires. Son centre coïncide avec le centre radical des trois cercles donnés (Pr. LVI).

PROBLÈME LXXVI.

Par un point donné A, on mène une transversale qui coupe, en deux points B, C, une circonférence donnée O. Par ces deux points, on mène les tangentes BT, CT, puis BD perpendiculaire à CT, et CE perpendiculaire à BT. Quel est le lieu des points M de rencontre de ces perpendiculaires?

Fig. 211. La droite BD, perpendiculaire à la tangente CT, est parallèle au rayon OC; de même CE est parallèle au rayon OB. Il résulte de là que OBMC est un losange, et que BC est perpendiculaire au milieu de OM.

Le lieu du point M est donc un arc décrit du point A comme centre, avec OA pour rayon.

PROBLÈME LXXVII.

Étant données une droite fixe AB et deux perpendiculaires indéfinies AC, BD, on coupe ces dernières par une transversale quelconque EF; on prend sur AB un point P tel, que le rectangle des deux segments de AB soit équivalent au rectangle des deux segments déterminés sur les perpendiculaires; puis, du point P, on abaisse PM perpendiculaire à EF. Quel est le lieu du point M?

Dans le quadrilatère APME, les angles en A et en M sont droits; donc ce quadrilatère est inscriptible à la circonférence décrite sur EP comme diamètre. De même, si nous décrivons une circonférence sur PF comme diamètre, elle passera par les points M, P. Fig. 212.

Menons AM et MB : nous formerons ainsi deux angles AMP, BMP, respectivement égaux à AEP, BFP, comme ayant mêmes mesures que ceux-ci.

Les triangles rectangles EAP, PBF sont semblables; car, par hypothèse,

$$AE.\,BF = PA.\,PB.$$

Donc les angles AEP, BFP sont complémentaires; et, par conséquent, les angles AMP, BMP sont pareillement complémentaires.

Il résulte de là que l'angle AMB est droit. Le lieu cherché est donc la demi-circonférence décrite sur AB comme diamètre.

Remarque. Lorsque le point E reste fixe et que la transversale EF tourne autour de ce point, le point M décrit la circonférence AMB. Pour une seconde position du point E, on obtient la même circonférence; et ainsi de suite. Le lieu géométrique proposé se compose donc, en réalité, d'*une infinité de circonférences superposées*.

PROBLÈME LXXVIII.

Étant donnés deux points fixes A, B et deux longueurs constantes λ, μ, on prend, sur la direction de AB, un point quelconque M qu'on regarde comme le centre d'un cercle décrit d'un rayon R, déterminé par la relation

$$R.AB = \lambda.AM + \mu.BM.$$

Prouver que les différents cercles, ainsi décrits pour les différents points M de la droite AB, sont tous tangents à deux mêmes droites fixes.

Fig. 228. Décrivons, des points A et B comme centres, avec μ et λ pour rayons, les circonférences CC′ et DD′ ; menons, à ces deux circonférences, les tangentes communes CD, C′D′; abaissons, sur ces deux droites, les perpendiculaires ME, ME′, évidemment égales entre elles; enfin décrivons, du point M comme centre, la circonférence EE′, laquelle sera tangente aux deux droites CD, C′D′. Cette circonférence sera précisément celle qui est déterminée par la relation ci-dessus. En effet, à cause des parallèles AC, ME, BD, nous avons (Th. I)

$$ME.AB = \lambda.AM + \mu.BM;$$

donc ME = R.

PROBLÈME LXXIX.

Par l'un des points d'intersection de deux circonférences o, o', on mène deux droites rectangulaires Pa, Pa', qui rencontrent la ligne des centres en a, a', et les deux circonférences en b, c et b', c'. Il s'agit de démontrer qu'on a toujours

$$\frac{ab}{ac} = \frac{a'b'}{a'c'}.$$

Fig. 229. Les angles en P étant droits, les cordes cc', bb' seront des diamètres. D'ailleurs, les deux triangles bPb', cPc' coupés par la transversale oo', donnent

$$ba.Pa'.b'o'=bo'.b'a'.Pa,$$
$$co.c'a'.Pa=ca.Pa'.c'o;$$

d'où, à cause de $bo'=b'o'$, $co=c'o$,

$$ba.c'a'=ca.b'a'; \text{ etc.}$$

PROBLÈME LXXX.

Étant donné deux axes fixes Ox, Oy, autour d'un point fixe P on fait tourner un angle aPb de grandeur donnée α. On demande de prouver qu'il existe sur l'axe Ox un point fixe A, et sur l'axe Oy un point fixe B, tels que le rectangle des segments Aa, Bb reste constant pour toutes les positions de l'angle.

Si la proposition énoncée est vraie, il sera facile de déterminer les positions des points A et B. En effet, supposons que le point variable a coïncide avec A ; alors le segment Aa s'annule ; donc, pour que le rectangle des deux segments puisse être différent de zéro, il faut que le segment Bb devienne infini, ou que le côté Bb soit parallèle à Oy. Fig. 230.

Ainsi, pour obtenir le point A, nous menons PD parallèle à Oy, et nous faisons l'angle DPA égal à α.

De même, après avoir mené PC parallèle à Ox, nous ferons CPB$=\alpha$.

Il s'agit donc de *vérifier* que les points A et B étant déterminés comme il vient d'être dit, le rectangle Aa.Bb est constant.

Or, si des deux angles égaux bPa, DPA, nous retranchons la partie commune DPa, il restera les deux angles bPD, aPA, égaux entre eux. D'ailleurs, les angles bPD, BbP sont égaux comme alternes internes ; donc aPA$=$BbP.

On prouverait, de la même manière, que les angles bPB, AaP sont égaux. Il résulte de là que les deux triangles AaP, BbP sont semblables. Par suite, $\frac{Aa}{BP}=\frac{AP}{Bb}$,

ou $$Aa.Bb=AP.BP.$$

PROBLÈME LXXXI.

Par un point O, pris sur le prolongement d'un diamètre BA du cercle C, on mène une sécante quelconque OMM'; on prend les milieux N, N' des arcs AM, AM'; on joint le centre C aux points N, N', par les droites CN, CN', lesquelles rencontrent en D, D' la perpendiculaire menée au diamètre AB par le point O. Prouver que le rectangle de OD par OD' est constant, quelle que soit la direction de la sécante.

Fig. 231. Menons la droite BME : elle sera parallèle à CND. En effet, l'angle ABM a pour mesure la moitié de l'arc AM ; donc il est égal à ACN ; donc, etc. Pour la même raison, BM'E' est parallèle à CN'D'.

Cela étant, nous aurons, à cause des parallèles,

$$OD=OE.\frac{OB}{OC}, \qquad OD'=OE'.\frac{OC}{OB};$$

d'où $$OD.OD'=OE.OE'.\left(\frac{OC}{OB}\right)^2.$$

Il suffit donc de vérifier que le rectangle de OE par OE' est constant,

Or, l'angle M'MB, qui a pour mesure la moitié de l'arc BM', est complémentaire de l'angle OBM', c'est-à-dire égal à E'. Il résulte de là que le quadrilatère EE'M'M, dans lequel les angles E', EMM' sont supplémentaires, est inscriptible à une même circonférence. Donc

$$OE.\,OE'=OM.\,OM'=OA.\,OB.$$

C'est ce qu'il fallait démontrer.

PROBLÈME LXXXII.

Prouver qu'il existe, sur la ligne CC′ des centres de deux cercles qui ne se coupent pas, deux points O, O′ satisfaisant aux relations

$$CO.\,CO' = R^2,\ C'O.\,C'O' = R'^2,$$

dans lesquelles R, R′ désignent les rayons.

Ces relations montrent que les deux points doivent être réciproques par rapport à chacun des deux cercles (Th. XVI). Or, si l'on fait mouvoir un point sur le rayon CA, le point réciproque, par rapport au cercle C, parcourra le prolongement AC′X de ce rayon. On conçoit donc qu'il existe une certaine position du premier point, telle, que ces deux points, déjà réciproques par rapport au cercle C, seront encore réciproques par rapport au cercle C′. Fig. 232.

Maintenant, pour obtenir les deux points, il suffit de chercher une circonférence I, qui coupe orthogonalement les deux circonférences données. En effet, D et D′ étant les points d'intersection, nous aurons

$$CO.CO' = \overline{CD}^2, \quad C'O.\,C'O = \overline{C'D'}^2,$$

Or, ID et ID′ sont des tangentes égales, menées du centre I aux deux cercles donnés. Donc le point I appartient à l'axe radical de ces deux cercles (Th. XXVII). Nous pouvons donc regarder le problème comme résolu.

Remarque. La relation $CO.CO' = R^2$ équivaut à

$$CO(CO + 2\,IO) = R^2, \quad \text{ou } R^2 - \overline{CO}^2 = 2\,CO.IO.$$

De même, $R'^2 - \overline{CO'}^2 = 2\,C'O.IO$. Conséquemment,

$$\frac{R^2 - \overline{CO}^2}{R'^2 - \overline{C'O}^2} = \frac{CO}{C'O}.$$

PROBLÈME LXXXIII.

Prouver qu'il existe, sur la ligne CC' des centres de deux cercles intérieurs l'un à l'autre, deux points O, O' tels, que les distances de chacun d'eux aux extrémités d'une corde commune MM', perpendiculaire à la ligne des centres, sont dans un rapport constant.

Fig. 234. Considérons, comme dans le problème précédent, les points de rencontre O, O' de la ligne des centres avec la circonférence I, qui coupe orthogonalement les deux cercles donnés. Joignons les extrémités M, M' de la corde commune MM', avec l'un de ces deux points, par exemple avec le point O, par les droites OM, OM'. Nous pouvons démontrer que le rapport de ces droites est indépendant de la position de la corde.

En effet, le triangle OCM donne :

$$\overline{OM}^2 = \overline{OC}^2 + R^2 - 2OC.CP = \overline{OC}^2 + R^2 - 2OC.(OC - OP),$$

ou

$$\overline{OM}^2 = R^2 - \overline{OC}^2 + 2OC.OP,$$

R étant le rayon du cercle C. Par suite,

$$\frac{\overline{OM}^2}{\overline{OM'}^2} = \frac{R^2 - \overline{OC}^2 + 2OC.PO}{R'^2 - \overline{OC'}^2 + 2OC'.OP}.$$

Mais, ainsi qu'on l'a vu dans le problème précédent,

$$\frac{R^2 - \overline{OC}^2}{R'^2 - \overline{OC'}^2} = \frac{OC}{OC'},$$

de telle sorte que l'on a

$$R^2 - \overline{OC}^2 = \lambda.OC, \quad R'^2 - \overline{OC'}^2 = \lambda.OC',$$

λ étant une certaine longueur.

La proportion ci-dessus devient donc

$$\frac{\overline{OM}^2}{\overline{OM'}^2}=\frac{OC(\lambda+2OP)}{OC'(\lambda+2OP)},$$

ou, plus simplement,

$$\frac{\overline{OM}^2}{\overline{OM'}^2}=\frac{OC}{OC'}.$$

Ainsi, le rapport des distances OM, OM′ est constant, et son carré est égal au rapport des distances du point O aux centres des cercles donnés.

PROBLÈME LXXXIV.

Étant donnés un cercle C et une droite LL′, on construit la polaire ABM′ d'un point quelconque M pris sur cette droite. Sur MM′, comme diamètre, on décrit une circonférence qui coupe en P, P′ la perpendiculaire CD abaissée du centre sur la droite. Démontrer que les points P, P′ sont fixes.

A cause de $\overline{PD}^2=MD.M'D$, il suffit, évidemment, de vérifier que ce dernier produit est constant. FIG. 364.

Or, E, F étant les points d'intersection de AB avec CM et AB, les triangles semblables CEF, CDM, M′DF donnent

$$\frac{MD}{EF}=\frac{CD}{CE},\quad \frac{M'D}{CE}=\frac{DF}{EF},$$

d'où

$$MD.M'D=CD.DF.$$

Les triangles CEF, CDM donnent aussi

$$CF.CD=CE.CM;$$

donc, à cause de $CE.CM=R^2$ (Th. XVIII),

$$CF=\frac{R^2}{CD};$$

et, par conséquent,

$$MD.M'D=CD\left(CD-\frac{R^2}{CD}\right),$$

ou

$$MD.M'D=\textit{constante}.$$

Remarque. On a

$$\overline{DP}^2 = MD.M'D = \overline{CD}^2 - R^2 = (CD + R)(CD - R),$$

ou

$$\overline{DP}^2 = DG.DG',$$

G et G′ étant les points d'intersection de CD avec la circonférence donnée. Par conséquent, si DT est une tangente à cette circonférence, on aura aussi

$$DP = DP' = DT.$$

LIVRE IV.

THÉORÈME I.

Dans tout pentagone régulier, les diagonales se coupent mutuellement en moyenne et extrême raison.

Soient AD et CE deux diagonales du pentagone régulier ABCDE, inscrit au cercle O. Je dis que l'on a FIG. 235.

$$\frac{DF}{AF}=\frac{AF}{AD}.$$

En effet, les deux triangles DEF, DAE sont isocèles et ont un angle commun; donc ils sont semblables, c'est-à-dire que

$$\frac{DF}{DE}=\frac{DE}{AD}.$$

De plus, le triangle est isocèle, parce que les angles AEF, AFF ont des mesures égales; donc DE=AE=AF. C'est ce qu'il fallait démontrer.

THÉORÈME II.

Le côté du décagone régulier étoilé inscrit est égal au côté du décagone régulier inscrit, augmenté du rayon.

Supposons qu'après avoir partagé la circonférence O en dix parties égales, on joigne le *premier* point de division A FIG 237.

au *quatrième* point B par la corde AB, puis le point B au *septième* point de division C; et ainsi de suite. On obtiendra un décagone ABCDEFGHIK qui sera, à la fois, équiangle et équilatéral, mais dont les côtés se couperont dans l'intérieur du cercle. Ce polygone est le *décagone régulier étoilé.*

Fig. 238. Cela posé, soient AB le côté de ce décagone, et AH le côté du décagone régulier convexe. Menons les rayons OB, OH. Nous formerons ainsi deux triangles AMH, BMO, qui seront semblables, attendu que les arcs AG, BH étant égaux entre eux, la corde AH est parallèle au diamètre BOG. De plus, les angles en M et en H ont des mesures égales; donc ils sont égaux; donc nos deux triangles sont isocèles. Il suit de là que $AB = AM + BM = AH + BO$.

Remarques. I. La similitude des deux triangles donne $\frac{OB}{AH} = \frac{OM}{MH}$. Mais, dans le triangle AMO, les angles en A et en O ont des mesures égales; donc ce triangle est isocèle; donc $OM = AM = AH$; et la proportion devient $\frac{OH}{OM} = \frac{OM}{MH}$. On retrouve ainsi ce théorème : *le côté du décagone régulier convexe est égal à la plus grande partie du rayon, partagé en moyenne et extrême raison.*

II. La proportion précédente donne

$$\frac{OH + OM}{OH} = \frac{OM + MH}{OM}, \quad \text{ou} \quad \frac{BM + AM}{BM} = \frac{BM}{AM},$$

ou encore

$$\frac{AB}{BM} = \frac{BM}{AM};$$

c'est-à-dire que : *si l'on partage en moyenne et extrême raison le côté du décagone régulier étoilé, le plus grand segment sera égal au rayon, et le plus petit segment sera égal au côté du décagone régulier convexe.*

THÉORÈME III.

Si, sur les deux segments AC, BC du diamètre AB d'un cercle O, on décrit, de part et d'autre de cette droite, deux demi-circonférences ADC, CEB, la ligne ADCED, formée par l'ensemble de ces deux demi-circonférences, partage le cercle en deux segments proportionnels aux deux segments du diamètre.

Les demi-cercles décrits sur AB, AC, BC sont entre eux comme les carrés de leurs diamètres ; donc Fig. 254.

$$\frac{AFBECD}{AGBECD}=\frac{\overline{AB}^2+\overline{BC}^2+\overline{AC}^2}{\overline{AB}^2-\overline{BC}^2+\overline{AC}^2}.$$

Mais

$$\overline{AB}^2=(AC+BC)^2,\quad \overline{BC}^2-\overline{AC}^2=(AC+BC)(BC-AC);$$

donc
$$\frac{AFBECD}{AGBECD}=\frac{(AC+BC)+(BC-AC)}{(AC+BC)+(BC-AC)}=\frac{BC}{AC}.$$

Remarque. La somme des demi-circonférences ADC, CEB est équivalente à la demi-circonférence décrite sur AB. Il résulte de là et de ce qui vient d'être démontré, que *si l'on divise le diamètre d'un cercle en* n *parties égales, puis que sur chacune des couples de segments ainsi déterminés, on décrive, de part et d'autre de ce diamètre, des demi-circonférences, on aura partagé le cercle en* n *parties équivalentes en surface et en périmètre.*

THÉORÈME IV.

Si deux arcs AC, BD ont une somme moindre que la demi-circonférence ABD, le rectangle de leurs cordes est équivalent à celui qui aurait pour dimensions le rayon et l'excès de la corde du supplément de la différence des arcs sur la corde du supplément de leur somme.

Menons AD, BC, CD : le quadilatère ACBD étant inscrit, nous aurons Fig. 239.

$$AD\,.\,BC=AC\,.\,BD+AB\,.\,CD.$$

Soit C′ le point symétrique de C, relativement au diamètre AB ; menons BC′, AC′, DC′ ; nous aurons encore

$$AB.C'D = AC.BD + AD.BC.$$

Ajoutant membre à membre, et réduisant, on obtient

$$AC.BD = R(C'D - CD).$$

Or, l'arc CD est égal à la demi-circonférence, diminuée de la somme des arcs AC, BD ; et l'arc C′BD se compose de la demi-circonférence AC′B, diminuée de l'arc AC égal à AC, et augmentée de l'arc BD ; donc, etc.

THÉORÈME V.

Si deux arcs AD, BC ont une somme plus grande que la demi-circonférence, le rectangle de leurs cordes est équivalent à celui qui aurait pour dimensions le rayon et la somme des cordes du supplément de la différence et du supplément de la somme de ces arcs.

FIG. 239. Nous venons de voir que

$$AC.BD = R(C'D - CD).$$

D'ailleurs, dans le quadrilatère AC′BD,

$$AC'.BD + AD.BC' = 2R.C'D.$$

Donc, en retranchant membre à membre, nous aurons, à cause de AC′ = AC, BC′ = BC :

$$AD.BC = R(C'D + CD).$$

Remarque. Si les deux arcs sont supplémentaires, comme AC, BC, les deux théorèmes qui viennent d'être démontrés donnent AC.BC = R.CC′; relation évidente.

THÉORÈME VI.

Une circonférence étant partagée en un nombre impair de parties égales, si l'on joint le point diamétralement opposé à l'un des points de division avec tous ceux qui sont situés sur la même demi-circonférence, le produit des cordes ainsi menées est égal à une puissance du rayon marquée par le nombre des cordes.

Cette proposition est une conséquence immédiate de la remarque précédente; car on a FIG. 240.

$$OA_1 . AA_1 = R . AA'_1,$$

ou $OA_1 . AA_1 = R . AA_2.$

De même, $OA_2 . AA_2 = R . AA_4,$

$$OA_3 . AA_3 = R . AA_6,$$
$$OA_4 . AA_4 = R . AA_5,$$
$$OA_5 . AA_5 = R . AA_3,$$
$$OA_6 . AA_6 = R . AA_1.$$

Donc, en multipliant membre à membre,

$$OA_1 . OA_2 . OA_3 . OA_4 . OA_5 . OA_6 = R^6.$$

THÉORÈME VII.

Une circonférence étant partagée en un nombre impair de parties égales; si l'on joint le point diamétralement opposé à celui dont l'indice est zéro avec les points dont les indices sont les termes de la progression 1, 2, 4, 8..., le produit des cordes ainsi menées sera égal à une puissance du rayon marquée par le nombre des cordes.

En effet, $OA_1 . AA_1 = R . AA_2,$ FIG. 240.

$$OA_2 . AA_2 = R . AA_4,$$
$$OA_4 . AA_4 = R . AA_1;$$

d'où $OA_1 . OA_2 . OA_4 = R^3.$

THÉORÈME VIII.

On peut, au moyen de la règle et du compas, diviser la circonférence en dix-sept parties égales.

FIG. 241.

Par le Théorème VI, on a

$$OA_1 . OA_2 . OA_3 . OA_4 . OA_5 . OA_6 . OA_7 . OA_8 = R^8.$$

par le Théorème VII,

$$OA_1 , OA_2 . OA_4 . OA_8 = R^4 \ldots\ldots (1).$$

Donc $\quad OA_3 . OA_5 . OA_6 . OA_7 = R^4 \ldots\ldots (2).$

Les relations (1), (2) peuvent être ainsi écrites :

$$\{OA_1 . OA_4\} \{OA_2 . OA_8\} = R^4 \ldots\ldots (3),$$
$$\{OA_3 . OA_5\} \{OA_6 . OA_7\} = R^4 \ldots\ldots (4).$$

Par les Théorèmes IV et V, nous aurons

$$OA_1 . OA_4 = R (OA_3 + OA_5),$$
$$OA_2 . OA_8 = R (OA_6 - OA_7),$$
$$OA_3 . OA_5 = R (OA_2 + OA_8).$$
$$OA_6 . OA_7 = R (OA_1 - OA_4).$$

Posons $\quad OA_3 + OA_5 = M, \quad OA_6 - OA_7 = N,$

$$OA_2 + OA_8 = P, \quad OA_1 - OA_4 = Q ;$$

et les égalités (3), (4) deviendront

$$MN = R^2 \ldots (5), \quad QP = R^2 \ldots (6).$$

Ainsi les produits MN, PQ sont connus.

Remplaçons M, N, P, Q, par leurs valeurs, et effectuons les multiplications indiquées : nous obtiendrons, au lieu des équations (5) et (6) :

$$MN = OA_3 . OA_6 + OA_5 . OA_6 - OA_3 . OA_7 - OA_5 . OA_7,$$
$$PQ = OA_1 . OA_2 + OA_1 . OA_8 - OA_2 . OA_4 - OA_4 . OA_8.$$

Si, dans MN ou dans PQ, dans PQ, par exemple, on transforme les produits, on aura :

$$OA_1 . OA_2^2 = R(OA_1 + OA_3),$$
$$OA_1 . OA_8 = R(OA_7 - OA_8),$$
$$OA_2 . OA_4 = R(OA_2 + OA_6),$$
$$OA_4 . OA_8 = R(OA_4 - OA_5);$$

donc

$$R\{(OA_3+OA_5)-(OA_6-OA_7)\}-\{(OA_2+OA_8)-(OA_1-OA_4)\}=R^2,$$

ou bien $$(M-N)-(P-Q)=R \qquad (7).$$

La différence des deux quantités $(M-N)$, $(P-Q)$ est donc connue. Pour déterminer leur produit, observons d'abord que

$$\begin{aligned}(M-N)(P-Q) = {} & OA_2.OA_3 + OA_2.OA_5 - OA_2.OA_6 + OA_2.OA_4 \\ & + OA_3.OA_8 + OA_5.OA_8 - OA_6.OA_8 + OA_7.OA_8 \\ & - OA_1.OA_3 - OA_1.OA_5 + OA_1.OA_6 - OA_1.OA_7 \\ & + OA_3.OA_4 + OA_4.OA_5 - OA_4.OA_6 + OA_4.OA_7\end{aligned}$$

D'ailleurs,

$$OA_2 . OA_3 = R(OA_1 + OA_5),$$
$$OA_2 . OA_5 = R(OA_3 + OA_7),$$
$$OA_2 . OA_6 = R(OA_4 + OA_8),$$
$$OA_2 . OA_7 = R(OA_5 - OA_8),$$
$$OA_3 . OA_8 = R(OA_5 - OA_6),$$
$$OA_5 . OA_8 = R(OA_3 - OA_4),$$
$$OA_6 . OA_8 = R(OA_2 - OA_3),$$
$$OA_7 . OA_8 = R(OA_1 - OA_2),$$
$$OA_1 . OA_3 = R(OA_2 + OA_4),$$
$$OA_1 . OA_5 = R(OA_4 + OA_6),$$
$$OA_1 . OA_6 = R(OA_5 + OA_7),$$
$$OA_1 . OA_7 = R(OA_6 + OA_8),$$
$$OA_3 . OA_4 = R(OA_2 + OA_7),$$
$$OA_4 . OA_5 = R(OA_1 - OA_8),$$
$$OA_4 . OA_6 = R(OA_2 - OA_7),$$
$$OA_4 . OA_7 = R(OA_3 - OA_6);$$

donc, par la substitution,

$$(M-N)(P-Q)=4R\{(M-N)-(P-Q)\},$$

ou

$$(M-N)(P-Q)=4R^2 \qquad (8).$$

Ainsi, on connaîtra M—N et P—Q. Comme on connaît MN et PQ, on pourra avoir M et N, P et Q. De plus, le rectangle des cordes OA_6, OA_7 est équivalent à RQ, et leur différence est égale à N. Donc on pourra construire ces cordes ; et l'arc compris entre leurs extrémités sera la dix-septième partie de la circonférence.

Remarque. L'illustre géomètre *Gauss* a démontré, le premier, dans l'ouvrage intitulé *Disquisitiones Arithmeticæ*, qu'il est possible, *au moyen de la règle et du compas*, de partager la circonférence en dix-sept parties égales. La démonstration géométrique ci-dessus est attribuée à *Ampère*.

THÉORÈME IX.

Entre tous les triangles formés avec deux côtés donnés, le maximum est celui dans lequel ces deux côtés sont perpendiculaires l'un à l'autre.

FIG. 242. Soient les deux triangles CAB, C'AB, qui ont le côté AB commun, et les côtés AC, AC' égaux ; je dis que le premier triangle, dans lequel l'angle CAB est droit, est plus grand que l'autre triangle C'AB.

Menons la hauteur C'D; nous aurons $C'D < C'A$, ou $C'D < CA$. Or, les deux triangles CAB, C'AB, qui ont même base AB, sont entre eux comme leurs hauteurs ; donc, etc.

THÉORÈME X.

Le cercle est plus grand que toute figure isopérimètre.

La démonstration de cet important théorème sera partagée en plusieurs parties.

1° *Une figure qui a un périmètre donné ne peut avoir une aire infinie.*

En effet, la proposition n'a de sens qu'autant que l'on suppose la figure fermée de toutes parts. Donc cette figure est une portion finie de plan.

2° *Entre toutes les figures qui ont un périmètre donné, il existe un ou plusieurs maximums.*

Cette proposition est évidente d'après celle qui précède.

3° *Une figure qui, avec un périmètre donné, renferme une aire maximum, est convexe.*

Considérons, en effet, la figure non convexe ACBD. Si nous faisons tourner la partie rentrante ACB autour des points A, B, nous pourrons former une figure AC'BD, de même périmètre que la première, et qui évidemment sera plus grande que celle-ci. Fig. 243.

4° *Toute droite qui divise le contour d'une figure maximum en deux parties équivalentes, divise aussi la surface de cette figure en deux parties équivalentes.*

Soit ABCD une courbe qui, avec une longueur donnée, renferme une surface maximum. Supposons que la droite AB partage cette courbe en deux parties ACB, ADB ayant même longueur. Fig. 244.

Si la surface ABDA est plus grande que ABCA, faisons tourner ADB autour de AB; nous obtiendrons une figure AD'BD, isopérimètre avec ACBD, et dont l'aire sera plus grande que celle de cette dernière figure. Donc ACBD ne serait pas un maximum.

5° *Une figure qui, avec un périmètre donné, a une aire maximum, est un cercle.*

Fig. 244. La remarque précédente fait voir que si ADBC est une figure maximum, ADBD′ en sera pareillement une.

Fig. 245. Cela étant, soit ADBD′ une pareille figure, composée de deux parties symétriques par rapport à AB.

Prenons, sur ADB, un point quelconque D ; et soit D′ le symétrique de D, relativement à AB ; menons DA, DB, D′A et D′B.

Si les angles D et D′ ne sont pas droits, transformons le quadrilatère ADBD′ en un autre *adbd′* ayant les côtés respectivement égaux à ceux du premier, et dans lequel les angles *d* et *d′* soient droits. D'après le théorème précédent, ce dernier quadrilatère sera plus grand que l'autre. Si donc nous apportons les segments AED, DFB, etc., en *aed*, *dfb*, etc., la figure *aedfbg*... sera plus grande que AEDFBG...; donc celle-ci ne serait pas un maximum.

Il résulte de là que la courbe AEDFB est le lieu géométrique du sommet d'un angle droit, dont les côtés passent par les points A, B. Donc cette courbe est une demi-circonférence.

Ainsi, dans la figure maximum ADBC, une moitié quelconque, déterminée par une droite telle que AB, est un demi-cercle. Donc la figure entière est un cercle.

THÉORÈME XI.

Entre toutes les figures équivalentes, le cercle a le périmètre minimum.

Si une figure quelconque F avait un périmètre moindre que le cercle C équivalent, on pourrait la transformer en un cercle C′, isopérimètre avec F, et plus grand que F. Ce second cercle C′, plus grand que le cercle C, aurait donc un périmètre moindre que celui de C ; ce qui est absurde.

THÉORÈME XII.

Il existe toujours une circonférence à laquelle est inscriptible un polygone convexe dont les côtés sont respectivement égaux à des droites données (*).

Soit AB le plus grand des n côtés donnés ; soit O le centre d'un *très-grand* arc BMA, passant par les points A, B, et situé, par exemple, *au-dessus* de AB. A partir du point B, inscrivons dans l'arc BMA, les uns à la suite des autres, les $n-1$ autres côtés BC, CD,... GH : si l'arc BMA est suffisamment grand, la ligne brisée BCD...GH sera tout entière au-dessus de AB.

Actuellement, faisons mouvoir le centre O jusqu'à ce qu'il passe *au-dessous* de AB : pendant ce mouvement, l'extrémité H de la ligne brisée se rapprochera du point A et finira par dépasser ce point, de manière à passer *au-dessous* de AB.

En effet, à mesure que le centre O *descend*, l'arc AMB diminue ; et comme il a pour limite la droite AB, il finit par être plus petit que la ligne brisée BCD...GH : à ce moment, l'extrémité H de cette ligne brisée est donc sur le prolongement ANB de l'arc BMA, ou au-dessous de AB.

Remarquons à présent que, par la nature du mouvement de H, ce point ne peut passer au-dessous de AB sans avoir

(*) On suppose, bien entendu, la plus grande des droites données moindre que la somme de toutes les autres.

coïncidé, à une certaine époque, avec le point A. Donc *il existe une circonférence, et une seule, dans laquelle sera inscriptible le polygone convexe* ABC...GA, *ayant ses côtés respectivement égaux à des droites données* (*).

Remarque. La grandeur de la circonférence circonscrite est indépendante de l'ordre dans lequel sont disposés les côtés du polygone.

THÉORÈME XIII.

Entre tous les polygones formés avec des côtés donnés, le maximum est le polygone convexe inscriptible.

Fig. 246. Soient deux polygones ABCDE, *abcde*, équilatéraux entre eux, et dont le premier est inscriptible (Th. XII). Apportons les segments AMB, BNC,... en *amb*, *bnc*...; nous formerons une figure *ambnc*..., de même périmètre que le cercle AMBN... et plus petite que ce dernier (Th. X). Donc, à cause des parties communes, le premier polygone est plus grand que le second.

THÉORÈME XIV.

Entre tous les triangles isopérimètres et de même base, le maximum est le triangle isocèle.

Fig. 247. Soient le triangle isocèle ACB et le triangle non isocèle AC'B, qui ont même base AB, et dans lesquels

$$AC + CB = AC' + C'B.$$

Prolongeons AC d'une quantité égale CE; menons EC' et EB. Nous aurons

(*) Cette démonstration est due à M. Prouhet.

$$AC' + C'E > AE,$$

ou $$AC' + C'E > AC + CB;$$

ou enfin $$C'E > C'B.$$

L'oblique C'E étant plus grande que l'oblique C'B, il s'ensuit que le point C' est situé entre le point B et la perpendiculaire CF élevée au milieu de EB ; donc

$$CD > C'D',$$

ou $$ACB > AC'B.$$

THÉORÈME XV.

Entre tous les polygones isopérimètres et d'un même nombre de côtés, le polygone maximum est équilatéral.

Si, dans le polygone ABCDEF, les deux côtés consécutifs AB, BC sont inégaux, nous pourrons remplacer le triangle ABC par le triangle isocèle AB'C, isopérimètre avec le premier. D'après le théorème précédent, nous aurons AB'C>ABC; donc le polygone AB'CDEF, isopérimètre avec ABCDEF, sera plus grand que celui-ci. Le polygone maximum entre tous ceux qui ont un périmètre donné est donc équilatéral. FIG. 248.

THÉORÈME XVI.

Entre tous les polygones isopérimètres et d'un même nombre de côtés, le maximum est le polygone régulier.

En effet, ce polygone maximum est en même temps équilatéral (Th. XV) et inscriptible (Th. XIII).

THÉORÈME XVII.

Entre tous les polygones équivalents et d'un même nombre de côtés, le polygone régulier a le périmètre minimum.

La démonstration est la même que celle du Théorème XI.

THÉORÈME XVIII.

De deux polygones réguliers isopérimètres, le maximum est celui qui a le plus grand nombre de côtés.

Soient deux polygones réguliers isopérimètres, l'un de n côtés, l'autre de $n+1$ côtés.

Prenons un point sur l'un des côtés du premier polygone; nous pourrons considérer cette figure comme un polygone *irrégulier* de $n+1$ côtés; donc, par le Théorème XVI, elle est plus petite que le second polygone régulier donné (*).

THÉORÈME XIX.

De tous les triangles inscrits dans un même segment, le maximum, en surface et en périmètre, est le triangle isocèle.

Fig. 249. Soient le triangle isocèle ACB et le triangle scalène AC'B, inscrits dans le segment ACC'B, et ayant pour base commune la base AB du segment. Il est d'abord évident que ACB, qui a pour hauteur la hauteur du segment, est plus grand que AC'B.

Pour démontrer que ACB a aussi le périmètre maximum,

(*) Cette démonstration, remarquable par sa simplicité, est due à M. Steiner, ainsi que celle du Théorème X. (Voyez *Journal de Liouville*, tome VI.)

décrivons, du point C comme centre, la circonférence ABD ; prolongeons AC′ jusqu'à sa rencontre en D avec cette ligne ; enfin, menons DB.

L'angle D, qui a son sommet à la circonférence, est moitié de l'angle ACB ; donc il est moitié de l'angle AC′B. Il résulte de là que le triangle BC′D est isocèle, et que AD = AC′ + BC′. Or, la corde AD est moindre que le double du rayon AC ; donc

$$AC' + BC' < AC + BC.$$

THÉORÈME XX.

Entre tous les polygones d'un même nombre de côtés, inscrits à un même cercle, le maximum, en surface et en périmètre, est le polygone régulier.

La démonstration est la même que celle du Théorème XV.

THÉORÈME XXI.

De deux polygones réguliers, inscrits dans un même cercle, celui qui a le plus grand nombre de côtés est le plus grand en surface.

Soient AB, AC les côtés de deux polygones réguliers, l'un de n côtés, l'autre de $n+1$ côtés, inscrits dans un même cercle de rayon AO. Menons BO et CO. Fig. 250.

Le premier polygone se compose de n triangles, égaux à ABO, et le second polygone se compose de $n+1$ triangles, égaux à ACO. Cela étant, je dis que l'on aura

$$(n+1)\ ACO > n\ ABO.$$

Les deux triangles ABO, ACO ayant même base AO, sont entre eux comme leurs hauteurs BB′, CC′; et l'inégalité précédente revient à

$$(n+1)\ CC' > n\ BB'.$$

Projetons B et C sur le rayon perpendiculaire à OA· et il nous suffira de faire voir que l'on a

$$CC' > n\,B''C''.$$

Les arcs AB, AC sont respectivement $\frac{1}{n}$ et $\frac{1}{n+1}$ de la circonférence; donc

$$\text{arc BC} = \frac{1}{n} - \frac{1}{n+1} = \frac{1}{n(n+1)}$$

de cette même circonférence, et

$$\text{arc BC} = \frac{1}{n}\,\text{arc AC}.$$

Portons l'arc BC sur l'arc AC, et soient D, E... les points de division. En projetant ces points, nous aurons, ainsi qu'il est aisé de le prouver,

$$C''D'' > B''C'',$$
$$D''E'' > B''C'',$$
$$\ldots\ldots\ldots;$$

d'où, en ajoutant, $C''O > nB''C''$,

ou enfin $CC' > n\,B''C''$.

THÉORÈME XXII.

De deux polygones réguliers, inscrits dans un même cercle, celui qui a le plus grand nombre de côtés a le plus grand périmètre.

FIG. 251. AB étant le côté d'un polygone régulier de n côtés, soit p_n le périmètre de cette figure. Divisons l'arc AB en deux parties égales par le rayon OC, et menons AC, qui sera le côté du polygone régulier de $2n$ côtés. Soit P_{2n} l'aire de ce polygone.

On a $p_n = n$ AB. D'ailleurs, le quadrilatère ACBO a pour mesure $\frac{1}{2}$AB.OC$=\frac{1}{2}$R.AB; donc

$$P_{2n} = \frac{1}{2} R . nAB.$$

Ces valeurs donnent $p_n = \frac{1}{R} P_{2n}$.

Nous venons de voir que P_{2n} augmente avec n ; de plus, le facteur $\frac{2}{R}$ est constant ; donc, etc.

THÉORÈME XXIII.

De tous les triangles qui ont même hauteur et même angle opposé à la base, le plus petit est le triangle isocèle.

Soient le triangle isocèle ACB et le triangle scalène A′CB′, qui ont même hauteur CD, et dans lesquels les angles ACB, A′CB′ sont égaux entre eux. Je dis que la base AB du premier est moindre que la base A′B′ du second. Fig. 252.

Ces deux bases ont une partie commune A′B ; donc il suffit de faire voir que l'on a $AA' < BB'$. Faisons tourner le triangle ACA′ autour de CD, de manière qu'il vienne prendre la position BCE. Alors, à cause de l'égalité des angles BCB′, ACA′, il arrivera que BC sera la bissectrice de l'angle ECB′. Nous aurons donc

$$\frac{BE}{BB'} = \frac{CE}{CB'},$$

ou

$$\frac{AA'}{BB'} = \frac{CE}{CB'}.$$

Mais l'oblique CE est plus petite que l'oblique CB′ ; donc, etc.

THÉORÈME XXIV.

De tous les polygones d'un même nombre de côtés, circonscrits à un même cercle, le plus petit, en surface et en périmètre, est le polygone régulier.

FIG. 253. Soit un polygone irrégulier ABCD, circonscrit à un cercle O. Parmi les côtés de cette figure, il y en aura au moins un, tel que BC, dont le point de contact F avec la circonférence ne sera pas le milieu de BC. Remplaçons ce côté par une droite B'C' qui soit divisée en deux parties égales par son point de contact F'. Je dis que le nouveau polygone AB'C'D aura un périmètre moindre que celui de ABCD.

La somme des angles B et C du premier polygone est évidemment égale à celle des angles B' et C' du second. Si donc nous menons les droites OB, OC, OB', OC', bissectrices de ces angles, nous aurons aussi

$$OBC+OCB=OB'C'+OC'B';$$

d'où, en prenant les suppléments,

$$BOC=B'OC'.$$

Il résulte de là que les deux triangles BOC, B'OC' peuvent être regardés comme ayant même hauteur et même angle opposé à la base ; donc, par le théorème précédent, $B'C'<BC$. Cette inégalité équivaut à

$$B'F'+F'C'<BF+FC;$$

d'où

$$B'E+B'F'+F'C'+C'G<BE+BF+FC+CG; \text{ etc.}$$

Ainsi, tant que le polygone considéré ne sera pas régulier, on pourra diminuer son périmètre, et par suite sa surface. Le polygone minimum est donc régulier.

THÉORÈME XXV.

De deux polygones réguliers, circonscrits à un même cercle, celui qui a le plus grand nombre de côtés est le plus petit; en surface et en périmètre.

En effet, un polygone régulier circonscrit, de n côtés, peut être regardé comme un polygone irrégulier de $n+1$ côtés; donc, d'après le théorème précédent, il est plus grand que le polygone régulier circonscrit, de $n+1$ côtés, etc.

PROBLÈME I.

D'un point quelconque C d'une circonférence, on abaisse une perpendiculaire CD sur le diamètre AB; on décrit, sur les deux segments AD, BD, pris comme diamètres, des demi-cercles AED, BFD. Quelle est la mesure de l'espace curviligne ACBFDE?

Cet espace se compose du demi-cercle décrit sur AB, diminué de deux autres demi-cercles. FIG. 260.

Conséquemment, en représentant par A l'aire cherchée, nous aurons

$$A=\frac{1}{8}\pi[\overline{AB}^2-\overline{AD}^2-\overline{BD}^2].$$

$$\text{Mais } AB=AD+BD;$$

donc $$\overline{AB}^2-\overline{AD}^2-\overline{BD}^2=2AD.BD.$$

Et comme CD est moyenne proportionnelle entre AD et BD, l'expression précédente se réduit à

$$A=\frac{1}{4}\pi.\overline{CD}^2.$$

Ainsi, *la figure* ACBFDE *est équivalente au cercle décrit sur* CD *comme diamètre.*

PROBLÈME II.

On construit, sur le diamètre AB d'une circonférence C, un triangle équilatéral ABD; on divise AB en un nombre n de parties égales, et l'on joint l'extrémité E de la deuxième division, avec le point D, par la sécante DEF. Quelle est l'expression de la corde AF?

FIG. 261. Prenons pour unité le rayon de la circonférence; désignons, pour abréger, par δ la distance CE, égale à $1-\frac{4}{n}$. Représentons AF par x et DF par y. Enfin, abaissons AA′ et CC′ perpendiculaires sur DF.

Nous aurons, dans les triangles ADF, CDF,

$$\overline{AF}^2=\overline{DF}^2+\overline{AD}^2-2DF.DA',$$

$$\overline{CF}^2=\overline{DF}^2+\overline{CD}^2-2DF.DC'.$$

Le triangle ABD étant équilatéral, AD=2, CD=$\sqrt{3}$: les équations précédentes deviennent donc

$$x^2=y^2+4-2\,y.\,DA',$$

$$1=y^2+3-2\,y.\,DC'.$$

En retranchant membre à membre, on obtient

$$x^2=2-2\,y.\,A'C'.$$

Pour évaluer A′C′, considérons les triangles semblables AA′E, CC′E, DCE : ils donnent

$$\frac{A'C'}{AC}=\frac{EC'}{EC}=\frac{EC}{ED};$$

d'où $$A'C'=AC.\frac{EC'}{EC}=\frac{\delta}{\sqrt{3+\delta^2}}.$$

L'équation ci-dessus devient, au moyen de cette valeur,

$$x^2=2-2y\frac{\delta}{\sqrt{3+\delta^2}}.$$

On a, dans le triangle rectangle ECD,

$$DC'=\frac{\overline{CD}^2}{ED}=\frac{3}{\sqrt{3+\delta^2}};$$

donc l'équation en y se réduit à

$$y^2-6\frac{1}{\sqrt{3+\delta^2}}y+2=0.$$

Elle donne $$y=\frac{3\pm\sqrt{3-2\delta^2}}{\sqrt{3+\delta^2}}.$$

La sécante DF rencontre la circonférence aux deux points F, G : c'est pourquoi nous obtenons pour y deux valeurs. En prenant la plus grande, et en la substituant dans la dernière équation en x et y, nous trouvons finalement, pour le carré de la corde AF,

$$x^2=2-2\delta\frac{3+\sqrt{3-2\delta^2}}{3+\delta^2}.$$

Supposons n égal, successivement, à 3, 4, 5, 6; nous aurons :

pour $n=3,\quad \delta=-\frac{1}{3},\quad x=\sqrt{3};$

$n=4,\quad \delta=0,\quad x=\sqrt{2};$

$n=5,\quad \delta=\frac{1}{5},\quad x=\sqrt{\frac{61-\sqrt{73}}{38}};$

$n=6,\quad \delta=\frac{1}{3},\quad x=1.$

Les deux premières valeurs et la quatrième représentent rigoureusement les côtés du triangle équilatéral, du carré et de l'hexagone réguliers, inscrits dans le cercle C.

Quant à la valeur de x qui répond à $n=5$, elle n'est pas égale au côté du pentagone régulier, dont l'expression est $$c=\frac{1}{2}\sqrt{10-2\sqrt{5}};$$

mais elle en diffère assez peu ; car on trouve :

$$x=1,1785\ldots,\qquad c=1,1749\ldots.$$

La construction indiquée dans l'énoncé du problème peut donc servir à inscrire, dans une circonférence donnée, un certain nombre de polygones réguliers, soit rigoureusement, soit par approximation.

PROBLÈME III.

A l'extrémité B du rayon CB d'un cercle donné C, on élève une tangente BD égale au diamètre; on prolonge cette tangente d'une quantité D*a* égale au cinquième du rayon, et d'une quantité D*b* égale aux trois cinquièmes du rayon; on prend BA égale à C*a*; enfin, par le point A, on mène AE parallèle à C*b*. Quelle est l'expression de BE?

Fig. 262. Prenons le rayon pour unité : nous aurons, successivement,

$$Ba = 2 + \tfrac{1}{5} = \tfrac{11}{5}; \quad Bb = \tfrac{13}{5};$$

$$BA = Ca = \sqrt{1 + \tfrac{121}{25}} = \tfrac{1}{5}\sqrt{146}; \quad BE = \tfrac{13}{5}.\ BA = \tfrac{13}{25}\sqrt{146}.$$

La droite BE est, à fort peu près, égale à la circonférence rectifiée.

En effet, en employant les logarithmes, on trouve

$$\begin{aligned} \log.\ 146 &= 2,16435286, \\ \tfrac{1}{2} &= 1,08217643, \\ \log.\ 13 &= 1,11394335, \\ \log.\ 50 &= 1,69897000. \\ \hline \log \tfrac{1}{2} BE &= 0,49714978, \\ \tfrac{1}{2} BE &= 3,1415919. \end{aligned}$$

Or, le rapport de la circonférence au diamètre est égal à 3,141592...; etc.

Cette construction a été donnée par M. Specht.

PROBLÈME IV.

Connaissant les périmètres p, P de deux polygones réguliers semblables, l'un inscrit, l'autre circonscrit, déterminer les périmètres p', P' des polygones réguliers inscrit et circonscrit, d'un nombre double de côtés.

AB étant le côté d'un polygone régulier de n côtés, inscrit à un cercle O, menons la tangente CD, parallèle à AB, et terminons-la aux rayons prolongés OA, OB : CD sera le côté du polygone régulier circonscrit, homologue à AB. Fig. 257.

Joignons le point de contact E, milieu de l'arc AB, au point A : la corde AE sera le côté du polygone régulier inscrit, de $2n$ côtés. Enfin, si nous menons les bissectrices OF, OG des angles AOE, EOB, la partie FG de CD sera le côté du polygone régulier de $2n$ côtés, circonscrit au cercle O.

Nous aurons donc, en premier lieu,

$$p=n\,.\,\mathrm{AB},\quad \mathrm{P}=n\,.\,\mathrm{CD},\quad p'=2n\,.\,\mathrm{AE},\quad \mathrm{P}'=2n\,.\,\mathrm{FG}.$$

Pour évaluer P' en fonction de p et de P, observons que la bissectrice OF et les parallèles CD, AB donnent

$$\frac{\mathrm{CF}}{\mathrm{FE}}=\frac{\mathrm{CO}}{\mathrm{OE}}=\frac{\mathrm{CO}}{\mathrm{AO}}=\frac{\mathrm{CD}}{\mathrm{AB}};$$

d'où :
$$\frac{\mathrm{CE}}{\mathrm{FE}}=\frac{\mathrm{CD}+\mathrm{AB}}{\mathrm{AB}}.$$

Si l'on multiplie par $4n$ les deux termes du premier rapport, et par n les deux termes du second, on trouve, à cause des valeurs ci-dessus,

$$\mathrm{P}'=\frac{2\mathrm{P}p}{\mathrm{P}+p}.$$

Pour obtenir p', observons que les deux triangles semblables EIF, AHF donnent $\frac{\mathrm{EI}}{\mathrm{AH}}=\frac{\mathrm{EF}}{\mathrm{AE}}$,

d'où
$$\overline{\mathrm{AE}}^2=2\mathrm{AH}\,.\,\mathrm{EF}.$$

En multipliant les deux membres par $4n^2$, et extrayant les racines, nous aurons donc

$$p'=\sqrt{P'p}.$$

Remarque. A l'aide des formules que nous venons d'obtenir, on peut prouver que *la différence* $P'-p'$ *entre les périmètres de deux polygones réguliers de* 2n *côtés, inscrit et circonscrit à un cercle donné, est moindre que le quart de la différence* $P-p$ *entre les périmètres des polygones réguliers de* n *côtés, inscrit et circonscrit au même cercle.* Mais on parvient plus rapidement au même résultat en employant la démonstration géométrique suivante, donnée par M. *Bertot.*

FIG. 258. Soient, comme précédemment, AB, CD les côtés des polygones réguliers de n côtés, inscrit et circonscrit, et AE le côté du polygone régulier inscrit, de $2n$ côtés. Si nous menons la tangente FG parallèle à AE, et que nous la terminions aux prolongements des rayons OA, OE, cette tangente sera le côté du polygone régulier circonscrit, de $2n$ côtés. Nous aurons donc

$$p=n.AB=2n.AH,\quad P=2n.CE,\quad p'=2n.AE,\quad P'=2n.FG;$$

en sorte qu'il suffit de démontrer la relation suivante :

$$FG-AE<\tfrac{1}{4}(CE-AH).$$

Menons AML parallèle à OE ; nous aurons $FM=FG-AE$, $CL=CE-AH$; et l'inégalité deviendra $FM<\frac{1}{4}CL$.

La corde KE étant bissectrice de l'angle CEA, on a $IK<\frac{1}{2}IN$; d'où, en menant APQ parallèle à OKN: $AP<\frac{1}{4}AQ$. Il résulte de là qu'une parallèle à CL, menée par le point P, et terminée aux côtés de l'angle CAL, serait plus petite que le quart de CL. Or, FM étant également inclinée sur les côtés de cet angle, est moindre que cette parallèle; donc, etc.

PROBLÈME V.

Connaissant les aires A, B de deux polygones réguliers semblables, l'un inscrit, l'autre circonscrit, trouver les aires A', B' des polygones réguliers inscrit et circonscrit, d'un nombre double de côtés.

En conservant les constructions précédentes, et en appelant n le nombre des côtés de chacun des deux premiers polygones, nous aurons Fig. 257.

$$A=2n.AOH,\quad B=2n.COE,\quad A'=2n.AOE,\quad B'=4n.FOE.$$

Cherchons donc des relations entre les aires des triangles AOH, COE, AOE, FOE.

Les deux triangles AOH, AOE ont même hauteur ; donc

$$\frac{AOH}{AOE}=\frac{OA}{OE}.$$

De même, les deux triangles AOE, COE ont même hauteur; par suite,

$$\frac{AOE}{COE}=\frac{OA}{OC}.$$

Mais, à cause des parallèles, $\frac{OH}{OE}=\frac{OA}{OC}$; conséquemment,

$$\frac{AOH}{AOE}=\frac{AOE}{COE};\ \text{d'où}\ \frac{A}{A'}=\frac{A'}{B}.$$

La première relation est donc

$$A'=\sqrt{AB}.$$

Pour obtenir la seconde, observons d'abord que les deux triangles COE, FOE, qui ont même hauteur, donnent, à cause de la bissectrice OF :

$$\frac{COE}{FOE}=\frac{CE}{FE}=\frac{OC+OE}{OE}.$$

Mais OE=OA, et l'on a

$$\frac{OC}{OA}=\frac{OE}{OH}=\frac{AOE}{AOH};$$

donc

$$\frac{COE}{FOE}=\frac{AOE+AOH}{AOH}.$$

Multipliant les deux termes de chaque rapport par $4n$, nous obtenons $\frac{2B}{B'}=\frac{A'+A}{A}$, ou

$$B'=\frac{2AB}{A+A'}.$$

Remarques. I. On peut démontrer assez simplement que *la différence* B′—A′ *entre les aires des polygones inscrit et circonscrit, de* 2n *côtés, est moindre que le quart de la différence* B—A *entre les aires des polygones inscrit et circonscrit, de* n *côtés.*

Observons d'abord que ces deux différences sont proportionnelles à AFE et ACEH. Conséquemment, il suffit de faire voir que le triangle AFE est moindre que le quart du trapèze ACEH, ou que l'on a

$$FE<\frac{1}{4}(CE+AH).$$

Soit K le point de rencontre de la bissectrice OF avec AH : nous aurons FE = AF = AK = KE, attendu que AE est la bissectrice de l'angle FA′B. L'inégalité précédente se réduit donc à

$$FE<\frac{1}{2}(CF+KH).$$

Or, les deux triangles rectangles CAF, EHK sont semblables; et ils donnent $\frac{CF}{EK}=\frac{AF}{KH}$, ou

$$\frac{CF}{FE}=\frac{FE}{KH}.$$

Mais on sait que la moyenne par quotient est moindre que la moyenne par différence : l'inégalité est donc démontrée.

II. La relation $B'-A'>\frac{1}{4}(B-A)$ peut, aussi bien que l'inégalité $P'-p'<\frac{1}{4}(P-p)$, être obtenue par un calcul simple.

PROBLÈME VI.

Connaissant le rayon R et l'apothème r d'un polygone régulier, trouver le rayon R′ et l'apothème r' d'un polygone régulier isopérimètre, et d'un nombre double de côtés.

Soient AB le côté du premier polygone ; O, son centre, $OA=R$ le rayon du cercle circonscrit ; $OD=r$ l'apothème. Prenons le milieu C de l'arc ACB. Menons AC, CB; puis OA′ perpendiculaire à AC, et OB′ perpendiculaire à BC. Il est clair que la corde A′B′ est moitié de AB, et que l'angle A′OB′ est moitié de AOB ; d'où il résulte que OA′ sera le rayon R′ du second polygone, et que OD′ en sera l'apothème r' (*). FIG. 259.

Cela posé, le point D′ est le milieu de OD, et OA′ est une moyenne proportionnelle entre OC et OD′ ; donc

$$r'=\frac{1}{2}(r+R), \quad R'=\sqrt{Rr'}.$$

Ainsi, *le second apothème est une moyenne par différence entre le premier apothème et le premier rayon ; et le second rayon est une moyenne par quotient entre le premier rayon et le second apothème.*

Remarques. I. La *flèche* CD est égale à $R-r$; et si, du point O pris comme centre, nous décrivons l'arc A′EB, nous

(*) Cette élégante construction est due à feu M. Léger, chef d'institution à Montmorency. (Voyez *Nouvelles Annales de Mathématiques*, tome V.)

aurons $R'-r'=ED'$. Or, la corde $A'E$ est bissectrice de l'angle $CA'D'$; donc, à cause de $A'D'<A'C$, on a

$$ED'<\frac{1}{2}CD', \quad ED'<\frac{1}{4}CD,$$

ou enfin
$$R'-r'<\frac{1}{4}(R-r).$$

Ainsi, *la différence entre le second rayon et le second apothème est moindre que le quart de la différence entre le premier rayon et le premier apothème.*

II. Les formules ci-dessus sont beaucoup plus simples que celles qui résolvent les Problèmes IV et V. Mais, ainsi que M. Vincent l'a fait voir, on peut ramener celles-ci aux premières. Prenons, par exemple, les deux relations

$$A'=\sqrt{AB}, \quad B'=\frac{2AB}{A+A'}.$$

Posons $A=\frac{1}{a}$, $B=\frac{1}{b}$, $A'=\frac{1}{a'}$, $B'=\frac{1}{b'}$; et nous obtiendrons, par un calcul très-simple,

$$a'=\sqrt{ab}, \quad b'=\frac{1}{2}(a'+b).$$

PROBLÈME VII.

Connaissant les périmètres de deux polygones réguliers inscrits, l'un de n côtés, l'autre de $2n$ côtés, trouver le périmètre du polygone régulier inscrit, de $4n$ côtés.

Nommons p, p', p'' les périmètres successifs ; nommons P, P', P'' les périmètres des polygones réguliers circonscrits, respectivement semblables aux premiers polygones. Nous aurons, par le Problème IV :

$$P'=\frac{2Pp}{P+p}, \quad p'^2=P'p,$$

$$P''=\frac{2P'p'}{P'+p'}, \quad p''^2=P''p'.$$

Si, entre les trois dernières équations, on élimine P′ et P″, on aura la relation cherchée.

Or, $P'=\frac{p'^2}{p}$; d'où, en substituant, $P''=\frac{2p'^2}{p+p}$; puis enfin

$$p''^2=\frac{2p'^3}{p+p'}.$$

Remarques. I. Si, dans un cercle donné, on inscrit une série indéfinie de polygones réguliers, dont les nombres de côtés aillent sans cesse en doublant, on aura, en représentant par $p_1, p_2, p_3, \ldots p_{k-1}, p_k, p_{k+1}, \ldots$ les périmètres de ces polygones :

$$(p_{k+1})^2=2\,\frac{(p_k)^3}{p_k+p_{k-1}}.$$

II. Cette formule peut être écrite ainsi qu'il suit :

$$\left(\frac{p_{k+1}}{p_k}\right)^2=2\,\frac{\left(\frac{p_k}{p_{k-1}}\right)}{\left(\frac{p_k}{p_{k-1}}\right)+1}.$$

Si donc nous représentons généralement par m_k le rapport du périmètre p_{k+1} au périmètre p_k, nous aurons

$$m_k=\sqrt{\frac{2m_{k-1}}{1+m_{k-1}}}.$$

III. Si, au lieu d'éliminer P′ et P″ entre les équations ci-dessus, on éliminait p et p', on trouverait des résultats moins simples que ceux auxquels nous venons de parvenir.

PROBLÈME VIII.

Connaissant les aires de deux polygones réguliers inscrits, l'un de n côtés, l'autre de $2n$ côtés, trouver l'aire du polygone régulier inscrit, de $4n$ côtés.

Les formules du Problème V donnent, par un calcul semblable à celui qui précède,

$$A''^2=\frac{2\,A'^3}{A+A'}.$$

Remarques. I. *La loi des aires* est la même que *la loi des périmètres.*

II. Nommons A_1, A_2, A_3,... A_{k-1}, A_k, A_{k+1},... les aires des polygones dont les périmètres ont été représentés par p_1, p_2, p_3,...; et nous aurons

$$(A_{k+1})^2 = 2\frac{(A_k)^3}{A_k + A_{k-1}}, \qquad \left(\frac{A_{k+1}}{A_k}\right)^2 = 2\frac{\dfrac{A^k}{A_{k-1}}}{1+\dfrac{A_k}{A_{k-1}}};$$

puis, en appelant λ_k le rapport $\frac{A_{k+1}}{A_k}$,

$$\lambda_k = \sqrt{\frac{2\lambda_{k-1}}{1+\lambda_{k-1}}}.$$

PROBLÈME IX.

Connaissant les rayons R, R' de deux polygones réguliers isopérimètres, l'un de n côtés, l'autre de $2n$ côtés, trouver le rayon R'' du polygone régulier isopérimètre, de $4n$ côtés.

Les formules du Problème VI donnent

$$R''^2 = \frac{R'^2(R+R')}{2R};$$

d'où, en général, $\frac{R_{k+1}}{R_k} = \sqrt{\dfrac{1+\dfrac{R_k}{R_{k-1}}}{2}}$.

Remarques. I. Si l'on emploie les plus simples formules de la trigonométrie, on arrive, à l'aide de la relation précédente, à un résultat assez remarquable. En effet, les rayons R_1, R_2,.... vont sans cesse en diminuant; donc le rapport $\frac{R_2}{R_1}$, étant plus petit que l'unité, est égal au *cosinus* d'un certain arc α. Dès lors, $\frac{R_3}{R_2} = \sqrt{\frac{1+\cos\alpha}{2}} = \cos\frac{\alpha}{2}$; et, par conséquent, $\frac{R_{k+1}}{R_k} = \cos\frac{\alpha}{2^{k-1}}$.

Cette conclusion est, du reste, évidente à l'inspection de la figure 259. En effet, $\frac{OA'}{OA}=\frac{R_2}{R_1}=\cos AOA'$; donc, semblablement,

$$\frac{R_3}{R_2}=\cos\frac{AOA'}{2}, \text{ etc.}$$

II. Multiplions entre elles les valeurs de tous les rapports : nous obtiendrons

$$R_{k+1}=R_1.\cos\alpha.\cos\frac{\alpha}{2}.\cos\frac{\alpha}{2^2}\ldots\cos\frac{\alpha}{2^{k-1}}.$$

PROBLÈME X.

Calculer les aires et les périmètres des polygones réguliers de 4, 8, 16..., côtés, inscrits à un cercle donné.

Prenons pour unité le rayon de ce cercle, et commençons par déterminer directement les aires et les périmètres du carré et de l'octogone. Un calcul facile donne

$$A_1=2,\quad A_2=2\sqrt{2},\quad p_1=4\sqrt{2},\quad p_2=8\sqrt{2\sqrt{2}};$$

d'où $\lambda_1=\sqrt{2}=\frac{2}{\sqrt{2}},\quad m_1=2\sqrt{\frac{2-\sqrt{2}}{2}}=\frac{2}{\sqrt{2+\sqrt{2}}}.$

Nous obtiendrons ensuite, par les formules

$$\lambda_k=\sqrt{\frac{2\lambda_{k-1}}{1+\lambda_{k-1}}},\quad m_k=\sqrt{\frac{2m_{k-1}}{1+m_{k-1}}},$$

$$\lambda_2=\frac{2}{\sqrt{2+\sqrt{2}}}=m_1,$$

$$\lambda_3=\sqrt{\frac{4}{2+\sqrt{2+\sqrt{2}}}}=\frac{2}{\sqrt{2+\sqrt{2+\sqrt{2}}}}=m_2,$$

$$\lambda_4=\sqrt{\frac{4}{2+\sqrt{2+\sqrt{2+\sqrt{2}}}}}=\frac{2}{\sqrt{2+\sqrt{2+\sqrt{2+\sqrt{2}}}}}=m_3, \text{ etc.}$$

La loi de ces valeurs est manifeste ; et d'ailleurs, par un

procédé bien connu, on pourrait démontrer qu'elle est générale.

Remarquons maintenant que l'aire et le périmètre du polygone de 2^{k+1} côtés seront représentés par A_k et p_k, et que nous avons

$$A_k = A_1 . \lambda_1 . \lambda_2 . \lambda_3 \ldots \lambda_{k-1}, \qquad p = p_1 m_1 . m_2 . m_3 \ldots m_{k-1};$$

donc $$A_k = \frac{2}{\sqrt{2}} \cdot \frac{2}{\sqrt{2+\sqrt{2}}} \cdot \frac{2}{\sqrt{2+\sqrt{2+\sqrt{2}}}} \ldots,$$

k étant le nombre des facteurs ; et

$$p_k = 4 . \frac{2}{\sqrt{2}} \cdot \frac{2}{\sqrt{2+\sqrt{2}}} \cdot \frac{2}{\sqrt{2+\sqrt{2+\sqrt{2}}}} \ldots,$$

$k+1$ étant le nombre des facteurs.

Par exemple, l'aire et le périmètre du polygone régulier de 64 côtés seront représentés par

$$A_5 = 2 . \frac{2}{\sqrt{2}} \cdot \frac{2}{\sqrt{2+\sqrt{2}}} \cdot \frac{2}{\sqrt{2+\sqrt{2+\sqrt{2}}}} \cdot \frac{2}{\sqrt{2+\sqrt{2+\sqrt{2+\sqrt{2}}}}},$$

$$p_5 = 4 . \frac{2}{\sqrt{2}} \cdot \frac{2}{\sqrt{2+\sqrt{2}}} \cdot \frac{2}{\sqrt{2+\sqrt{2+\sqrt{2}}}} \cdot \frac{2}{\sqrt{2+\sqrt{2+\sqrt{2+\sqrt{2}}}}} \times$$

$$\frac{2}{\sqrt{2+\sqrt{2+\sqrt{2+\sqrt{2+\sqrt{2+\sqrt{2}}}}}}}.$$

Remarques. I. Si on voulait passer au calcul *numérique*, ces formules seraient fort incommodes ; mais il est aisé de les transformer. En effet, si nous considérons, par exemple, la valeur de A^5, nous aurons, en divisant les deux membres par $\sqrt{2-\sqrt{2+\sqrt{2+\sqrt{2}}}}$:

$$\frac{A_5}{\sqrt{2-\sqrt{2+\sqrt{2+\sqrt{2}}}}} = 2\frac{2}{\sqrt{2}} \cdot \frac{2}{\sqrt{2+\sqrt{2}}} \frac{2}{\sqrt{2+\sqrt{2+\sqrt{2}}}} \frac{2}{\sqrt{2-\sqrt{2+\sqrt{2}}}} =$$

$$2\frac{2}{\sqrt{2}} \frac{2}{\sqrt{2+\sqrt{2}}} \frac{2^2}{\sqrt{2-\sqrt{2}}} = \frac{2^2}{\sqrt{2}} \cdot \frac{2^3}{\sqrt{2}} = 2^4;$$

donc $$A_5 = 2^4\sqrt{2-\sqrt{2+\sqrt{2+\sqrt{2}}}}.$$

De même, $$p_5 = 2^6\sqrt{2-\sqrt{2+\sqrt{2+\sqrt{2+\sqrt{2}}}}}.$$

En général, $$A_k = 2^{k-1}\sqrt{2-\sqrt{2+\sqrt{2}+\ldots}},$$

k étant le nombre des radicaux ;

et $$p_k = 2^{k+1}\sqrt{2-\sqrt{2+\sqrt{2}+\ldots}},$$

$k+1$ étant le nombre des radicaux.

II. La comparaison de ces valeurs donne la relation simple

$$p_k = 2A_{k-1}.$$

III. En général,

$$A_k = \frac{1}{2}p_k \cdot a_k,$$

a_k représentant l'apothème ; donc

$$a_k = \frac{1}{2}\sqrt{2+\sqrt{2+\sqrt{2}+\ldots}},$$

le nombre des radicaux étant $k+1$.

IV. A mesure que le nombre des côtés du polygone augmente, l'apothème tend vers le rayon ; donc

$$\pi = \lim.\sqrt{2+\sqrt{2+\sqrt{2}+\ldots}} \quad (*).$$

PROBLÈME XI.

Les côtés d'un décagone régulier étoilé ABC..., inscrit à un cercle O, forment, par leurs intersections successives, un polygone régulier A*a*H*h*E*e*... ayant vingt côtés. Quels sont, en fonction du rayon R du cercle O, l'aire P et le périmètre *p* de ce polygone?

1° Menons la corde AH : nous formerons deux triangles A*a*H, AHM, isocèles et semblables. Fig. 263.

(*) Les Prob. IX et suivants peuvent servir à approcher du rapport de la circonférence au diamètre. On peut consulter, sur ce sujet, les *Nouvelles Annales de Mathématiques*.

Conséquemment, $Aa=\frac{\overline{AH}^2}{AM}$.

On sait que $AH=\frac{1}{2}R(\sqrt{5}-1)$, et que $AM=R$ (Th. II);

donc $Aa=\frac{1}{4}R(\sqrt{5}-1)^2=\frac{1}{2}(3-\sqrt{5})$ (*).

Cette valeur donne, pour l'expression du périmètre,

$$p=10R(3-\sqrt{5}).$$

2° Le polygone $Aa\,Hh$... se compose de vingt triangles égaux à AaO; donc l'aire de ce polygone sera égale au périmètre p multiplié par la moitié de l'apothème OP. Celui-ci a pour expression (Th. II, Remarque II),

$$a=\sqrt{R^2-\frac{1}{2}\overline{AB}^2}=R\sqrt{1-\frac{1}{(\sqrt{5}-1)^2}};$$

ou, en simplifiant,

$$a=\frac{1}{4}R\sqrt{10-2\sqrt{5}}.$$

Conséquemment, $P=\frac{5}{4}R^2(3-\sqrt{5})\sqrt{10-2\sqrt{5}}$, ou

$$P=\frac{5}{2}R^2\sqrt{50-22\sqrt{5}}.$$

PROBLÈME XII.

Inscrire, à une circonférence donnée, un polygone régulier de trente-quatre côtés.

Fig. 241. Nous avons démontré ci-dessus (Th. VIII) qu'il est possible de partager la circonférence en dix-sept parties égales, au moyen de la règle et du compas. De là résulte immédiate-

(*) Il résulte de cette expression, ou de l'inspection de la figure, que $Aa+AH=R$. On reconnaît aussi que le côté Aa de notre polygone est égal à la plus grande partie du côté du décagone régulier convexe, partagé en moyenne et extrême raison.

ment, qu'à une circonférence donnée, on peut inscrire le polygone régulier de dix-sept côtés, et par suite celui de trente-quatre côtés. Pour plus de simplicité, nous nous occuperons seulement de ce dernier polygone.

Remarquons d'abord que si la circonférence C, de rayon R, est partagée en dix-sept parties égales, la corde OA_8, qui joint le point A_8 avec le point O diamétralement opposé au point A_0, est le côté cherché. Or, nous avons (voyez p. 172),

$$OA_2 + OA_8 = P, \qquad OA_2 \,.\, OA_8 = R\,(OA_6 - OA_7),$$

ou

$$OA_2 \,.\, OA_8 = RN.$$

Lorsque P et N seront connus, ces deux équations détermineront OA_2, côté d'un polygone étoilé, et OA_8, côté du polygone convexe de trente-quatre côtés : OA_8 est évidemment donné par la plus petite des deux racines.

Pour déterminer P et N, posons $M - N = x, P - Q = x'$; alors, x et x' étant supposés connus, nous aurons, en premier lieu

$$M - N = x, \qquad MN = R^2,$$

et ensuite

$$P - Q = x', \qquad PQ = R^2.$$

Enfin, x et x' sont donnés par les deux équations

$$x - x' = R, \qquad xx' = 4R^2.$$

Nous pouvons maintenant nous proposer, soit la résolution de ces diverses équations, soit la construction à laquelle elles donnent lieu.

Résolution. La première question ne présente aucune difficulté : on obtient en effet, par les propriétés les plus simples de l'équation du second degré, les valeurs qui suivent :

$$x = \tfrac{1}{2}R\,(1 + \sqrt{17}), \qquad x' = \tfrac{1}{2}R\,(-1 + \sqrt{17});$$

$$P = \tfrac{1}{4}R\left[-1 + \sqrt{17} + \sqrt{34 - 2\sqrt{17}}\right], \quad N = \tfrac{1}{4}R\left[-1 - \sqrt{17} + \sqrt{34 + 2\sqrt{17}}\right],$$

$$OA_8 = \tfrac{1}{8}R\left(-1+\sqrt{17}+\sqrt{34-2\sqrt{17}}\right) -$$

$$\tfrac{1}{8}R\sqrt{\left(-1+\sqrt{17}+\sqrt{34-2\sqrt{17}}\right)^2-16\left(-1-\sqrt{17}+\sqrt{34+2\sqrt{17}}\right)}.$$

Cette dernière valeur, développée, devient $OA_8 = c =$

$$\tfrac{1}{8}R\left[-1+\sqrt{17}+\sqrt{34-2\sqrt{17}}-\sqrt{68+12\sqrt{17}-2\sqrt{34-2\sqrt{17}}-16\sqrt{34+2\sqrt{17}}+2\sqrt{34(17-\sqrt{17})}}\right].$$

On peut réunir les deux termes : $-2\sqrt{34-2\sqrt{17}}$, $+2\sqrt{34(17-\sqrt{17})}$; et l'on obtient, finalement,

$$c = \tfrac{1}{8}R\left[-1+\sqrt{17}+\sqrt{34-2\sqrt{17}}-2\sqrt{17+3\sqrt{17}+\sqrt{170-26\sqrt{17}}-4\sqrt{34+2\sqrt{17}}}\right] \ (*).$$

Fig. 264. *Construction.* Sur le rayon OA du cercle donné, pris comme diamètre, décrivons une circonférence; élevons la tangente AD égale à 2 R; joignons le point D au milieu C de OA, par la transversale DC; et soient E, E′ les points où elle coupe la petite circonférence. Nous aurons

$$DE \,.\, DE' = \overline{AD}^2 = 4R^2, \quad DE - DE' = R;$$

donc $DE = x$, et $DE' = x'$.

Sur ces deux segments DE, DE′, décrivons les demi-circonférences DHE, DH′E′; menons, perpendiculairement à CD, la droite DF égale à R; joignons le point F aux centres G, G′ des demi-circonférences DE, DE′; et soient H, H′ les points où les droites de jonction coupent ces lignes. Il est facile de voir que $FH = N$ et que $FH' = P$.

Actuellement, à cause de l'équation $OA_2 \,.\, OA_8 = RN$, et

(*) On peut encore réduire cette expression; car si l'on pose

$$4\sqrt{34+2\sqrt{17}}-\sqrt{170-26\sqrt{17}} = r,$$

on trouve, par une méthode indiquée dans tous les Traités d'algèbre,

$$r = \sqrt{170+38\sqrt{17}}.$$

Donc

$$c = \tfrac{1}{8}R\left[-1+\sqrt{17}+\sqrt{34-2\sqrt{17}}-2\sqrt{17+3\sqrt{17}-\sqrt{170+38\sqrt{17}}}\right].$$

d'après ce qui a été dit ci-dessus, OA_8, ou c, est égal au plus petit côté d'un rectangle équivalent à celui dont les dimensions seraient R et N. Nous devons donc, préalablement, chercher le côté du carré équivalent à cette dernière figure. C'est ce qui se fait en décrivant, sur DF comme diamètre, une demi-circonférence DLF, portant FH de F en K, élevant KL perpendiculaire à DF, et menant FL.

Décrivons maintenant, sur $FH'=P$ comme diamètre, une nouvelle demi-circonférence FMH'; menons MN parallèle à FH' et distante de cette dernière droite d'une quantité égale à FL; puis abaissons MP perpendiculaire à FH'. Nous aurons $FP+PH'=P$, $FP.PH'=PM=RN$; donc $PF=c$.

Remarque. A cause de l'imperfection des instruments et de la multiplicité des constructions, il est bien difficile, dans la pratique, que PF soit rigoureusement la corde du trente-quatrième de la circonférence. Aussi, lorsqu'il n'est question que d'un problème graphique, on doit préférer, à la construction précédente, la méthode des *essais* ou des *tâtonnements*.

PROBLÈME XIII.

Calculer, à moins de 0,0001, le rapport entre le côté du polygone régulier de trente-quatre côtés et le rayon du cercle circonscrit.

Reprenons l'expression

$$\frac{c}{R}=\frac{1}{8}\left[-1+\sqrt{17}+\sqrt{34-2\sqrt{17}}-2\sqrt{17+3\sqrt{17}+\sqrt{170-26\sqrt{17}}-4\sqrt{34+2\sqrt{17}}}\right].$$

Afin d'arriver plus rapidement au résultat, nous appliquerons les logarithmes. Mais, comme on ne peut effectuer par leur moyen ni addition ni soustraction, nous calculerons séparément les diverses parties :

$$-1+\sqrt{17}=A,\quad \sqrt{34-2\sqrt{17}}=B,\quad 17+3\sqrt{17}=C,\quad \sqrt{170-26\sqrt{17}}=D,$$

$$\sqrt{34+2\sqrt{17}}=E,\quad \sqrt{C+D-4E}=F.$$

Les opérations prennent alors la disposition suivante :

$\text{Log. } 17 = 1,23044892$
$\frac{1}{2} = 0,61522446$
$\sqrt{17} = 4,12310$
$A = 3,12310$

$\frac{1}{2}\text{ log. } 17 = 0,61522446$
$\text{Log. } 26 = 1,41497335$
$2,03019781$
$26\sqrt{17} = 107,2018$
$170-26\sqrt{17} = 62,7982$
$\text{Log.} = 1,7979472$
$\frac{1}{2} = 0,8989736$
$D = 7,92453$

$A = 3,12310 +$
$B = 5,07482 +$
$2F = 6,72160 -$
$1,47632$
$\frac{1}{8} = 0,18454 = \frac{c}{R}.$

$2\sqrt{17} = 8,24620$
$34 - 2\sqrt{17} = 25,75380$
$\frac{1}{2}\text{ log.} = 0,7054206$
$B = 5,072482$

$2\sqrt{17} = 8,24620$
$34 + 2\sqrt{17} = 42,24620$
$\frac{1}{2}\text{ log.} = 0,8128944$
$E = 6,49972$

$3\sqrt{17} = 12,36930$
$C = 29,36930 +$
$D = 7,92453 +$
$4E = 25,99888 -$
$11,29495$
$\text{Log.} = 1,0528846$
$\frac{1}{2} = 0,5264423 +$
$\text{Log. } 2 = 0,3010300 +$
$0,8274723$
$2F = 6,72160$

Nous trouvons donc, pour le rapport cherché,

$$\frac{c}{R} = 0,18454.$$

Cette valeur, bien qu'obtenue par l'emploi des logarithmes, est approchée à moins de 0,00001 ; car on trouve, par une autre méthode,

$$\frac{c}{R} = 0,184538\ldots$$

PROBLÈME XIV.

Calculer, à moins de 0,0001, le rapport entre le côté du polygone régulier de dix-sept côtés et le rayon du cercle circonscrit.

On sait qu'en appelant c et C les côtés des polygones réguliers, de $2n$ côtés et de n côtés, inscrits au cercle de rayon R, on a

$$\frac{C}{R}=\frac{c}{R}\sqrt{\left(2+\frac{c}{R}\right)\left(2-\frac{c}{R}\right)}.$$

Appliquons cette formule, en remplaçant $\frac{c}{R}$ par la valeur 0,18454, trouvée ci-dessus.

Nous aurons

$$2+\frac{c}{R}=2{,}18454;\ 2-\frac{c}{R}=1{,}81546;$$

puis

$$\begin{aligned}\text{Log. } 2{,}18454 &= 0{,}3393600\\ \text{Log. } 2{,}81546 &= 0{,}2589867\\ &\overline{0{,}5983467}\\ \tfrac{1}{2} &= 0{,}2991733\\ \text{Log. } 0{,}18454 &= \bar{1}{,}2660905\\ &\overline{\bar{1}{,}5652638} = \log.\frac{C}{R}.\end{aligned}$$

$$\frac{C}{R}=0{,}367505.$$

On vérifie, par d'autres méthodes, que cette valeur est approchée à moins de 0,00001.

Remarques. I. Nous avons vu, précédemment, combien est compliquée la construction du polygone régulier de trente-quatre côtés : il en est de même pour le polygone de dix-sept côtés. Une construction *approchée* peut donc être utile. Or, si l'on compare la valeur ci-dessus avec celle qui donne le côté du triangle équilatéral inscrit, on reconnaît bientôt que *le côté du polygone régulier inscrit, de dix-sept côtés, égale, à fort peu près, la demi-différence entre le côté du triangle équilatéral inscrit et le côté de l'hexagone régulier inscrit.*

En effet, le rayon étant pris pour unité, le côté du triangle équilatéral $=\sqrt{3}=1,73205$,

le côté de l'hexagone régulier $=\quad 1.$

différence $=0,73205.$

$\frac{1}{2}=0,36602.$

Cette quantité diffère de C d'environ 0,001 ; donc, etc.

II. Si l'on appliquait la construction générale indiquée dans le Problème II, on arriverait à un résultat moins approché, mais assez curieux. On a, en effet, pour $n=17$: $\delta=\frac{13}{17}$, puis $x^2=\frac{1}{7}$, valeur rationnelle et fort simple.

Elle donne $x=0,37796...$, quantité qui surpasse C d'environ 0,02.

LIVRE V.

THÉORÈME I.

Dans tout angle trièdre, les plans bissecteurs des angles dièdres se coupent suivant une même droite.

Soient ASO le plan bissecteur de l'angle dièdre SA, et BSO le plan bissecteur de l'angle dièdre SB. Ces deux plans se coupent suivant une droite SO, *intérieure* à l'angle trièdre. Un point quelconque M de cette ligne, appartenant à la fois aux deux plans ASO, BSO, sera également distant des trois faces du trièdre ; donc il appartient au plan bissecteur de l'angle dièdre SC, etc. Fig. 267.

Remarques. I. Le lieu des points tels que chacun d'eux soit également distant des trois faces du trièdre, se compose de la droite SO, et de trois autres droites SP, SQ, SR. Chacune de ces dernières droites est située, à la fois, dans *un plan bissecteur intérieur*, et dans *deux plans bissecteurs extérieurs*.

II. Coupons le trièdre S par un plan quelconque L, perpendiculaire à la droite SO. Soit A′B′C la section obtenue et soit O′ le point où la droite SO perce le plan L. Les *traces* des plans bissecteurs intérieurs seront les droites A′O′, B′O′, C′O′. Quant aux traces des plans bissecteurs *extérieurs*, ce seront des droites N′P′, P′M′, M′N′, respectivement perpendiculaires aux premières. En effet, la droite N′P′, par exemple, a été menée dans le plan L, perpendi- Fig. 268.

culairement à la trace A′O′ du plan ASO; donc elle est perpendiculaire à ce dernier plan; donc le plan bissecteur extérieur, perpendiculaire au plan ASO, et passant par le point A′, contiendra la droite N′P′, etc.

Remarquons maintenant que les trois plans bissecteurs dont les traces sont P′M′, N′M′, A′O′, se coupent suivant une même droite; donc leurs traces doivent converger en un même point; donc A′O′ prolongée passe en M′. Ainsi: *tout plan, mené perpendiculairement à l'intersection des trois plans bissecteurs intérieurs d'un trièdre, coupe les six plans bissecteurs suivant les trois côtés et les trois hauteurs d'un même triangle.* (Voyez Th. I, Liv. I.)

III. Nous savons que les droites A′O′, B′O′, C′O′ sont les bissectrices des angles du triangle A′B′C′ (Th. I, Liv. II). Donc *les traces des six plans bissecteurs d'un trièdre, sur un plan L perpendiculaire à l'intersection des trois plans bissecteurs intérieurs, sont les six bissectrices du triangle suivant lequel ce plan coupe le trièdre.*

Cette remarque peut recevoir son application dans certaines *épures* de Géométrie descriptive.

THÉORÈME II.

Dans tout angle trièdre, les plans menés par les arêtes et par les bissectrices des faces opposées se coupent suivant une même droite.

FIG. 269. Prenons, sur les trois arêtes, à partir du sommet, des distances SA, SB, SC, égales entre elles; puis, faisons passer un plan par les points A, B, C.

Le triangle SBC étant isocèle, la bissectrice SM de l'angle BSC passera par le milieu M du côté BC. Donc la trace du plan ASM, sur le plan ABC, est l'une des trois médianes du triangle ABC. De même pour les deux plans BSN, CSP. Or, les trois médianes se coupent en un même point, etc.

Remarque. Si l'on considère, indépendamment des bissectrices intérieures SM, SN, SP, les bissectrices *extérieures* des angles BSC, ASC, BSA; puis que, par chacune de ces droites et par l'arête qui n'est pas avec elle dans une même face, on mène un plan; on obtiendra trois nouveaux plans qui, combinés avec les trois premiers, détermineront trois nouvelles droites SA′, SB′, SC′. Il est facile de reconnaître que, A′ étant la trace de SA′ sur le plan ABC, le point M est le milieu de AA′. De même pour SB′ et SC′.

THÉORÈME III.

Dans tout angle trièdre, les plans menés par les bissectrices des faces, perpendiculairement à ces faces, se coupent suivant une même droite.

Prenons sur les trois arêtes, à partir du sommet S, les distances égales SA, SB, SC; et menons le plan ABC. La bissectrice SM de la face BSC est perpendiculaire au côté BC, en son milieu M; et il en sera de même des bissectrices SN, SP, à l'égard des deux autres faces. Conséquemment, les plans menés par ces droites, perpendiculairement aux faces correspondantes, ont pour traces, sur le plan ABC, les perpendiculaires élevées sur les milieux des côtés du triangle ABC. Or, ces perpendiculaires se coupent en un même point O; donc, etc. Fig. 270.

THÉORÈME IV.

Les plans menés par les arêtes d'un angle trièdre, perpendiculairement aux faces opposées, se coupent suivant une même droite.

Soit ASM le plan mené par l'arête AS du trièdre S, perpendiculairement à la face opposée BSC. Soit, de même, Fig. 271.

BSN le plan mené par BS, perpendiculairement à la face ASC. Ces deux plans se coupent suivant une droite SO; et il s'agit de faire voir que le plan OSC est perpendiculaire à la face ASB.

Par un point quelconque O de la droite OS, menons un plan perpendiculaire à cette ligne ; et soit ABC le triangle déterminé par les intersections de ce plan avec les trois faces de l'angle trièdre. Menons les droites AOM, BON, COP, et joignons le point P au sommet S.

Le plan AMS, qui contient une droite perpendiculaire au plan ABC, est perpendiculaire à ce dernier plan ; d'ailleurs il a été mené perpendiculairement au plan BSC ; donc la droite BC, intersection des plans ABC, BSC, est perpendiculaire à AMS; donc elle est perpendiculaire à la droite AM, c'est-à-dire que cette dernière droite est la perpendiculaire menée, par le sommet A du triangle ABC sur le côté opposé BC.

Par un raisonnement semblable, on verra que BN est la perpendiculaire abaissée du sommet B sur le côté AC; donc (Th. I, Liv. I) COP est perpendiculaire à AB; donc le plan CSP est perpendiculaire à AB, etc.

THÉORÈME V.

Dans tout trièdre, la somme des angles formés par les arêtes avec les bissectrices des faces opposées est moindre que la somme des faces.

Fig. 272. Coupons l'angle trièdre S par un plan ABC, perpendiculaire, en un point M, à la bissectrice SM de la face BSC. Menons la droite AM, et prolongeons-la d'une quantité égale MA'. Enfin, tirons SA', CA', BA'.

Le quadrilatère ABA'C, dans lequel les diagonales se coupent mutuellement en parties égales, est un parallélogramme; donc CA′=AB, BA′=AC. En outre, SM est perpendiculaire au milieu de AA′; d'où il résulte que SA=SA′. On conclut de là que les deux trièdres SABC, SA′CB sont *égaux entre eux*. Or, dans l'angle trièdre SABA′, la face ASA′, double de ASM, est moindre que la somme des deux autres. Conséquemment,

$$\text{ASM} < \frac{\text{ASB}+\text{ASC}}{2}.$$

Ainsi, *l'angle formé par l'arête* AS *et par la bissectrice de la face opposée est moindre que la demi-somme des deux autres faces.*

Cette propriété démontre le Théorème (Voyez Th. III, Liv. I).

THÉORÈME VI.

La somme des dièdres d'un angle polyèdre convexe de n faces est comprise entre $2n$ et $2(n-2)$ dièdres droits.

D'abord, chacun des dièdres d'un angle polyèdre convexe est moindre que 2 droits; donc la somme des n dièdres sera moindre que $2n$ droits.

En second lieu, si l'on fait passer des plans par une arête de l'angle polyèdre et par toutes les arêtes opposées, on décompose cet angle en $n-2$ trièdres, dans chacun desquels la somme des dièdres est supérieure à 2 droits, etc.

THÉORÈME VII.

Tout plan, parallèle à deux côtés opposés d'un quadrilatère gauche, partage proportionnellement les deux autres côtés.

Soient E, F les points où le plan MN, parallèle aux côtés AB, CD, coupe les deux autres côtés AD, BC. Je dis que Fig. 274.

$$\frac{\text{AE}}{\text{ED}} = \frac{\text{BF}}{\text{FC}}.$$

Faisons passer, suivant CD, le plan PQ parallèle à AB et à MN. Menons, par le point A, une parallèle à BC, et soient G, H les points où elle perce les plans MN, PQ. Enfin, tirons EG, DH : ces droites seront parallèles, comme étant les intersections de deux plans parallèles par un troisième plan. Conséquemment,

$$\frac{AE}{ED}=\frac{AG}{GH}.$$

Mais les droites AG, BF sont égales, comme parallèles comprises entre plans parallèles. De même, GH=FC, etc.

Réciproque. *Toute droite, qui divise proportionnellement deux côtés opposés d'un quadrilatère gauche, est dans un plan parallèle aux deux autres côtés.*

THÉORÈME VIII.

Si une première droite EF partage proportionnellement deux côtés opposés AB, CD d'un quadrilatère gauche ABCD, et si une seconde droite GH partage proportionnellement les deux autres côtés du quadrilatère : 1° ces deux droites sont dans un même plan ; 2° chacune d'elles est partagée par l'autre en deux segments proportionnels aux segments des côtés qu'elle ne rencontre pas.

Fig. 275. 1° Suivant AB, faisons passer un plan P parallèle à CD, et, conséquemment, parallèle à GH. Par les points C, D, H, G menons CC′, DD′, HH′, GG′ parallèles à EF, et soient C′, D′, H′, G′ les points où ces droites percent le plan P.

Le plan des parallèles CC′, FE, DD′ coupe le plan P suivant une droite C′ED′, parallèle à CD. De plus, les deux droites BC′, AD′ sont parallèles, comme étant les intersections du plan P par les plans parallèles ADD′, BCC′. Il s'ensuit que les triangles BEC′, AED′ sont semblables.

Nous avons, par hypothèse,

$$\frac{AH}{BG}=\frac{HD}{GC};$$

d'où, à cause des parallèles,

$$\frac{AH'}{BG'}=\frac{H'D'}{G'C'}=\frac{AD'}{BC'}=\frac{AE}{BE}.$$

Si donc nous menons G'E et H'E, les deux triangles BG'E, AH'E seront semblables, comme ayant un angle égal compris entre côtés proportionnels.

Par suite, les angles BEG', AEH' seront égaux, et G'EH sera une ligne droite; donc G'H'HG est un quadrilatère plan, etc.

2° Soit I le point de rencontre des droites EF, GH. On aura EI=HH', EF=DD'; d'où, à cause du triangle ADD':

$$\frac{EI}{IF}=\frac{AH}{HD}=\frac{BG}{GC};$$

et, de même,

$$\frac{HI}{IG}=\frac{AE}{EB}=\frac{DF}{FC}.$$

Remarque. Chacune des deux droites EF, GH est dans un plan parallèle aux deux côtés qu'elle ne rencontre pas

THÉORÈME IX.

Tout plan transversal détermine, sur les quatre côtés d'un quadrilatère gauche, huit segments tels, que le produit de quatre segments qui n'ont pas d'extrémités communes est égal au produit des quatre autres.

Soit le quadrilatère gauche ABCD, dont les quatre côtés sont coupés par un même plan P, aux points E, F, G, H. Je dis que l'on aura FIG. 276.

$$AH.\ DF.\ CG.\ BE=AE.\ BG.\ CF.\ DH.$$

Soit M le point de rencontre de la diagonale BD avec le

plan P : les transversales FG, HE concourront en M ; et l'on aura (Th. VIII, Liv. III), dans le triangle ABD,

$$AH.\ DM.\ BE = AE.\ BM.\ DH;$$

et, dans le triangle BCD,

$$DF.\ CG.\ BM = DM.\ BG.\ CF.$$

Multipliant membre à membre, et supprimant DM et BM, on obtient la relation demandée.

Remarques. I. La réciproque de ce Théorème est vraie. Elle renferme, comme cas particulier, le Théorème VII.

II. Si le plan P était parallèle à la diagonale BD, on aurait

$$\frac{AH}{AE} = \frac{HD}{EB}, \quad \frac{DF}{BG} = \frac{CF}{CG}, \text{ etc.}$$

THÉORÈME X.

Dans tout quadrilatère gauche, les milieux des côtés sont les sommets d'un parallélogramme.

La démonstration de ce Théorème est la même que celle du Théorème VIII, Livre I.

THÉORÈME XI.

Dans tout quadrilatère gauche, le point de rencontre des droites qui joignent les milieux des côtés opposés est situé au milieu de la droite qui joint les milieux des diagonales.

(Voyez Th. IX, Liv. I.)

THÉORÈME XII.

Tout plan transversal XY détermine, sur les côtés d'un triangle ABC, six segments tels, que le produit de trois segments qui n'ont pas d'extrémités communes est égal au produit des trois autres.

Le plan XY coupe le plan ABC suivant une transversale MN; et les points de rencontre de cette droite, avec les côtés du triangle, sont ceux où ces côtés percent le plan XY. La proposition est donc ramenée au Théorème VIII du Livre III. Fig. 277.

THÉORÈME XIII.

Si les côtés d'un polygone gauche sont coupés par un plan transversal, le produit des segments qui n'ont pas d'extrémités communes sera égal au produit des autres segments.

(Voyez Th. XII, Liv. III.)

Remarque. Cette proposition est la généralisation du Théorème XI.

THÉORÈME XIV.

Si, par une droite quelconque XY, et par les différents sommets d'un polygone gauche ABC... ayant un nombre impair de côtés, on fait passer des plans qui partagent les côtés respectivement opposés à ces sommets, chacun en deux segments, le produit des segments qui n'ont pas d'extrémités communes sera égal au produit des autres segments.

Projetons la figure sur un plan quelconque P perpendiculaire à XY; et soit A'B'C'D'E' la projection du polygone gauche. Les traces des différents plans AXY, BXY..., seront des droites A'O, B'O..., passant toutes par un même point O, projection de XY. De plus, les points *a'*, *b'*..., où Fig. 278.

ces transversales A′O, B′O..., coupent les côtés C′D′, D′E′..., du polygone plan, sont les projections des points a, b,... où les plans AXY, BXY..., sont rencontrés par les côtés CD, DE..., du polygone gauche.

Cela posé, les deux segments déterminés sur un côté quelconque du polygone gauche, par exemple, sur le côté CD sont proportionnels aux deux segments déterminés sur la projection de ce côté, attendu que CC′, DD′, aa' sont trois parallèles. Or, nous avons, dans le polygone plan,

$$A'd'.B'e'.C'a'.D'b'.E'c' = A'c'.E'b'.D'a'.C'e'.B'd'$$

(Th. XII, Liv. III).

Nous aurons donc aussi, dans le polygone gauche,

$$Ad.Be.Ca.Db.Ec = Ac.Eb.Da.Ce.Bd.$$

C'est ce qu'il fallait démontrer.

Remarque. Le Théorème qui précède peut, de la même manière, se déduire du Théorème XI (Liv. III).

THÉORÈME XV.

Lorsqu'une droite AB est partagée en deux segments AC, BC proportionnels aux nombres b, a; si, des points A, B, C on abaisse, sur un plan quelconque XY, des perpendiculaires AA′, BB′, CC′, on a

$$(a+b)\,CC' = a.AA' + b.BB'.$$

Cette proposition se démontre, à fort peu de chose près, comme le Théorème I du Livre III.

THÉORÈME XVI.

Étant donné un système de points A, B, C..., on peut toujours déterminer un point O tel, que sa distance à un plan quelconque XY soit égale à la moyenne arithmétique entre les distances, au même plan, des points A, B, C...

(Voyez Th. II, Liv. III.)

THÉORÈME XVII.

La somme des carrés des distances de n points A, B, C..., à un point quelconque S, est égale à la somme des carrés des distances des mêmes points à leur centre O, augmenté de n fois le carré de SO.

(Voyez Th. III, Liv. III.)

THÉORÈME XVIII.

Le lieu géométrique des points tels que la somme des carrés des distances de chacun d'eux à des points donnés A, B, C..., soit constante, est une sphère qui a pour centre le centre O des moyennes distances des points A, B, C...

(Voyez Th. IV, Liv. III.)

THÉORÈME XIX.

Si, dans un angle polyèdre convexe, dont toutes les faces, excepté une, sont constantes, on fait varier un seul des angles dièdres opposés à cette face, de manière que l'angle polyèdre reste convexe, la face variable augmentera si l'angle dièdre augmente, et elle diminuera s'il diminue.

Supposons, par exemple, que dans l'angle polyèdre S, supposé convexe, on fasse varier l'angle dièdre SD, opposé à la face ASB; supposons, de plus, que les autres angles dièdres SC, SE, SF n'éprouvent aucun changement, et qu'il en soit de même à l'égard des faces BSC, CSD..., FSA. FIG. 279.

Si l'on mène les plans ASD, BSD, on décompose l'angle polyèdre donné, en un angle trièdre SABD, et en deux angles polyèdres SAFED, SBCD. Or, il résulte des hypothèses précédentes que ces deux derniers angles polyèdres sont constants. Par suite, la variation de l'angle dièdre SD, dans l'angle polyèdre donné, est égale à la variation de l'angle dièdre SD, dans l'angle trièdre SABD. D'ailleurs, si un angle trièdre SABD a deux faces constantes ASD, BSD, la troisième face ASB augmente ou diminue suivant que l'angle dièdre opposé augmente ou diminue ; donc, etc.

Remarque. Au lieu de supposer que l'angle dièdre SD varie seul, on pourrait faire varier successivement plusieurs des angles dièdres opposés à la face ASB. Par conséquent, *Si, dans un angle polyèdre convexe, dont toutes les faces, excepté une, sont constantes, on fait varier, dans le même sens, quelques-uns des angles dièdres opposés à cette face, de manière que l'angle polyèdre reste convexe, la face variable augmentera si les angles dièdres ont augmenté, et elle diminuera s'ils ont diminué.*

THÉORÈME XX.

Si l'on fait varier d'une manière quelconque les angles dièdres d'un polyèdre convexe dont les faces sont constantes; que l'on mette le signe + sur l'arête de chaque dièdre qui augmente, le signe — sur l'arête de chaque dièdre qui diminue, puis que l'on fasse le tour entier de l'angle polyèdre, on trouvera au moins quatre variations de signes.

Il faut que l'angle polyèdre considéré ait plus de trois faces, sans quoi l'invariabilité de celles-ci entraînerait l'invariabilité des dièdres. De plus, on suppose que l'angle polyèdre reste convexe, après comme avant la variation de ses angles dièdres. Cela posé :

1° On ne peut pas supposer que tous les dièdres aient varié dans le même sens, car alors, d'après le Théorème précédent, il y aurait eu variation d'au moins une des faces.

2° En faisant le tour de l'angle polyèdre, on ne trouvera pas une seule série de signes +, suivie d'une seule série de signes —.

En effet, supposons que, dans l'angle polyèdre S, les Fig. 279.
arêtes SB, SA, SF soient affectées du signe +, les autres étant affectées du signe —. Si nous menons le plan *diagonal* BSE qui laisse d'un côté une série de signes + et de l'autre côté une série de signes —, il résultera du Théorème précédent que l'angle plan BSE aura, tout à la fois, augmenté et diminué; ce qui est absurde.

3° D'après ce qui vient d'être dit, en faisant le tour entier de l'angle polyèdre, *on trouvera plus de deux variations de signes*. Et, comme on doit revenir à l'arête d'où l'on était parti, il s'ensuit que *le nombre des variations de signes est pair;* donc il est au moins égal à 4.

PROBLÈME I.

Étant donnés un plan XY et deux points A, B, situés d'un même côté de ce plan, trouver, sur le plan XY, un point M tel, que la somme des distances AM, BM soit un minimum.

Construisons le point B', symétrique du point B, par Fig. 280.
rapport au plan XY; menons la droite AB', et soit M le point où elle perce XY. M sera le point demandé. (Voyez Probl. X, Liv. I.)

PROBLÈME II.

Étant donnés un plan XY et deux points A, B, situés de côté et d'autre de ce plan, trouver, sur XY, un point M tel, que la différence des distances AM, BM soit un minimum.

Soit B' le point symétrique de B, par rapport à XY. Me- Fig. 281.
nons la droite AB' : le point M où elle perce le plan sera le point demandé. (Voyez Probl. XVI, Liv. I.)

PROBLÈME III.

Trouver, sur une droite donnée AB, un point tel, que la somme de ses distances aux deux faces VXY, XYZ d'un angle dièdre donné soit un minimum.

FIG. 282. Soient A, B les points où la droite AB perce les deux faces. Prenons, sur cette ligne, deux points quelconques M, M'; abaissons MP, M'P' perpendiculaires sur la première face VXY, et MQ, M'Q' perpendiculaires sur la seconde face XYZ : ces droites déterminent les projections APP', BQ'Q de AB. Enfin, menons MR parallèle à PP', et MS' parallèle à QQ'.

Afin de connaître laquelle est la plus grande des deux sommes MP + MQ, M'P' + M'Q, posons

$$MP + MQ \gtrless M'P' + M'Q'.$$

A cause de P'R = MP, et de QS = M'Q', cette relation se réduit à

$$MS \gtrless M'R.$$

Or, les deux triangles rectangles MRM', MSM' ont l'hypoténuse commune. Donc, d'après une propriété connue, suivant que l'angle aigu MM'S sera plus grand ou plus petit que l'angle aigu M'MR, on aura $MS > M'R$, ou $MS < M'R$.

D'un autre côté, les angles MM'S, M'MR sont égaux, respectivement, à MBQ, MAP. Donc, suivant que l'angle MBQ sera plus grand ou plus petit que l'angle MAP, on aura $MS \lessgtr M'R$, ou $MP + MQ \gtrless M'P' + M'Q'$.

Il résulte de cette discussion que *la somme* MP + MQ *est un minimum, quand le point* M *se confond avec la trace de la droite* AB *sur celui des deux plans* VXY, XYZ *qui fait le plus grand angle avec cette droite.* (Voyez Probl. XVI, Liv. I.)

PROBLÈME IV.

Couper un angle tétraèdre SABCD par un plan, de manière que la section *mnpq* soit un parallélogramme.

D'après un théorème connu, les deux plans BSC, ASD, passant par deux droites parallèles *nq*, *mq*, se coupent suivant une parallèle SF à ces droites. De même, l'intersection SE des deux autres faces de l'angle polyèdre est parallèle à *mn*, *pq*. Conséquemment, pour résoudre le problème proposé, il suffit de couper l'angle donné par un plan quelconque, parallèle à ESF. Fig. 285.

PROBLÈME V.

Couper par un plan un angle trièdre trirectangle SABC, de manière que la section MNP soit égale à un triangle donné.

Du sommet N, abaissons NN′ perpendiculaire au côté MP, et menons SN′ : cette droite, projection de NN′ sur le plan CSA, sera perpendiculaire à MP. En même temps, la droite NN′ sera, sur le plan MNP, la projection de l'arête indéfinie SB, attendu que le plan SNN′, évidemment perpendiculaire à la droite PM, est perpendiculaire à MNP. Fig. 286.

De même, les deux arêtes SA, SC ont pour projections, sur ce dernier plan, les perpendiculaires MM′, PP′, abaissées des sommets M, P sur les côtés opposés. En d'autres termes :

Si l'on coupe, par un plan quelconque, un angle trièdre trirectangle, les arêtes se projettent suivant les hauteurs du triangle déterminé par le plan ; et le sommet de l'angle trièdre a pour projection le point de rencontre des trois hauteurs.

Observons maintenant qu'il est bien facile de construire les trois triangles rectangles MSP, MSN, NSP ; car dans MSP, par exemple, on connaît l'hypoténuse MP, ainsi que le pied N' de la perpendiculaire abaissée du sommet S sur l'hypoténuse. Le problème peut donc être regardé comme résolu (*).

PROBLÈME VI.

Étant donné deux droites fixes X, Y et un angle dièdre D, que l'on fait tourner autour de son arête C, supposée fixe, prouver qu'il existe sur la première droite un point fixe A, et sur la seconde droite un point fixe B, tels que *a* et *b* étant les points où ces deux droites percent les faces de l'angle dièdre, dans une position quelconque, le rectangle des segments A*a*, B*b* soit constant.

Projetons toute la figure sur un plan P perpendiculaire à l'arête C. Cette arête aura pour projection un point fixe *c* ; l'angle dièdre sera projeté suivant un angle plan, de grandeur constante, mais mobile autour de son sommet *c* ; enfin le système des droites X, Y aura pour projection un angle fixe *xoy*. D'un autre côté, les segments de ces deux droites sont proportionnels aux segments interceptés sur les côtés de l'angle. Si donc le rectangle de ces derniers est constant, le rectangle des deux autres le sera aussi ; et ré-

(*) *Traité élémentaire de Géométrie descriptive*, Ire Partie, p. 80.

ciproquement. Or, d'après le Problème LXXX du Livre III, le premier rectangle est constant ; donc, etc.

PROBLÈME VII.

Quel est le lieu des points également distants de deux droites qui se coupent ?

Abaissons, d'un point quelconque M du lieu, les perpendiculaires MP, MQ aux deux droites données AB, AC ; abaissons aussi MM′ perpendiculaire au plan ABC ; enfin, menons PM′, QM′. Fig. 287.

D'après l'énoncé, les droites MP, MQ doivent être égales entre elles ; donc les deux triangles rectangles MM′P, MM′Q sont égaux, et M′P = M′Q.

Le point M doit donc être situé de manière que sa *projection* M′ sur le plan ABC soit également distante des deux côtés de l'angle ABC. Par conséquent, le lieu demandé se compose du système de deux plans, perpendiculaires au plan des deux droites données, et ayant pour traces, sur ce dernier plan, les bissectrices des angles formés par ces droites.

PROBLÈME VIII.

Quel est le lieu des points tels, que la différence des carrés des distances de chacun d'eux à deux points donnés A, B, soit égale à un carré donné m^2 ?

Si l'on se reporte au Problème LXVIII du Livre III, on verra que ce lieu est un plan perpendiculaire à la droite AB.

PROBLÈME IX.

On donne n droites OA, OA'... passant par un point O; et l'on demande sur quelle surface sont situés les points M tels, que si l'on abaisse, de chacun d'eux, les perpendiculaires MP, MP', MP''..., sur ces droites, la somme des rectangles construits sur les distances OP, OP', OP''..., et sur des longueurs données $b, b', b'',$... soit équivalente à un carré donné l^2.

Fig. 284. Prenons les distances OB, OB', OB''..., respectivement égales à $b, b', b'',$... ; et abaissons, sur OM, les perpendiculaires BC, B'C', B''C''.... Nous aurons, comme il est aisé de le voir,

$$OP.b = OM.OC, OP'.b' = OM.OC', OP''.b'' = OM.OC''...$$

La relation donnée deviendra donc

$$OM(OC + OC' + OC'' + ...) = l^2.$$

Soit I le centre des moyennes distances des points B, B', B''.... : sa distance à un plan XY, mené par le point O perpendiculairement à OM, sera (Th. XVI)

$$d = \frac{1}{n}(OC + OC' + ...).$$

Par suite, $OM.nd = l^2$.

Mais, si nous abaissons MR perpendiculaire à OI, nous aurons aussi

$$OM.d = OI.OR;$$

donc enfin $OR = \frac{l^2}{nOI}$.

Cette valeur exprime que *la projection de* OM *sur* OI *est constante;* ou que *la surface cherchée est un plan, perpendiculaire à la droite qui joint le point* O *au centre des points* B, B', B''....

PROBLÈME X.

On donne deux plans P, Q et un point A. Par ce point, on fait passer une droite arbitraire qui coupe les plans donnés en des points C, D; après quoi l'on construit le point B, conjugué harmonique du point A, relativement aux deux autres points. Quel est le lieu du point B?

Par le point donné A, imaginons un plan perpendiculaire aux deux plans donnés. Soient EF, EG les traces de ces derniers plans sur le plan auxiliaire; et soit C'AD'B' la projection de la droite CADB. Les segments de ces deux droites sont proportionnels entre eux ; donc le lieu du point B' est une droite EH, conjuguée harmonique de EA, relativement à l'angle FEG. Le lieu demandé est donc un plan R, perpendiculaire à celui de la figure, et ayant pour trace la droite EH. Fig. 287.

Remarque. Si les plans P, Q sont parallèles entre eux, le plan R leur est parallèle.

PROBLÈME XI.

Étant donnés un quadrilatère gauche ABCD et une droite EF qui partage proportionnellement les deux côtés opposés AD, BC de cette figure, trouver une droite GH qui partage proportionnellement les deux autres côtés AB, CD, et qui soit perpendiculaire à la première droite EF.

Première solution. La droite cherchée doit partager proportionnellement AB et CD ; donc elle est située dans un plan parallèle à AD et BC (Th. VII). De plus, cette ligne doit être perpendiculaire à EF ; elle est donc située aussi dans un plan perpendiculaire à EF. D'après cela, si l'on imagine, par un point quelconque de l'espace, un plan parallèle aux côtés AD, BC du quadrilatère, et un autre plan Fig. 288.

perpendiculaire à la droite EF, l'intersection de ces deux plans sera parallèle à la droite GH ; en sorte que, pour déterminer celle-ci, il suffira d'appliquer ce problème connu : *Trouver une droite parallèle à une droite donnée, et qui rencontre deux droites données* (*).

Seconde solution. Sur les deux côtés consécutifs AD, DC, construisons le parallélogramme ADCI, et menons BI. La droite donnée EF est parallèle au plan AIB ; de même, la droite cherchée GH sera parallèle au plan CIB. Soit AL parallèle à EF, et soit CM parallèle à GH : AEFL et CMGH sont des parallélogrammes. De plus, les droites CM, AL doivent être perpendiculaires entre elles, comme étant respectivement parallèles à des droites perpendiculaires entre elles. Il ne s'agit donc plus, pour déterminer CM, que de résoudre ce problème : *Mener, dans un plan donné* CIB, *et par un point* C *de ce plan, une droite* CM *qui soit perpendiculaire à une droite donnée* AL, *située dans un plan donné* AIB.

Or, si l'on abaisse CP perpendiculaire au plan AIB, que du pied P de cette droite, on mène PQM perpendiculaire à AL; qu'enfin on joigne le point M, où cette perpendiculaire rencontre l'intersection BI des deux plans, avec le point donné C, on aura la droite cherchée CM.

Remarque. A chaque position de la droite EF correspond une position de la droite GH ; en sorte que si la droite EF se meut, en restant parallèle au *plan directeur* AIB, la droite GH se meut pareillement, et que le point O, où ces deux droites se coupent, décrit un certain lieu géométrique. Ce lieu n'est pas *rectiligne*; mais nous allons prouver, dans le problème suivant, qu'il est *plan*.

(*) *Traité élémentaire de Géométrie descriptive*, Première Partie, p. 30.

PROBLÈME XII.

Une droite EF s'appuie sur les deux côtés opposés AD, BC d'un quadrilatère gauche, en restant parallèle à l'un des deux plans directeurs. Une seconde droite GH s'appuie sur les deux autres côtés opposés AB, CD, en restant parallèle au second plan directeur. De plus, ces deux droites sont constamment perpendiculaires entre elles. De quelle nature est la ligne décrite par leur point d'intersection?

Si nous considérons diverses positions EF, E'F'..., GH, G'H'... des deux droites mobiles, nous obtiendrons une infinité de quadrilatères gauches, tels que OTO'S, dans chacun desquels *deux angles opposés sont droits*. Il est clair que chacune de ces figures pourrait tenir lieu du quadrilatère donné. Nous pouvons donc, pour plus de simplicité, et sans rien ôter à la généralité de la solution, supposer que celui-ci a deux angles droits, en B et en D. FIG. 289.

Soit ABCD un pareil quadrilatère. Si nous menons la diagonale AC, et que nous joignions le milieu K de cette droite aux deux sommets B, D, les quatre distances AK, BK, CK, DK seront égales entre elles, comme rayons de deux demi-cercles égaux. FIG. 290.

De même, si EF et GH sont deux positions correspondantes des droites mobiles, en sorte que l'angle O soit droit, les quatre points B, F, O, G seront également distants du milieu K' de GF.

Construisons, comme dans le Problème précédent, le parallélogramme ADCI : ses diagonales se coupent en leur milieu commun U; donc, par ce qui précède, DU=UB=UI; donc l'angle DBU est droit. FIG. 291.

De même, si nous construisons le parallélogramme EDHR, et que nous menions OR et DO, l'angle DOR sera droit. Mais les droites OR, BI sont parallèles, comme étant les intersections de plans respectivement parallèles ; donc la droite DO est située dans un plan perpendiculaire à BI, qui coupe le plan DBI suivant DB. Donc le lieu du point O est plan.

Remarque. Les lecteurs à qui les *Surfaces du second ordre* sont familières reconnaîtront que la propriété indiquée dans le problème précédent peut être énoncée en ces termes : *Dans tout paraboloïde hyperbolique, le lieu des intersections de deux génératrices perpendiculaires entre elles est une hyperbole dont le plan est perpendiculaire aux deux plans directeurs.*

PROBLÈME XIII.

Étant donné deux points fixes **A**, **B**, et deux plans fixes **VY**, **XZ**, on prend dans l'espace un point quelconque M ; on mène la droite AM ; on joint le point P, où elle perce le plan VY, avec le point B, par la droite P*p*B, laquelle perce le plan **XZ** au point *p;* enfin on trace les droites BM, A*p;* et l'on obtient ainsi un quadrilatère plan MP*pm*. Si le sommet M de ce quadrilatère décrit une droite CD, quel sera le lieu décrit par le sommet *m?*

Convenons, pour abréger, d'appeler *points homologues*
FIG. 292. les points M, *m*. Alors P, *p* seront des points homologues ; et si C est la trace de la droite CD sur le plan VY, et que *c* soit la trace de BC sur le plan XZ, les points C, *c* seront encore des points homologues.

Cela posé, si nous considérons l'angle trièdre dont les arêtes sont BM, BC, BP, et que nous le coupions par le plan *mcp*, les points de concours des côtés homologues, dans les deux triangles MCP, *mcp*, doivent appartenir à une même droite, intersection des plans de ces triangles. Or, les côtés MP, *mp* concourent en A; les côtés CP, *cp* concourent en un point E, évidemment situé sur l'intersection XY des deux plans donnés; donc le point de concours F des deux côtés CM, *cm* est l'intersection de la droite AE avec la droite donnée CD. Par conséquent, le lieu du point *m* est la droite *c*F, laquelle est alors l'*homologue* de CD.

Remarques. I. On vient de voir que la trace C de la droite CD, sur le plan VY, a pour point homologue la trace *c* de la droite *c*F sur le plan XZ. On verra, de même, que le point où la première droite perce le plan XZ a pour homologue le point où la seconde droite rencontre le plan VY.

II. Si une droite est parallèle à l'un des plans fixes, son homologue est parallèle à l'autre plan.

III. Si une droite est parallèle à l'intersection des plans fixes, son homologue est parallèle à cette intersection.

IV. Si la première droite est située dans le plan VY, son homologue sera située sur le second plan.

V. Les homologues de droites concourantes sont aussi des droites concourantes.

VI. Les homologues de droites parallèles sont, en général, des droites concourantes. Leur *point de concours* F s'obtient en menant, par les points A et B, des parallèles AP, BF à la direction donnée, en joignant la trace P de la première au point B, et en joignant la trace *p* de cette dernière droite au point A par la droite A*p*, que l'on prolonge jusqu'à sa rencontre avec BF. Fig. 293.

VII. Supposons qu'une droite D s'appuie sur une droite D',

en restant parallèle à une direction donnée ; alors l'homologue d de D rencontre l'homologue d' de D', et passe constamment par un point fixe : cette droite d engendre donc un plan. Par conséquent, l'*homologue de toute figure plane est une autre figure plane.*

VIII. Le problème que nous venons de résoudre, et dont nous venons d'indiquer quelques conséquences, est une nouvelle application du principe de la *transformation des figures.*

LIVRE VI.

THÉORÈME I.

Tout plan GFHE, mené par les milieux E, B de deux arêtes opposées AB, CD d'un tétraèdre ABCD, partage ce corps en deux parties équivalentes EGFBHCA, EGFBHD.

Le premier polyèdre EGFHCA se compose d'une pyramide quadrangulaire EGFHC et d'un tétraèdre AECH. De même, EGHFBD se compose d'une pyramide quadrangulaire EGFHD et d'un tétraèdre EBGD. Fig. 294.

Les deux pyramides quadrangulaires ont même base EGFH. De plus, à cause de FC=FD, leurs sommets C, D sont également distants de cette base ; donc elles sont équivalentes. Il reste à comparer les deux tétraèdres AECH, EBGD.

Si nous prenons pour base de ces tétraèdres les triangles AEC, EBG, nous aurons, évidemment,

$$\frac{AECH}{EBGD}=\frac{AEC}{EBG}\cdot\frac{AH}{AD}.$$

Les deux triangles AEC, EBG ont leurs bases AE, EB en ligne droite ; leurs hauteurs sont donc proportionnelles à BC et BG ; ainsi, à cause de AE=EB,

$$\frac{AEC}{EBG}=\frac{BC}{BG};$$

d'où

$$\frac{AECH}{EBGD}=\frac{BC}{BG}\cdot\frac{AH}{AD}.$$

Actuellement, la figure ABCD est un quadrilatère gauche,

dans lequel les côtés opposés AB, BC sont coupés proportionnellement. Donc le plan EGFH doit partager en parties proportionnelles les deux autres côtés BC, AD (V. Th. VII). Ainsi,

$$\frac{BG}{GC} = \frac{AH}{AD},$$

ou

$$\frac{BC}{BG} = \frac{AD}{AH}, \text{ etc.}$$

THÉORÈME II.

Dans un parallélipipède quelconque, le produit de l'aire d'une face par la hauteur correspondante est constant.

Fig. 295. Remarquons d'abord que ce théorème est vrai, sans quoi un même parallélipipède aurait, à la fois, *plusieurs volumes différents*. Il s'agit donc, ici, d'une simple *vérification*.

Par un sommet quelconque E du parallélipipède, menons un plan perpendiculaire à l'arête EH, et soit EMNP la section faite, par ce plan, dans les faces EG, GB, BD, DE. Si, du même sommet E, nous abaissons EI, EK perpendiculaires sur PN, MN, ces droites seront perpendiculaires aux faces BD, BG.

En effet, le plan EMNP est perpendiculaire à l'arête EH; donc il est perpendiculaire à la face EG et, par suite, perpendiculaire à la face BD ; donc la droite EI, menée dans EMNP perpendiculairement à l'intersection PN, est perpendiculaire à la face BD.

On verra, de la même manière, que EK est perpendiculaire à BG.

Actuellement, les parallélogrammes BD, BG ont pour

mesures, respectivement, BC.PN et BC.MN ; en sorte que l'égalité à démontrer est

$$BC.PN.EI = BC.MN.EK,$$

ou

$$PN.EI = MN.EK.$$

Or, dans les deux triangles EPI, EMK, les angles P, M sont égaux comme angles opposés d'un parallélogramme ; donc les deux triangles sont semblables, et l'on a

$$\frac{EP}{EM} = \frac{EI}{EK}, \text{ etc.}$$

THÉORÈME III.

Si une surface polyédrale convexe est terminée par une ligne brisée, dont les côtés soient ou ne soient pas dans un même plan, le nombre des faces, plus le nombre des sommets, égale le nombre des arêtes plus 1.

Désignons par F le nombre des faces, par S le nombre des sommets, par A celui des arêtes. Il s'agit de faire voir que

$$F + S = A + 1.$$

Cette formule est vraie dans le cas de $F = 1$; car alors $S = A$. Admettons donc qu'elle ait été vérifiée dans le cas de F faces, et démontrons qu'elle subsiste pour $F + 1$ faces.

Soit ABC... la ligne brisée qui termine la surface. Construisons, sur le côté AB, une nouvelle face, composée de n sommets et de n côtés. Si cette face a m côtés communs avec ABCD..., elle aura $m + 1$ sommets communs avec cette même ligne ; car on suppose que le nouveau polygone ne ferme pas complétement la surface, et qu'il laisse une seule ouverture. De cette manière, les nombres F, S, A deviendront, respectivement, $F' = F + 1$, $S' = S + n - (m + 1)$, $A' = A + n - m$; d'où, à cause de la formule ci-dessus, Fig. 296.

$$F' + S' = A' + 1.$$

THÉORÈME IV.

Dans tout polyèdre convexe, le nombre F des faces, plus le nombre S des sommets, égale le nombre des arêtes plus 2, c'est-à-dire que

$$F+S=A+2.$$

Enlevons une face du polyèdre ; nous aurons une surface polyédrale ouverte, terminée à une ligne brisée, et dans laquelle les nombres de faces, de sommets et d'arêtes seront, respectivement, $F-1$, S, A ; donc, d'après la proposition précédente, $F-1+S=A+1$; etc.

Ce théorème remarquable, dû à Euler, a un grand nombre de conséquences, parmi lesquelles nous indiquerons les suivantes.

THÉORÈME V.

Dans tout polyèdre convexe : 1° les faces d'un nombre impair de côtés sont toujours en nombre pair; 2° les sommets auxquels aboutissent un nombre impair d'arêtes sont toujours en nombre pair.

Soient, respectivement, a, b, c, d,... les nombres de faces triangulaires, quadrangulaires, pentagonales, etc. ; représentons de même par α, β, γ, δ,... les nombres d'angles trièdres, tétraèdres, pentaèdres...., de manière que

$$F=a+b+c+d+\ldots$$
$$S=\alpha+\beta+\gamma+\delta+\ldots$$

Chaque arête appartient à deux faces, et aboutit à deux sommets ; si donc nous comptons, soit le nombre des côtés de toutes les faces, soit le nombre des arêtes de tous les angles polyèdres, nous aurons le double 2A du nombre des arêtes. Ainsi

$$2A=3a+4b+5c+6d+7e+\ldots,$$
$$2A=3\alpha+4\beta+5\gamma+6\delta+7\varepsilon+\ldots$$

Or, ces deux dernières égalités exigent évidemment que $a+c+e+\ldots$ et $\alpha+\gamma+\varepsilon+\ldots$ soient des nombres pairs.

THÉORÈME VI.

Dans tout polyèdre convexe de F faces, le nombre S des sommets et le nombre A des arêtes satisfont aux conditions

$$S \overline{\overline{<}} 2(F-2), \quad A \overline{\overline{<}} 3(F-2),$$
$$S \overline{\overline{>}} \tfrac{1}{2}F+2, \quad A \overline{\overline{>}} \tfrac{1}{2}F.$$

Les valeurs de F, S et 2 A, écrites plus haut, donnent

$$2A-3F=b+2c+3d+\ldots,$$
$$2A-3S=\beta+2\gamma+3\delta+\ldots;$$

donc : 1°, $$A \overline{\overline{>}} \tfrac{3}{2}F;$$

et $$A \overline{\overline{<}} \tfrac{3}{2}S.$$

Cette dernière relation devient, par le théorème d'Euler,

$$A \overline{\overline{>}} \tfrac{3}{2}(A+2-F);$$

ou : 2°, $$A \overline{\overline{<}} 3(F-2).$$

Remplaçant A par F + S — 2, on obtient les deux autres conditions.

Remarque. Il est facile de construire des polyèdres dans lesquels le nombre des sommets soit, d'après les relations précédentes, le plus grand ou le plus petit possible. En effet :

I. Dans un prisme ayant F faces, le nombre des côtés

de la base est $F-2$; donc le nombre S des sommets du polyèdre est $2(F-2)$.

II. Considérons un polyèdre formé de deux pyramides ayant une base commune. Si le nombre des côtés de cette base est n, on aura, en supposant que deux faces adjacentes quelconques ne soient pas dans un même plan,

$$F=2n,\quad S=n+2\,;$$

donc
$$S=\tfrac{1}{2}F+2.$$

Et si les deux pyramides ont deux faces dans un même plan,

$$F=2n-1,\quad S=n+2\,;$$

ou
$$S=\tfrac{1}{2}(F+1)+2.$$

THÉORÈME VII.

Dans tout polyèdre convexe, le nombre des faces triangulaires, augmenté du nombre des angles trièdres, donne une somme qui ne peut être inférieure à 8.

D'après les valeurs de F, de S et de A, l'équation $F+S=A+2$ donne

$$2(a+b+c+d+e+\ldots)+2(\alpha+\beta+\gamma+\delta+\ldots)=4+3a+4b+5c+6d+\ldots,$$
$$2(a+b+c+d+e+\ldots)+2(\alpha+\beta+\gamma+\delta+\ldots)=4+3\alpha+4\beta+5\gamma+6\delta+\ldots;$$

ou

$$2(\alpha+\beta+\gamma+\delta+\ldots)-(a+2b+3c+4d+\ldots)=4, \qquad (1)$$
$$2(a+b+c+d+\ldots)-(\alpha+2\beta+3\gamma+4\delta+\ldots)=4. \qquad (2)$$

Ajoutons membre à membre ces deux égalités ; nous obtiendrons

$$(a+\alpha)-(c+\gamma)-2(d+\delta)-(e+\varepsilon)-\ldots=8\,; \qquad (3)$$

d'où
$$a+\alpha \geqq 8.$$

Remarques. I. *Tout polyèdre convexe a des faces triangulaires ou des angles trièdres.*

II. L'équation (3) exprime que, *dans tout polyèdre convexe, la somme du nombre des faces triangulaires et du nombre des angles trièdres est égale à 8, plus la somme du nombre des faces pentagonales et du nombre des angles pentaèdres, plus deux fois la somme du nombre des faces hexagonales et du nombre des angles hexaèdres,* etc.

THÉORÈME VIII.

1° Tout polyèdre convexe a des faces triangulaires, ou quadrangulaires, ou pentagonales; 2° tout polyèdre convexe a des angles trièdres, ou tétraèdres, ou pentaèdres.

Entre les équations (1) et (2), éliminons, successivement, α et a; nous obtiendrons :

$$3a+2b+c-e-2f-\ldots-2\beta-4\gamma-\ldots=12, \qquad (4)$$
$$3\alpha+2\beta+\gamma-\varepsilon-2\varphi-\ldots-2b-4c-\ldots=12. \qquad (5)$$

Or, les relations (4) et (5) exigent que $3a+2b+c$ et $3\alpha+2\beta+\gamma$ soient des nombres égaux ou supérieurs à 12; donc, etc.

Remarques. I. A l'inspection de l'équation (4), on reconnaît que :

1° *Si la surface d'un polyèdre est formée seulement de triangles, ou si elle est formée de triangles et d'hexagones, le nombre des triangles sera égal ou supérieur à 4;*

2° *Si la surface d'un polyèdre est formée seulement de quadrilatères, ou si elle est formée de quadrilatères et d'hexagones, le nombre des quadrilatères sera égal ou supérieur à 6;*

3° *Si la surface d'un polyèdre est formée seulement de pentagones, ou si elle est formée de pentagones et d'hexagones, le nombre des pentagones sera égal ou supérieur à* 1.

II. L'équation (5) conduit à des conséquences analogues.

III. Supposons $a=o$, $b=o$, $e=o$, $f=o\ldots$, $\beta=o$, $\gamma=o\ldots$; alors l'équation (4) devient $c=12$. C'est-à-dire que *si un polyèdre a seulement des angles trièdres, et que ses faces soient des pentagones et des hexagones, le nombre des pentagones sera égal à* 12.

IV. L'équation (5) prouve pareillement que *si un polyèdre a toutes ses faces triangulaires, et que ses angles soient en partie pentaèdres, en partie hexaèdres, le nombre des pentaèdres sera égal à* 12 (*).

THÉORÈME IX.

La somme des angles plans d'un polyèdre convexe est égale à autant de fois 4 droits que le polyèdre a de sommets moins deux.

Représentons par P cette somme, et conservons les notations précédentes; nous aurons, en prenant l'angle droit pour unité,

$$P=2a(3-2)+2b(4-2)+2c(5-2)+2d(6-2)+\ldots,$$

ou

$$P=2(3a+4b+5c+6d+\ldots)-4(a+b+c+d+\ldots),$$

ou encore $$P=4A-4F.$$

Mais $$A-F=S-2;$$

donc $$P=4(S-2).$$

(*) *Géométrie de Legendre*, 12° édition, page 308.

THÉORÈME X.

Dans tout polyèdre convexe, la somme des angles polyèdres est équivalente à l'excès de la somme des angles dièdres sur autant de fois 2 dièdres droits que le polyèdre a de faces moins deux (*).

D'après un théorème connu, chacun des angles trièdres du polyèdre est équivalent à l'excès de la *demi-somme* de ses angles dièdres sur 1 dièdre droit. De même, chaque angle tétraèdre est équivalent à l'excès de la demi-somme de ses angles dièdres sur 2 dièdres droits, et ainsi de suite. D'ailleurs, chaque angle dièdre du polyèdre appartient à deux angles polyèdres. Si donc nous prenons l'angle dièdre droit pour unité, la somme de tous les angles polyèdres sera égale à l'excès de la somme des angles dièdres sur la quantité

$$\alpha(3-2)+\beta(4-2)+\gamma(5-2)+\ldots$$

Or, cette quantité est égale à $2A-2S$; ou, par le théorème d'Euler, égale à $2(F-2)$.

THÉORÈME XI.

Si une surface polyédrale convexe présente une seule ouverture, ayant m côtés non situés dans un même plan, on pourra toujours fermer cette ouverture au moyen d'une surface polyédrale ayant au plus $m-2$ faces, de manière à obtenir un polyèdre convexe fermé de toutes parts.

Soit ABCDEF le contour brisé qui termine la surface convexe. On pourra toujours faire passer un plan qui contienne au moins trois des sommets A, B, C, D, E, F, et qui laisse d'un même côté les autres sommets et la surface

(*) On doit à M. *Meyer* cet intéressant Théorème. (Voyez *Bulletin de l'Académie de Belgique*, tome XV, page 268.)

polyédrale. Soit, pour fixer les idées, AEC la face ainsi obtenue. Par les sommets A, C, faisons passer un plan qui laisse encore d'un même côté tous les sommets de la surface, et supposons que ce plan tourne jusqu'à ce qu'il rencontre un nouveau sommet, B par exemple ; ACB sera une nouvelle face. En continuant de la sorte, nous obtiendrons une série de faces planes, dont l'ensemble fermera l'ouverture ABCDEF. Le nombre de ces faces sera le plus grand possible quand elles seront triangulaires et qu'elles auront un sommet commun A ; mais alors ce nombre sera évidemment $m-2$. De plus, le polyèdre résultant sera convexe ; car si le plan EDC, par exemple, coupait la surface polyédrale proposée, le côté CD, prolongé, devrait aussi couper cette surface, laquelle ne serait pas convexe, contrairement à l'hypothèse.

THÉORÈME XII.

Si la surface d'un polyèdre convexe est partagée en P parties séparées les unes des autres par A arêtes formant R réseaux isolés, et que S soit le nombre des sommets situés sur ces arêtes, on aura

$$P+S=A+R+1 \quad (*).$$

Considérons d'abord le cas où les A arêtes sont liées entre elles, de manière à ne former qu'un seul réseau.

L'égalité $P+S=A+2$ est évidente si la surface totale du polyèdre est décomposée en deux parties seulement, par une succession d'arêtes formant un circuit fermé. Car alors $P=2$, $S=A$. Subdivisons l'une de ces parties en deux autres, au moyen d'une ligne de séparation formée par des

(*) Cette ingénieuse généralisation du théorème d'Euler a été donnée par M. Thibault. (Voyez les *Nouvelles Annales*, t. II.)

arêtes consécutives, et terminée à deux sommets déjà considérés. Alors P augmente d'une unité ; mais, en même temps, l'augmentation de A surpasse d'une unité l'augmentation de S ; d'où il résulte que $P+S-A$ ne change pas. La même conclusion subsistant pour chacune des subdivisions nouvelles qu'on peut effectuer, la première partie du théorème est démontrée.

Admettons maintenant que les A arêtes ne soient pas toutes liées entre elles, de sorte que leur ensemble constitue R réseaux isolés les uns des autres.

Lions entre eux, par une succession d'arêtes intermédiaires, deux réseaux consécutifs, et considérons le nouvel ensemble composé d'un réseau de moins.

P n'a pas changé, mais l'augmentation de A surpasse d'une unité l'augmentation de S ; ainsi $P+S-A$ diminuera d'une unité. En diminuant ainsi successivement d'une unité le nombre des réseaux, on aura, à la fin, diminué $P+S-A$ de $R-1$ unités ; mais alors toutes les arêtes seront liées entre elles, et l'on aura $P+S-A-(R-1)=2$, ou $P+S=A+R+1$. Le théorème est donc démontré.

THÉORÈME XIII.

Deux polyèdres convexes P, P′ sont égaux lorsqu'ils ont toutes leurs faces égales chacune à chacune, et semblablement disposées.

Pour démontrer que les deux polyèdres sont égaux, il suffit de faire voir que chaque angle polyèdre du premier a son égal dans le second. Si cela n'a pas lieu, c'est que les angles polyèdres de P seront, en tout ou en partie, différents des angles polyèdres de P′. Ce second cas peut facilement être ramené au premier.

En effet, soit SABCDE un angle polyèdre de P, lequel a son égal dans le polyèdre P'. Si nous enlevons cet angle S, et que nous fermions l'ouverture ABCDE par une surface polyédrale convexe (Th. XI), nous remplacerons le polyèdre P par un polyèdre Q, ayant moins de faces, moins de sommets et moins d'arêtes que n'en avait le polyèdre P. Nous pourrons de même supprimer dans P' l'angle polyèdre S' égal à S, et nous formerons un polyèdre Q' dont toutes les faces seront égales à celles du polyèdre Q. En continuant de la sorte, nous arriverons nécessairement (puisque les polyèdres P, P' sont supposés inégaux) à deux derniers polyèdres convexes T, T' ayant toutes leurs faces égales chacune à chacune, et tels, qu'aucun angle polyèdre du premier n'aura son égal dans le second. Le second cas que nous ayons à examiner sera ainsi réduit au premier.

Admettons donc, s'il est possible, que chacun des angles polyèdres de P soit différent de l'angle correspondant du polyèdre P'. Regardons ce dernier polyèdre comme une transformation du polyèdre P, et, dans cette hypothèse, mettons le signe + sur l'arête de chaque dièdre qui a augmenté, et le signe — sur l'arête de chaque dièdre qui a diminué. D'après le Théorème XX du Livre V, le nombre N des changements de signes obtenus en faisant le tour de chacun des angles polyèdres de P, et le nombre S des sommets de P, vérifient la relation

$$N \geqq 4S.$$

Observons maintenant que deux arêtes consécutives d'un angle polyèdre appartiennent toujours à une même face de P, et n'appartiennent qu'à cette face; donc le nombre N doit être égal au nombre total des variations de signes obtenues en faisant successivement le tour de chacune des faces du polyèdre P.

Or, pour chaque face triangulaire, le nombre des variations de signes est, au plus, égal à 2.

Pour chaque face quadrangulaire, le nombre des variations de signes est, au plus, égal à 4.

En général, si le nombre des côtés d'une face est pair et égal à $2n$, le nombre des variations de signes obtenues en faisant le tour de cette face sera, au plus, $2n$; et si le nombre des côtés d'une face est impair et égal à $2n+1$, le nombre des variations de signes ne surpassera pas $2n$.

Cela posé, soient a le nombre des faces triangulaires, b le nombre des faces quadrangulaires, etc, ; nous aurons

$$N \overline{\lessgtr} 2a+4b+4c+6d+6e+8f+8g+\ldots$$

D'ailleurs, $2A=3a+4b+5c+6d+7e+\ldots,$

$$F=a+b+c+\ldots;$$

d'où $4A-4F=2a+4b+6c+8d+10e+\ldots$

Mais, par le théorème d'Euler, $S+F=A+2$; donc

$$4S=8+2a+4b+6c+8d+10e+\ldots;$$

et, à cause de l'inégalité ci-dessus,

$$N \overline{\lessgtr} 4S-8.$$

Or, nous avons trouvé $N \overline{\gtrless} 4S$, Par conséquent, le nombre N serait inférieur à $4S-8$ et supérieur à $4S$; ce qui est absurde. Donc il n'est pas possible que les deux polyèdres convexes P, P′, qui ont toutes leurs faces égales chacune à chacune, n'aient pas en même temps tous leurs angles polyèdres égaux chacun à chacun. Donc ces deux polyèdres sont égaux.

THÉORÈME XIV.

1° Dans tout tétraèdre, les droites menées des sommets aux centres des moyennes distances des faces opposées, se coupent toutes les quatre en un même point, centre des moyennes distances des sommets du tétraèdre. Ce point est situé aux trois quarts de chaque droite, à partir du sommet d'où elle est menée.

2° Dans tout tétraèdre, les droites qui joignent les milieux des arêtes opposées se coupent mutuellement en deux parties égales, au centre des moyennes distances des quatre sommets du tétraèdre.

Ces deux théorèmes résultent immédiatement des propriétés du centre des moyennes distances, énoncées dans le Livre V. Ajoutons que la démonstration *directe* serait fort simple.

THÉORÈME XV.

Les droites qui joignent les sommets homologues de deux polyèdres semblables et semblablement placés, se coupent en un même point.

(Voyez Th. V, Liv. III.)

THÉORÈME XVI.

Les centres de similitude de trois polyèdres semblables et semblablement placés sont en ligne droite.

(Voyez Th. VII, Liv. III.)

THÉORÈME XVII.

Les six centres de similitude de quatre polyèdres P, P', P'', P''', semblables et semblablement placés, sont dans un même plan.

D'après le théorème précédent, les quatre polyèdres, considérés trois à trois, ont *quatre* axes de similitude, lesquels contiennent chacun *trois* des six centres de similitude. De plus, chaque centre de similitude est à la fois sur deux axes : par exemple, le centre de similitude des polyèdres P′, P″ est situé sur l'axe des polyèdres P, P′, P″, et aussi sur l'axe des polyèdres P, P″, P‴. Donc les quatre axes et, par suite, les six centres, sont dans un même plan, nommé *plan de similitude*.

THÉORÈME XVIII.

Dans tout tétraèdre, le plan bissecteur de chaque angle dièdre partage l'arête opposée en deux segments proportionnels aux aires des faces adjacentes.

Considérons le plan AED, qui divise en deux parties égales l'angle dièdre dont l'arête est AD. Il s'agit de démontrer que Fig. 297.

$$\frac{BE}{CE}=\frac{ABD}{ACD}.$$

Projetons la figure sur un plan quelconque, perpendiculaire à AD. Cette droite aura pour projection un point I ; et les plans ABD, AED, ACD, étant perpendiculaires au plan de projection, auront pour traces des droites IB′, IE′, IC′ telles, que IE′ *sera la bissectrice de l'angle formé par* IB *et* IC′. Enfin la droite BEC se projettera suivant une droite B′E′C′.

Cela posé, on a, dans le triangle B′IC′,

$$\frac{B'E'}{C'E'}=\frac{IB'}{IC'}.$$

Mais il est facile de voir que B′E′, C′E′ sont proportionnelles à BE, CE ; et que B′I, C′I sont égales, respectivement, aux perpendiculaires abaissées des points B, C sur AD, base commune des triangles ABD, ACD. La proportion précédente revient donc à celle qu'il s'agissait de démontrer.

PROBLÈME I.

Déterminer la hauteur d'un tétraèdre dont les arêtes sont données.

FIG. 298. Soit SABC un tétraèdre, dans lequel nous prendrons ABC pour base, et SP pour hauteur correspondante. Du point P, projection du sommet S, abaissons PD perpendiculaire sur BC, puis menons SD : cette dernière droite sera perpendiculaire à BC.

Supposons maintenant que nous fassions tourner la face SB autour de BC, jusqu'à ce qu'elle vienne se rabattre dans le plan ABC. Dans ce mouvement, la droite DS n'aura pas cessé d'être perpendiculaire à BC ; donc, lorsque les plans des deux faces coïncideront, cette droite DS viendra en DS′ sur le prolongement de PD. Ainsi, quand on fait tourner une des faces du tétraèdre autour du côté commun à cette face et à la base, jusqu'à ce qu'elle vienne coïncider avec le plan de la base, le rabattement du sommet et le pied de la hauteur du tétraèdre, sont situés sur une même perpendiculaire à l'axe de rotation.

FIG. 299. Soit actuellement, en vraie grandeur, ABC la base du tétraèdre, et soient BCS′, ACS″, ABS‴ les rabattements des trois autres faces. Nous aurons

$$AS''=AS''', \quad BS'=BS''', \quad CS'=CS''.$$

Si, des points S′, S″, S‴, nous abaissons des perpendiculaires sur les côtés correspondants, ces trois droites devront se couper en un même point P, projection du sommet inconnu. En outre, la hauteur SP est un côté de l'angle droit du triangle APS, dans lequel AS=AS″ est l'hypoténuse. Si donc nous décrivons une demi-circonférence sur AS″ comme diamètre; si, du point A comme centre, nous traçons l'arc PD; et si nous menons S″D, cette droite sera égale à la hauteur du tétraèdre.

Lorsque les arêtes seront données en nombres, on pourra calculer, d'après cette construction, l'expression de la hauteur du tétraèdre, et ensuite déterminer le volume de ce corps; mais cette méthode est moins simple que la suivante.

PROBLÈME II.

Calculer, en fonction des arêtes, le volume d'un tétraèdre.

Considérons d'abord le cas où les arêtes SA, SB, SC seraient égales entre elles. Alors le point P, projection du sommet S, est évidemment le centre du cercle circonscrit au triangle ABC; et la droite AP est le rayon R de ce cercle. Si donc nous représentons par α, β, γ les côtés BC, AC, AB de la base, par δ la longueur commune des arêtes, par h la hauteur du tétraèdre, et par A l'aire de sa base, nous aurons Fig. 298.

$$A=\frac{1}{4}\sqrt{(\alpha+\beta+\gamma)(\alpha+\beta-\gamma)(\alpha+\gamma-\beta)(\beta+\gamma-\alpha)},$$

$$R=\frac{\alpha\beta\gamma}{4A},\quad h^2=\delta^2-R^2.$$

Le volume v sera ensuite donné par la formule $V=\frac{1}{3}Ah$; d'où, en faisant la substitution indiquée,

$$v=\frac{1}{12}\sqrt{(\alpha+\beta+\gamma)(\alpha+\beta-\gamma)(\alpha+\gamma-\beta)(\beta+\gamma-\alpha)\delta^2-\alpha^2\beta^2\gamma^2}.\ (A)$$

Soit actuellement un tétraèdre quelconque SABC; désignons par a, b, c les trois côtés de la face ABC, et par a', b', c' les arêtes SA, SB, SC, respectivement opposées à Fig. 300.

ces côtés. Si nous prenons les distances SA′, SB′, SC′ égales à une longueur quelconque δ, nous formerons un tétraèdre SA′B′C′ dont le volume sera donné par la formule précédente. D'ailleurs, ces deux tétraèdres, ayant un angle trièdre commun, sont entre eux comme les produits des arêtes qui comprennent cet angle ; de telle sorte que si nous appelons V le volume cherché, nous aurons $V=\frac{a'b'c'}{\delta^3}$; et il ne s'agira plus que d'exprimer, en fonction des données et de δ, les arêtes α, β, γ.

FIG. 301. Pour cela, considérons le triangle ABS et le triangle isocèle A′B′S, qui ont un angle commun S. Abaissons, des sommets B, B′, les perpendiculaires BD, B′D′ sur le côté AS. Nous aurons, à cause des triangles semblables,

$$\frac{SD}{SD'}=\frac{SB}{SB'}=\frac{b'}{\delta};$$

puis, dans les triangles SA′B′, SAB :

$$\gamma^2=2\delta^2-2\delta.SD', \quad c^2=a'^2+b'^2-2a'.SD.$$

Ces deux équations donnent

$$\frac{SD}{SD'}=\frac{a'^2+b'^2-c^2}{2\delta^2-\gamma^2}\cdot\frac{\delta}{a'}.$$

Donc
$$\frac{a'^2+b'^2-c^2}{2\delta^2-\gamma^2}\cdot\frac{\delta}{a'}=\frac{b'}{\delta};$$

d'où
$$\gamma^2=\delta^2\frac{(c+a'-b')(c-a'+b')}{a'b'}.$$

Une *permutation tournante* donne ensuite

$$\alpha^2=\delta^2\frac{(a+b'-c')(a-b'+c')}{b'c'},$$

$$\beta^2=\delta^2\frac{(b+c'-a')(b-c'+a')}{c'a'}.$$

Observons maintenant que le produit

$$P=(\alpha+\beta+\gamma)(\alpha+\beta-\gamma)(\alpha+\gamma-\beta)(\beta+\gamma-\alpha)$$

devient, étant développé,

$$-\alpha^4-\beta^4-\gamma^4+2\alpha^2\beta^2+2\beta^2\gamma^2+2\gamma^2\alpha^2.$$

Par conséquent, si, pour abréger, nous posons

$$(a+b'-c')(a-b'+c')=m^2,$$
$$(b+c'-a')(b-c'+a')=n^2,$$
$$(c+a'-b')(c-a'+b')=p^2,$$

nous obtiendrons d'abord

$$P=\frac{\delta^4}{a'^2b'^2c'^2}[-a'^2m^4-b'^2n^4-c'^2p^4+2a'b'm^2n^2+2b'c'n^2p^2+2c'a'p^2m^2];$$

puis

$$v=\frac{\delta^3}{12a'b'c'}\sqrt{-a'^2m^4-b'^2n^4-c'^2p^4+2a'b'm^2n^2+2b'c'n^2p^2+2c'a'p^2m^2-m^2n^2p^2};$$

et ensuite

$$V=\frac{1}{12}\sqrt{-a'^2m^4-b'^2n^4-c'^2p^4+2a'b'm^2n^2+2b'c'n^2p^2+2c'a'p^2m^2-m^2n^2p^2}.$$

La quantité placée sous lè radical peut être décomposée de cette manière :

$$-(a'm^2-b'n^2)^2-p^2(m^2-2b'c')(n^2-2a'c')+2a'b'c'^2p^2-c'^2p^2(p^2-2a'b').$$

Conséquemment, si l'on pose

$$m^2-2b'c'=m'^2,$$
$$n^2-2c'a'=n'^2,$$
$$p^2-2a'b'=p'^2,$$

on aura, au lieu de cette même quantité,

$$-(a'm'^2-b'm'^2)^2-(p'^2+2a'b')m'^2n'^2+2a'b'c'^2(p'^2+2a'b')-c'^2p'^2(p'^2+2a'b');$$

ou, en réduisant,

$$-a'^2m'^4-b'^2n'^4-c'^2p'^4-m'^2n'^2p'^2+4a'b'^2c'^2.$$

L'expression du volume devient donc

$$V=\frac{1}{12}\sqrt{4a'^2b'^2c'^2-a'^2m'^4-b'^2n'^4-c'^2p'^4-m'^2n'^2p'^2}. \quad \text{(B)}$$

Observons maintenant que les valeurs de m^2, n^2, p^2 donnent

$$m'^2=a^2-(b'-c')^2-2b'c'=a^2-b'^2-c'^2,$$
$$n'^2=b^2-(c'-a')^2-2c'a'=b^2-c'^2-a'^2,$$
$$p'^2=c^2-(a'-b')^2-2a'b'=c^2-a'^2-b'^2.$$

Dans chaque cas particulier, on calculera les quantités m'^2, n'^2, p'^2, après quoi on substituera leurs valeurs dans la formule précédente. Mais si nous voulons exprimer V en fonction *explicite* des arêtes, commençons par former les différents termes de la quantité placée sous le radical. Nous aurons ainsi :

$$a'^2m'^4 = a^4a'^2 - 2(b'^2+c'^2)a^2a'^2 + (b'^2+c'^2)^2a'^2,$$

$$b'^2n'^4 = b^4b'^2 - 2(c'^2+a'^2)b^2b'^2 + (c'^2+a'^2)^2b'^2,$$

$$c'^2p'^4 = c^4c'^2 - 2(a'^2+b'^2)c^2c'^2 + (a'^2+b'^2)^2c'^2;$$

$$\begin{aligned} m'^2n'^2p'^2 = {} & a^2b^2c^2 - (a'^2+b'^2)a^2b^2 + (a'^2+b'^2)(a'^2+c'^2)a^2 - (a'^2+b'^2)(b'^2+c'^2)(c'^2+a'^2). \\ & -(b'^2+c'^2)b^2c^2 + (b'^2+c'^2)(b'^2+a'^2)b^2 \\ & -(c'^2+a'^2)c^2a^2 + (c'^2+a'^2)(c'^2+b'^2)c^2. \end{aligned}$$

La somme des seconds membres peut être mise sous la forme

$$\begin{aligned} & 4a'^2b'^2c'^2 - a^2a'^2(b^2+c^2-a^2+b'^2+c'^2-a'^2) - b^2b'^2(c^2+a^2-b^2+c'^2+a'^2-b'^2) \\ & -c^2c'^2(a^2+b^2-c^2+a'^2+b'^2-c'^2) + a^2b^2c^2 + a^2b'^2c'^2 + b^2c'^2a'^2 + c^2a'^2b'^2. \end{aligned}$$

La formule cherchée est donc enfin :

$$V = \frac{1}{12}\sqrt{\begin{bmatrix} a^2a'^2(b^2+c^2-a^2+b'^2+c'^2-a'^2) + b^2b'^2(c^2+a^2-b^2+c'^2+a'^2-b'^2+ \\ c^2c'^2(a^2+b^2-c^2+a'^2+b'^2-c'^2) - a^2b^2c^2 - a^2b'^2c'^2 - b^2c'^2a'^2 - c^2a'^2b'^2 \end{bmatrix}} \quad \text{(C)}$$

PROBLÈME III.

Couper un tétraèdre ABC par un plan P, parallèle aux deux arêtes opposées AC, BD, de manière que la section EFGH soit un maximum.

Fig. 302. Le plan P, étant parallèle à BD, doit couper les deux faces ABD, CBD suivant des parallèles à cette arête. De même, il coupera les deux autres faces du tétraèdre suivant des parallèles à l'arête AC. Conséquemment, le quadrilatère EFGH est un parallélogramme dans lequel l'angle HGF est égal à l'angle des arêtes AC, BD.

Il résulte, de cette observation, que ce parallélogramme sera maximum en même temps que le rectangle construit sur les deux côtés HG, GF.

Or, à cause des parallèles,

$$HG = AC.\frac{BG}{BC}, \quad GF = BD.\frac{GC}{BC};$$

d'où

$$HG.GF = \frac{AC.BD}{\overline{BC}^2}.BG.GC.$$

Dans le second membre, tout est constant, à l'exception des deux segments BG, GC de l'arête BC. D'après un théorème connu, le rectangle de ces deux segments sera le plus grand possible quand ils seront égaux entre eux, c'est-à-dire quand le point G sera le milieu de BC.

Il faut donc, pour résoudre le problème, mener le plan P de manière qu'il soit également distant des deux arêtes opposées AC, BD.

PROBLÈME IV.

Par les milieux E, F de deux arêtes opposées d'un tétraèdre ABCD, on fait passer une infinité de plans. Quel est celui qui détermine la section la plus petite en surface?

Soit EGFH le quadrilatère déterminé par l'un quelconque des plans sécants. Menons la diagonale EF, et abaissons, des sommets G, H, les perpendiculaires GG′, HH′ sur FE. Fig. 303.

Le quadrilatère a pour mesure $\frac{1}{2}$EF.(GG′+HH′).

Si le plan sécant tourne autour de EF, le facteur GG′+HH′ variera de grandeur, l'autre étant constant. Il suit de là que le quadrilatère EGFH sera minimum, lorsque la somme des perpendiculaires GG′, HH′ sera la plus petite possible.

Par la droite EF menons un plan P, parallèle aux arêtes AC, BD (Prob. III). Généralement, les droites GG′, HH′, parallèles entre elles, sont obliques à ce plan; de plus, elles sont égales entre elles, parce que le plan P est également distant des arêtes AC, BD. Leur somme sera donc un minimum quand elles seront perpendiculaires au plan. Alors GG′ sera la commune perpendiculaire aux droites BD, EF; HH′ sera la commune perpendiculaire aux droites EF, AC ; et le plan EGFH sera perpendiculaire à P.

Ainsi, pour résoudre le problème proposé :

Faites passer par la droite EF un plan P, parallèle aux arêtes AC, BD ; par cette même droite, menez un plan P′ perpendiculaire au premier : il déterminera la section minimum.

PROBLÈME V.

Partager une pyramide quadrangulaire régulière SABCD en deux parties équivalentes, au moyen d'un plan BEFC passant par l'un des côtés de la base.

Fig. 304. Par le sommet S, menons un plan SGH, perpendiculaire aux arêtes AD, BC : il partagera la figure en deux parties symétriques; en sorte que si nous abaissons SO perpendiculaire à la base, et SP perpendiculaire au plan cherché CEFB, ces deux droites, hauteurs des pyramides SABCD, SEFBC, seront contenues dans SGH.

Les volumes de ces deux pyramides sont proportionnels à $\overline{AD}^2.SO$ et $\frac{BC+EF}{2}\cdot IH.SP$. Or, si nous abaissons HM perpendiculaire à SG, nous aurons

$$AD.SO = GH.SO = SG.HM, \quad \text{et } IH.SP = SI.HM.$$

Nous pourrons donc remplacer les quantités ci-dessus par

$$AD.SG \quad \text{et} \quad \frac{AD+EF}{2}.SI.$$

Observons actuellement que la pyramide SEFBC doit être équivalente à la moitié de la pyramide donnée ; d'où

$$AD.SG = (AD + EF)\,SI.$$

Dans cette égalité, remplaçons AD, EF par les longueurs proportionnelles SG, SI ; et nous aurons

$$\overline{SG}^2 = (SG + SI)\,SI,$$

ou

$$\frac{SG}{SI} = \frac{SI}{SG - SI}.$$

Cette dernière proportion fait voir que *le plan cherché doit partager en moyenne et extrême raison la hauteur* SG *de la face* ASD.

PROBLÈME VI.

Étant donné un parallélipipède dont toutes les faces sont des losanges égaux, on demande le volume de ce polyèdre, en fonction des diagonales des faces.

Ce parallélipipède, dont le cube est un cas particulier, porte, en *cristallographie*, le nom de *rhomboèdre*, parce que le losange est aussi appelé *rhombe*. Fig. 305.

Imaginons qu'au sommet A du rhomboèdre se réunissent trois angles plans égaux BAD, DAE, EAB ; et, pour fixer les idées, supposons-les obtus. Alors, si nous menons BD, DE, EB, ces droites seront les grandes diagonales des faces AC, AH, AF ; de plus, elles seront égales entre elles, puisque ces faces sont des losanges égaux.

Par ces droites, faisons passer un plan BDE ; nous obtiendrons un tétraèdre ABDE équivalent au sixième du rhomboèdre.

En effet, ce tétraèdre est équivalent à la moitié de la pyramide quadrangulaire qui a pour base ABCD et pour sommet le point B, et cette pyramide est le tiers du rhomboèdre.

Nommons g la grande diagonale DE, et p la petite diagonale AH ; nous aurons

$$AB = AD = AE = \frac{1}{2}\sqrt{g^2 + p^2}.$$

Par suite, et d'après la formule (A) trouvée ci-dessus (Prob. II), le volume du tétraèdre sera $\frac{1}{24} g^2\sqrt{3p^2 - g^2}$. Le volume du rhomboèdre est donc

$$V = \frac{1}{4} g^2 \sqrt{3p^2 - g^2}.$$

Remarques. I. Le rhomboèdre que nous venons de considérer est appelé *rhomboèdre obtus*. Il est facile de voir qu'avec les mêmes faces on peut généralement former un autre rhomboèdre dans lequel les trois angles plans égaux qui se réunissent en un même sommet, sont aigus. Le volume de ce *rhomboèdre aigu* sera, d'après la formule précédente, en permutant les lettres,

$$V' = \frac{1}{4} p^2 \sqrt{3g^2 - p^2}.$$

II. Le premier rhomboèdre est toujours plus petit que le second, excepté quand $p = g$; alors les deux polyèdres se transforment en deux cubes égaux.

III. V deviendrait imaginaire si l'on avait $3p^2 < g^2$; donc le rhomboèdre obtus n'est possible que si le rapport de la grande diagonale à la petite est inférieur à $\sqrt{3}$.

PROBLÈME VII.

Étant donné un dodécaèdre dont toutes les faces sont des losanges égaux, on demande, en fonction de l'arête, le volume de ce polyèdre.

Ce polyèdre, que l'on rencontre dans la nature, est appelé *dodécaèdre rhomboïdal*. Il est représenté dans la figure 306.

Imaginons que trois angles obtus, égaux entre eux, se réunissent par leur sommet commun G, de manière à former un angle trièdre.

Par le point G, menons, dans l'intérieur de cet angle, une droite GS, également inclinée sur les arêtes. Prenons GA=GB=GC=GS; achevons les losanges GI, GK, GL; puis, par les sommets A, I, B, K, C, L, menons des droites égales et parallèles à AS : les extrémités de ces lignes seront les sommets d'une ligne brisée DMENFP, égale à AIBKCL. Enfin, concevons que les plans PDM, MEN, NFB viennent se couper en un point H, opposé au sommet G; le polyèdre GH sera un dodécaèdre, décomposé en quatre parallélipipèdes. Si l'angle obtus AGB a été convenablement choisi, ces quatre parallélipipèdes seront, comme on le reconnaît aisément, des rhomboèdres égaux entre eux, et le polyèdre GH sera le *dodécaèdre rhomboïdal* qu'il s'agissait de construire.

Afin de déterminer l'angle AGB ou le losange AGBI, observons d'abord que, d'après la construction précédente, les trois angles dièdres ayant pour arête commune GS sont égaux entre eux; donc chacun d'eux vaut les $\frac{4}{3}$ d'un angle dièdre droit.

Cela étant, faisons passer un plan suivant les sommets A, B, M; nous détacherons du dodécaèdre le tétraèdre ABMI (fig. 307), dans lequel chacun des angles dièdres AI, BI, MI est égal à $\frac{4^d}{3}$. Abaissons, du sommet I, la perpendiculaire IO sur le plan du triangle équilatéral ABM. Abaissons aussi, des points B, M, les droites BT, MT perpendiculaires à l'arête AI : elles se couperont en un même point T, parce que les triangles AIB, AIM sont égaux; et comme l'angle de ces droites mesure l'angle dièdre suivant AI, nous aurons

$$BTM=\frac{4^d}{3}=BOA.$$

Il suit de là que les triangles isocèles BTM, AOB sont égaux; donc, par une propriété connue, $BT=BO=\frac{AB}{\sqrt{3}}$.

Enfin, si nous abaissons IU perpendiculaire sur AM, les triangles AIU, AMT donneront

$$\frac{AI}{AM}=\frac{IU}{MT}.$$

Représentons par g la grande diagonale AB de la face AGBI, et par p la petite; nous aurons $AM=AB=g$, $IU=\frac{1}{2}p$, $AI=\frac{1}{2}\sqrt{g^2+p^2}$, $MT=BT=\frac{g}{\sqrt{3}}$; et la proportion précédente donnera

$$\sqrt{g^2+p^2}=p\sqrt{3};\quad \text{d'où}\quad \frac{g}{p}=\sqrt{2}.$$

Ainsi, *dans le dodécaèdre rhomboïdal, les diagonales de chaque face sont entre elles comme $\sqrt{2}$ est à 1.*

Conséquemment, si l'on désigne par a l'arête du rhomboèdre, on aura

$$a=\frac{1}{2}\sqrt{p^2+2p^2}=\frac{1}{2}p\sqrt{3};$$

puis

$$p=\frac{2}{3}a\sqrt{3},\quad g=\frac{2}{3}a\sqrt{6}.$$

La formule trouvée dans le Problème VI donnera donc, pour le volume d'un des quatre rhomboèdres,

$$\frac{1}{4}\cdot\frac{4}{9}\cdot 6a^2\sqrt{4a^2-\frac{8}{3}a^2}=\frac{4}{9}a^3\sqrt{3}.$$

Multipliant cette quantité par 4, nous obtiendrons définitivement, pour le volume cherché,

$$V=\frac{16}{9}a^3\sqrt{3}.$$

PROBLÈME VIII.

On prend, sur les arêtes d'un cube, à partir des sommets, les distances EI, EK, EL, AM... égales entre elles (fig. 308). On mène les plans AIF, HLF, AKH..., lesquels déterminent un polyèdre ayant pour faces vingt-quatre quadrilatères égaux. On demande d'évaluer la surface et le volume de ce corps.

Le polyèdre obtenu par la construction qui vient d'être indiquée appartient, comme le rhomboèdre et le dodécaèdre rhomboïdal, à la cristallographie. On l'a appelé *trapézoèdre*. Il est représenté dans la figure 309.

Les six faces du cube sont situées de la même manière à l'égard du centre O de ce polyèdre. Conséquemment, les vingt-quatre faces du trapézoèdre sont égales entre elles et également distantes de ce point; et les pyramides ayant pour bases les faces et pour sommet commun le centre, sont égales entre elles. Il suffira donc d'évaluer la base de l'une d'elles, ainsi que leur hauteur commune.

Prenons à part (fig. 310) le tétraèdre AIFO, qui a pour base la section AIF faite dans le cube par l'un des plans limitant le trapézoèdre. Désignons par a l'arête du cube, et par b la distance constante IE (fig. 308), laquelle est supposée moindre que $\frac{1}{2}a$. Nous aurons, ainsi qu'il est facile de le voir,

$$AF=a\sqrt{2},\quad IA=IF=\sqrt{a^2+b^2},\quad OF=OA=\frac{1}{2}AG=\frac{1}{2}a\sqrt{3};$$

puis

$$OI=\sqrt{\left(\frac{1}{2}a\sqrt{2}\right)^2+\left(\frac{1}{2}a-b\right)^2}=\sqrt{\frac{3}{4}a^2-ab+b^2}.$$

Soit N (fig. 310) le milieu de AF; menons IN; abaissons OP perpendiculaire sur cette droite : OP sera la hauteur commune de nos pyramides. Abaissons aussi IQ perpendiculaire à ON. Nous aurons, dans le triangle OIN,

$$OP=IQ\frac{ON}{IN}.$$

Or, dans la figure 308, ON est parallèle à HE; donc $IQ=\frac{1}{2}EB=\frac{1}{2}a\sqrt{2}$.

D'ailleurs,

$$ON=\frac{1}{2}a,\quad IN=\sqrt{\overline{IE}^2+\overline{EN}^2}=\sqrt{b^2+\frac{1}{2}a^2};$$

donc $$OP=\frac{1}{2}a\sqrt{2}\frac{\frac{1}{2}a}{\sqrt{b^2+\frac{1}{2}a^2}}=\frac{1}{2}\frac{a^2}{\sqrt{2b^2+a^2}}.$$

Si nous menons IL et AH, nous aurons $\frac{IR}{RA}=\frac{IL}{AH}=\frac{IE}{HE}$;

d'où $$\frac{IR}{IA}=\frac{IE}{IE+HE}.$$

Ainsi, $$IR=\frac{b}{a+b}\sqrt{a^2+b^2}.$$

Considérons maintenant en particulier le triangle isocèle AIF (fig. 311), dans le plan duquel est située une face du trapézoèdre. Le plan HLF (fig. 308) coupe AIF suivant la droite RF (fig. 311); et, si nous prenons IR′=IR, la droite HR′ représentera l'intersection des plans AIF, HKA (fig. 308). De plus, le plan passant par les points B, M, E coupe le plan AIF suivant une droite qui contient N, et qui est parallèle à IF. Si donc, par le point N (fig. 311), nous menons NF′ parallèle à FI, et NA′ parallèle à AI, le quadrilatère NSUT sera, en vraie grandeur, l'une des faces du trapézoèdre.

Pour mesurer ce quadrilatère, représentons, pour abréger, AF par 2α, AI par β, NI par h, et IR par γ. Nous aurons, en menant NX parallèle à FR,

$$\frac{\mathrm{UI}}{\mathrm{IN}}=\frac{\mathrm{IR}}{\mathrm{IX}}=\frac{\gamma}{\gamma+\frac{1}{2}(\beta-\gamma)}=\frac{2\gamma}{\beta+\gamma};$$

d'où $$\mathrm{UI}=\frac{2h\gamma}{\beta+\gamma}.$$

Les quadrilatères IRUR′, NTUS sont évidemment semblables ; donc

$$\mathrm{NTUS}=\mathrm{IRUR'}\left(\frac{\mathrm{UN}}{\mathrm{UI}}\right)^2.$$

Or, IRUR′ a pour mesure $\frac{1}{2}\mathrm{UI}\cdot\mathrm{RR'}=\frac{h\gamma}{\beta+\gamma}\cdot 2\alpha\frac{\gamma}{\beta}=\frac{2h\alpha\gamma^2}{(\beta+\gamma)\beta}$.

Donc $$\mathrm{NTUS}=\frac{2h\alpha\gamma^2}{(\beta+\gamma)\beta}\cdot\left(\frac{\beta-\gamma}{2\gamma}\right)^2=\frac{1}{2}\,\frac{h\alpha}{\beta}\,\frac{(\beta-\gamma)^2}{\beta+\gamma}=\mathrm{F},$$

en appelant F l'aire d'une face.

Mais $\alpha=\frac{1}{2}a\sqrt{2}$, $\beta=\sqrt{a^2+b^2}$, $\gamma=\frac{b}{a+b}\sqrt{a^2+b^2}$,

$$h=\sqrt{\beta^2-\alpha^2}=\sqrt{b^2+\tfrac{1}{2}a^2};$$

donc $$\mathrm{F}=\frac{1}{4}\,\frac{a^3}{(a+b)(a+2b)}\sqrt{a^2+2b^2}.$$

Enfin, si nous multiplions cette quantité par

$$\frac{24}{3}\cdot\frac{1}{2}\,\frac{a^2}{\sqrt{a^2+2b^2}},$$

nous aurons, pour le volume cherché,

$$\mathrm{V}=\frac{a^5}{(a+b)(a+2b)}.$$

PROBLÈME IX.

Dans une pyramide quadrangulaire SABCD qui a pour base un trapèze ABCD, on donne : 1° la face SAB; 2° les directions des arêtes parallèles AD, BC; 3° les angles de la face SCD; et l'on demande de construire la pyramide.

FIG. 312. Du sommet S, abaissons SP perpendiculaire au plan de la base, lequel est connu de position. Abaissons ensuite PQ perpendiculaire au côté inconnu CD, et menons SQ : cette droite sera la hauteur de la face SCD, laquelle est donnée d'*espèce*, mais non de grandeur.

Le rapport des segments CQ, DQ est donné; si donc nous divisons le côté AB, au point E, dans ce même rapport, le point Q sera situé sur EE′ parallèle à BC.

D'un autre côté, le rapport $\frac{SQ}{CQ}$ est connu; donc si nous supposons QR=QS, le point R sera situé sur une parallèle FF′ à BC, passant en un point F déterminé par la proportion

$$\frac{SQ}{CQ}=\frac{EF}{BE}.$$

Menons PR et RS; nous aurons

$$\overline{RS}^2=\overline{SP}^2+\overline{PR}^2=\overline{SP}^2+\overline{PQ}^2+\overline{QR}^2=2\overline{QR}^2;$$

d'où $\overline{QR}^2-\overline{PQ}^2=\overline{SP}^2$. Ainsi, dans le triangle PQR, rectangle en Q, la différence des carrés construits sur les côtés de l'angle droit est connue. La construction de la pyramide est donc ramenée à ce problème de Géométrie plane :

FIG. 313. *Déterminer un triangle rectangle* PQR, *dont un sommet* P *est donné, dont les deux autres sommets* Q, R *sont situés sur deux parallèles données* EE′, FF′, *et dans lequel la différence des carrés construits sur les côtés* PQ, QR *de l'angle droit, est égale à un carré donné* m^2.

Pour résoudre ce dernier problème, abaissons PP′, RR′ perpendiculaires à EE′. Nous aurons d'abord

$$\overline{QR}^2=\overline{QR'}^2+\overline{RR'}^2,\quad \overline{PQ}^2=\overline{PP'}^2+\overline{P'Q}^2;$$

d'où $$m^2=\overline{QR'}^2-\overline{P'Q}^2+\overline{RR'}^2-\overline{PP'}^2.$$

Les longueurs PP′, RR′ sont connues; donc la dernière équation équivaut à $\overline{QR'}^2-\overline{P'Q}^2=a^2$, a étant une droite donnée.

En second lieu, les triangles PP′Q, QR′R sont semblables, comme ayant les côtés perpendiculaires; donc $\frac{PP'}{QR'}=\frac{P'Q}{RR'}$,

ou $$QR'\cdot P'Q=PP'\cdot RR'.$$

Le rectangle des segments QR′, P′Q étant connu, ainsi que la différence de leurs carrés, le problème ne présente plus aucune difficulté.

PROBLÈME X.

Couper par un plan un prisme triangulaire donné, de manière que la section soit semblable à un triangle donné.

On peut toujours supposer que la section passe par un sommet de la base du prisme; alors elle retranche du prisme une pyramide ayant pour base un trapèze; et l'on est ramené au problème précédent.

Remarque. Cette solution, remarquable par sa simplicité, est due à *Simon Lhuilier*. En la modifiant légèrement, on peut l'appliquer à cet autre problème :

Projeter un triangle sur un plan donné, de manière que la projection soit semblable à un triangle donné.

PROBLÈME XI.

Sur les côtés d'un hexagone régulier ABCDEF, on élève six plans, perpendiculaires à celui de cette figure. On prend les arêtes non consécutives BB′, DD′, FF′, égales entre elles. Enfin, par chacune des droites B′D′, D′F′, F′B′, et par un point S, situé sur l'axe de l'hexagone, on fait passer des plans SB′C′D′, SD′E′F′, SF′A′B′. Comment doit-on prendre le point S, pour que la somme des faces du polyèdre ainsi formé soit un minimum?

Fig. 314. Remarquons d'abord que le volume de ce *décaèdre* est indépendant de la position du point S. En effet, ce corps se compose de douze prismes triangulaires égaux à OBCSB′C′, ou symétriques de OBCSB′C′; et il est facile de voir que ce dernier prisme a pour mesure OBC.BB′.

Actuellement, pour déterminer, parmi tous les polyèdres construits comme il vient d'être dit, celui dont la surface latérale est la plus petite possible, observons que cette surface se compose de six trapèzes égaux à BCB′C′, et de six triangles égaux à SB′C′. Il suffit donc que BCB′C′ + SB′C′ soit un minimum.

Menons les diagonales OC, BD du losange OBCD, et les diagonales SC′, B′D′ du losange SB′C′D′; menons encore la droite II′ qui joint les centres de ces deux figures. Nous aurons, comme il est aisé de le reconnaître,

$$BC = 2CI = \frac{2IB}{\sqrt{3}}, \quad BB' = II', \quad IB = I'B'.$$

Le trapèze BCB′C′ a pour mesure

$$\frac{1}{2}(BB' + CC')\,BC = (BB' + CC')\,\frac{I'B'}{\sqrt{3}}.$$

D'un autre côté, l'aire du triangle SB′C′ est I′B′.I′C′.

La quantité qu'il faut rendre minimum est donc

$$(BB' + CC')\,\frac{I'B'}{\sqrt{3}} + I'B'.I'C'.$$

En négligeant le facteur *constant* I'B', ainsi que le terme constant BB', on la réduit à

$$\frac{CC'}{\sqrt{3}}+I'C'.$$

Prenons à part (fig. 315) le trapèze ICI'C', dans lequel les deux côtés perpendiculaires IC, II' sont donnés. Menons C'G parallèle à IC; et, à cause de CC'=II'—GI', il nous suffira de chercher le minimum de la quantité $I'C'-\frac{GI'}{\sqrt{3}}$.

Pour cela, désignons C'G par a, GI' par x, et $I'C'-\frac{GI'}{\sqrt{3}}$ par z; nous aurons

$$\sqrt{a^2+x^2}-\frac{x}{\sqrt{3}}=z;\quad \text{d'où}\quad 2x^2-2zx\sqrt{3}+3(a^2-z^2)=o.$$

Cette équation du second degré a ses racines *imaginaires* tant que z^2 est inférieur à $\frac{2}{3}a^2$. Conséquemment, le minimum de z est $a\sqrt{\frac{2}{3}}$, et la valeur correspondante de x est $\frac{1}{2}a\sqrt{2}$.

Il résulte de là que *la surface latérale du polyèdre proposé sera la plus petite possible, quand la différence entre les arêtes* BB' *et* CC' *sera égale au quart de la diagonale du carré construit avec* AB *comme côté.*

Remarque. Le polyèdre dont nous venons de nous occuper est celui qui constitue chacun des *alvéoles de l'abeille.*

PROBLÈME XII.

Partager un tronc de pyramide en parties proportionnelles à des nombres donnés, par des plans parallèles aux bases.

Ce problème n'est pas susceptible d'une solution graphique, fondée seulement sur l'emploi de la règle et du compas. Nous allons donc chercher les expressions *algébriques* des différents segments de la hauteur du tronc : elles permettront, dans chaque cas particulier, de calculer les valeurs *numériques* de ces lignes.

Soient B, b les deux bases, et H la hauteur du tronc.

Supposons, pour fixer les idées, que ce polyèdre doive être partagé en quatre parties, proportionnelles à m, n, p, q ; et soient x, y, z, t les hauteurs de ces segments.

Prolongeons les faces latérales du tronc, de manière à reconstruire les deux pyramides dont il est la différence. Soit h la hauteur inconnue de la petite pyramide; alors $H+h$ sera la hauteur de la grande.

Nommons actuellement B', B'', B''' les aires des sections faites dans le tronc par les plans parallèles aux bases ; nous aurons, par un théorème connu,

$$\frac{B}{(H+h)^2}=\frac{B'}{(H+h-x)^2}=\frac{B''}{(H+h-x-y)^2}=\frac{B'''}{(H+h-x-y-z)^2}=\frac{b}{h^2}.$$

En comparant chacun des segments au tronc total, nous obtiendrons ensuite

$$\frac{(B+B'+\sqrt{BB'})x}{(B+b+\sqrt{Bb})H}=\frac{m}{s},$$

$$\frac{(B'+B''+\sqrt{B'B''})y}{(B+b+\sqrt{Bb})H}=\frac{n}{s},$$

$$\frac{(B''+B'''+\sqrt{B''B'''})z}{(B+b+\sqrt{Bb})H}=\frac{p}{s},$$

$$\frac{(B'''+b+\sqrt{B'''b})t}{(B+b+\sqrt{Bb})H}=\frac{q}{s},$$

en appelant s la somme des quantités m, n, p, q.

Les premières proportions donnent aisément

$$\frac{\sqrt{B}-\sqrt{b}}{H}=\frac{\sqrt{B}-\sqrt{B'}}{x}=\frac{\sqrt{B'}-\sqrt{B''}}{y}=\frac{\sqrt{B''}-\sqrt{B'''}}{z}=\frac{\sqrt{B'''}-\sqrt{b}}{t};$$

d'où $x=H\frac{\sqrt{B}-\sqrt{B'}}{\sqrt{B}-\sqrt{b}}$, $y=H\frac{\sqrt{B'}-\sqrt{B''}}{\sqrt{B}-\sqrt{b}}$,

$$z=H\frac{\sqrt{B''}-\sqrt{B'''}}{\sqrt{B}-\sqrt{b}},\quad t=H\frac{\sqrt{B'''}-\sqrt{b}}{\sqrt{B}-\sqrt{b}},$$

En substituant ces valeurs dans les autres proportions, on obtient

$$\frac{B\sqrt{B}-B'\sqrt{B'}}{B\sqrt{B}-b\sqrt{b}}=\frac{m}{s},$$

$$\frac{B'\sqrt{B'}-B''\sqrt{B''}}{B\sqrt{B}-b\sqrt{b}}=\frac{n}{s},$$

$$\frac{B''\sqrt{B''}-B'''\sqrt{B'''}}{B\sqrt{B}-b\sqrt{b}}=\frac{p}{s},$$

$$\frac{B'''\sqrt{B'''}-b\sqrt{b}}{B\sqrt{B}-b\sqrt{b}}=\frac{q}{s},$$

On déduit, de la dernière proportion,

$$B'''\sqrt{B'''}=b\sqrt{b}+\frac{q}{s}(B\sqrt{B}-b\sqrt{b});$$

puis, par des substitutions successives,

$$B''\sqrt{B''}=b\sqrt{b}+\frac{p+q}{s}(B\sqrt{B}-b\sqrt{b}),$$

$$B'\sqrt{B'}=b\sqrt{b}+\frac{n+p+q}{s}(B\sqrt{B}-b\sqrt{b}).$$

Dans chacune de ces nouvelles équations, formons les carrés des deux membres, puis extrayons la racine cubique de part et d'autre; nous obtiendrons

$$B'''=\sqrt[3]{\left[b\sqrt{b}+\frac{q}{s}(B\sqrt{B}-b\sqrt{b})\right]^2},$$

$$B''=\sqrt[3]{\left[b\sqrt{b}+\frac{p+q}{s}(B\sqrt{B}-b\sqrt{b})\right]^2},$$

$$B'=\sqrt[3]{\left[b\sqrt{b}+\frac{n+p+q}{s}(B\sqrt{B}-b\sqrt{b})\right]^2};$$

puis $$\sqrt{B'''}=\sqrt[3]{b\sqrt{b}+\frac{q}{s}(B\sqrt{B}-b\sqrt{b})},$$

$$\sqrt{B''}=\sqrt[3]{b\sqrt{b}+\frac{p+q}{s}(B\sqrt{B}-b\sqrt{b})},$$

$$\sqrt{B'}=\sqrt[3]{b\sqrt{b}+\frac{n+p+q}{s}(B\sqrt{B}-b\sqrt{b})}.$$

Il ne reste plus qu'à faire de simples substitutions pour obtenir les valeurs définitives de x, y, z, t. Ce dernier calcul ne présente aucune difficulté.

PROBLÈME XIII.

Couper un cube par un plan, de manière que la section soit un hexagone régulier.

Fig. 316. Prenons les milieux M, N, P, Q, R, S de six arêtes consécutives du cube : ces six points seront les sommets d'un hexagone régulier satisfaisant à la question.

D'abord, le polygone MNPQRS est plan. En effet, les deux côtés MS, NP, prolongés, rencontrent évidemment en un même point I le prolongement de l'arête FB. Donc ces deux côtés, et par suite tous les côtés, sont situés dans un même plan, parallèle à celui qui contiendrait les sommets B, E, G du cube.

En second lieu, l'hexagone est équilatéral : car le côté MS, par exemple, est égal à la demi-diagonale de la face ABFE.

Enfin, chacun des angles de l'hexagone MNPQRS est égal à $\frac{4}{3}$ d'angle droit. En effet, l'angle SMN est le supplément de IMN. Or, le triangle IMN est évidemment équilatéral; donc, etc.

Remarques. I. L'hexagone régulier MNPQRS est isopérimètre avec le triangle équilatéral BEG. Il est facile de reconnaître que la même propriété subsisterait pour tous les hexagones déterminés par des plans parallèles à BEG.

II. On sait (Th. XVI, Liv. IV) que, parmi tous les polygones isopérimètres et d'un même nombre de côtés, le maximum est le polygone régulier; donc, d'après la remarque précédente, *l'hexagone régulier* MNPQRS *est plus grand que tous les hexagones résultant de la section du cube par des plans parallèles à* BEF.

PROBLÈME XIV.

Trouver, d'après les données suivantes, le volume d'un polyèdre ABCDA'B'C'D', ayant pour faces deux rectangles ABCD, A'B'C'D' et quatre trapèzes ABA'B', BCB'C', CDC'D', DAD'A' :

$$AB = a = 2^{m},50,$$
$$BC = b = 1^{m},50,$$
$$A'B' = a' = 1^{m},50,$$
$$B'C' = b' = 0^{m},50,$$
$$\text{hauteur} = h = 0^{m},50 \ (*).$$

Si l'on imagine le plan mené par les deux arêtes opposées A'B', CD, il décomposera le polyèdre en deux prismes triangulaires tronqués B'CC'A'DD', BB'CAA'D. Pour mesurer chacun d'eux, menons un plan EFE'F' perpendiculaire à AB · son intersection E'F avec A'B'CD déterminera les *sections droites* EE'F, E'FF' de nos deux troncs de prismes. Fig. 213.

(*) Cette forme et ces dimensions sont celles des tas de pierres que les *cantonniers* disposent le long des routes.

Cela posé, le théorème sur la mesure du prisme triangulaire tronqué donne :

$$\text{vol. B'CC'A'DD'} = \text{E'FF.}\frac{1}{3}(\text{A'B'} + \text{C'D'} + \text{CD}),$$

$$\text{vol. BB'CAA'D} = \text{EE'F.}\frac{1}{3}(\text{AB} + \text{CD} + \text{AB'});$$

c'est-à-dire

$$\text{vol. B'CC'ADD'} = \text{E'FF'.}\frac{1}{3}(2a' + a),$$

$$\text{vol. BB'CAA'D} = \text{EE'F.}\frac{1}{3}(2a + a').$$

Les deux triangles E'FF', EE'F, dans lesquels se décompose le trapèze EFE'F', ont pour hauteur h; donc

$$\text{E'FF'} = \frac{1}{2}b'h, \quad \text{EE'F} = \frac{1}{2}bh;$$

puis

$$\text{vol. B'CC'A'DD'} = \frac{1}{6}(2a' + a)b'h,$$

$$\text{vol. BB'CAA'D} = \frac{1}{6}(2a + a')bh.$$

Ajoutant ces deux expressions, nous aurons la formule cherchée :

$$V = \frac{1}{6}[(2a + a')b + (2a' + a)b']h.$$

Dans l'exemple proposé,

$$V = \frac{1}{6}[6{,}5 . 1{,}5 + 5{,}5 . 0{,}5]0{,}5 = 1^{mc}{,}041.$$

PROBLÈME XV.

Déterminer le volume d'un polyèdre qui a pour faces deux polygones quelconques ABC..., A'B'C'..., situés dans deux plans parallèles, et une série de triangles ABA', A'B'B, BCB'... (*).

Fig. 256. Au moyen de plans menés par les arêtes, perpendiculai-

(*) La figure représente une projection du polyèdre, faite sur un plan parallèle aux deux bases. De plus, et seulement pour fixer les idées, on a supposé la projection de l'une des bases intérieure à la projection de l'autre.

rement aux plans des deux bases, on décompose évidemment le polyèdre en un prisme droit, projeté en A′B′C′..., en une série de prismes triangulaires tronqués, projetés en ABA′, BCB′, CDB′..., et en une autre série de prismes triangulaires tronqués, projetés en A′B′B, B′C′D, C′D′E... (*). Par conséquent, si B, B′ désignent les deux bases du polyèdre; H, la distance des deux bases, ou la *hauteur* du polyèdre; S, la somme des projections ABA′, BCB′...; S′, la somme des projections A′B′B, B′C′D, C′D′E...; le volume cherché aura pour expression

$$V = B'H + \tfrac{1}{3}(S + 2S')H.$$

Pour simplifier cette formule, imaginons la section A″B″C″... menée à égales distances des deux bases. Nous aurons, B″ étant l'aire de cette section,

$$B - B'' = \tfrac{3}{4}S + \tfrac{1}{4}S', \quad B'' - B' = \tfrac{3}{4}S' + \tfrac{1}{4}S;$$

d'où $B - B' = S + S'$, $2(B + B' - 2B'') = S - S'$.

Par suite, $S + 2S' = \tfrac{1}{6}(B - 5B' + 4B'')$,

et enfin $V = \tfrac{1}{6}(B + B' + 4B'')H$ (**).

(*) Les prismes de la première série sont, véritablement, des *pyramides triangulaires*, et les autres, des *pyramides quadrangulaires*.

(**) Cette formule, qui renferme celle de la page précédente, a été donnée par M. *Sarrus*.

LIVRE VII.

THÉORÈME I.

Deux points réciproques par rapport à une sphère partagent harmoniquement le diamètre qui les contient.

(Voyez Th. XVI, Liv. III.)

THÉORÈME II.

Les distances d'un point quelconque d'une sphère, à deux points réciproques, sont dans un rapport constant.

(Voyez Th. XVII, Liv. III.)

THÉORÈME III.

1° Les tangentes menées à une sphère S, d'un point extérieur A, sont égales entre elles; 2° le lieu de ces tangentes est une surface conique de révolution; 3° le lieu de leurs points de contact est une circonférence située dans un plan P perpendiculaire au diamètre EF passant par A.

Fig. 317. Par le diamètre EF, faisons passer divers plans : ils couperont la sphère suivant les circonférences EBF, ECF, EDF... Menons, à ces lignes, les tangentes AB, AC, AD,... et les rayons BO, CO, DO... Nous obtiendrons ainsi des triangles rectangles ABO, ACO, ADO..., évidemment égaux entre eux. Donc, 1° les tangentes AB, AC, AD... sont égales entre elles.

A cause de l'égalité des mêmes triangles, les angles BAO, CAO, DAO... sont égaux entre eux; ainsi, 2° le lieu des tangentes est une surface conique de révolution.

Enfin, si nous abaissons, des points B, C, D..., les perpendiculaires BI, CI′, DI″... sur AO, toutes ces droites seront égales entre elles; et les points I, I′, I″... se confondront, parce que les triangles rectangles ABI, ACI′, ADI″... sont, d'après ce qui précède, égaux entre eux. Donc, 3° le lieu des points de contact B, C, D... est une ligne *plane*, etc.

Remarques. I. On peut abréger considérablement la démonstration précédente, en supposant que la figure ABFE tourne autour de AO. Dans ce mouvement, la demi-circonférence EBF engendre la surface sphérique S; la droite AB, *qui ne change pas de longueur*, engendre une surface conique, *circonscrite* à la sphère; enfin, le point de contact B décrit une circonférence dont le plan est perpendiculaire à l'axe de rotation.

II. Le point E est le pôle du petit cercle BCD; donc les arcs de grands cercles EB, EC, ED... sont égaux entre eux.

THÉORÈME IV.

Le sommet d'un cône C, circonscrit à une sphère S, est le pôle du plan P de la circonférence de contact.

On appelle *plan polaire* d'un point A, relativement à une sphère S, le plan perpendiculaire au diamètre AO, mené par le conjugué du point A. Réciproquement, le point A est le *pôle* du plan. FIG. 317.

Cette définition étant admise, le théorème consiste en

ce que le point I, où le plan P coupe AO, est le conjugué du point A, etc. (Voyez Th. XVIII, Liv. III.)

THÉORÈME V.

Le pôle A' de tout plan P', passant par un point A, est situé sur le plan polaire P de A.

Par le centre O de la sphère S, concevons un plan Q, perpendiculaire aux deux plans P, P'. Ce nouveau plan coupera les deux autres suivant deux droites, dont l'une D' passe par le point A, et dont l'autre D sera la polaire du point A, relativement à la circonférence C déterminée par le plan sécant. Il est facile de voir, maintenant, que le pôle du plan P', relativement à la sphère S, se confond avec le pôle de la droite D', relativement à la circonférence C. La proposition est donc ramenée au Théorème XIX du Livre III.

THÉORÈME VI.

Le plan polaire P' de tout point A', pris sur un plan P, passe par le pôle A de P.

(Voyez Th. XX, Liv. III.)

Corollaire. *Si chacun des points d'un plan* P, *extérieur à une sphère* S, *est pris pour sommet d'un cône circonscrit à la sphère, les plans des circonférences suivant lesquelles tous les cônes ainsi déterminés touchent la sphère se coupent en un même point* A, *pôle du plan* P.

THÉORÈME VII.

Le pôle A de tout plan P, passant par une droite D, est situé sur la droite D', réciproque de la première.

Nous conviendrons d'appeler *droites réciproques* deux droites passant par deux points réciproques, perpendiculaires entre elles, et perpendiculaires au diamètre qui contient les deux points.

Cela étant, prenons pour plan de la figure celui qui passe par le centre O de la sphère et par la droite D'. Abaissons OE' perpendiculaire à cette dernière droite, et soit E le point réciproque de E' : la droite D sera la perpendiculaire au plan de la figure, projetée en E ; et le plan P aura pour projection une droite telle que BEC. D'ailleurs, le pôle A du plan P est le conjugué du pied A' de la perpendiculaire abaissée sur ce plan, par le centre O de la sphère (Th. IV). Donc ce pôle est situé sur la droite D'. Fig. 318.

THÉORÈME VIII.

Le plan polaire P de tout point A, pris sur une droite D', passe par la droite D, réciproque de la première.

(Voyez Th. VI.)

THÉORÈME IX.

Toute corde, menée par un point A, est divisée harmoniquement par ce point et par son plan polaire P.

Par la corde et par le centre de la sphère, faisons passer un plan Q ; il coupera la sphère suivant une circonférence de grand cercle ; et il coupera le plan P suivant une droite, polaire du point A par rapport à cette circonférence (Th. V); donc, etc. (Voyez Th. XXI, Liv. III.)

THÉORÈME X.

Le lieu des pôles d'une droite D, relativement à tous les cercles situés sur une sphère S et passant par cette droite, est la droite D', réciproque de D.

Fig. 319. Soit O la circonférence de grand cercle dont le plan est perpendiculaire à la droite D. Soit, en outre, A la projection de celle-ci. Tout petit cercle de la sphère, passant par cette droite D, sera projeté suivant une corde BC passant par ce point A; et il aura BC pour diamètre. Conséquemment, le pôle M de la droite D, par rapport à ce petit cercle, est situé sur la corde BC. Et comme le diamètre BC doit être partagé harmoniquement par D et par M, il s'ensuit que ce pôle est l'intersection de BC avec la polaire EF du point A, relativement au grand cercle O. Le lieu des pôles de la droite D est donc cette droite EF, laquelle est évidemment la réciproque de D.

THÉORÈME XI.

Le lieu des polaires d'un point A, relativement à tous les cercles situés sur une sphère S et passant par ce point, est le plan polaire de ce même point.

La démonstration est analogue à celle du théorème précédent.

THÉORÈME XII.

Le lieu géométrique des points d'égale puissance, par rapport à deux sphères S, S', est un plan P, perpendiculaire à la ligne des centres.

On reconnaît facilement que si, par un point fixe, on fait passer une droite quelconque, terminée de part et d'autre à une sphère donnée, le rectangle des segments de cette corde, déterminés par le point, est constant.

Ce rectangle constant est appelé *puissance* du point par rapport à la sphère.

Cela posé, la proposition est immédiatement ramenée à la proposition analogue de Géométrie plane. (Voyez Th. XXVII, Liv. III.)

Remarques. I. Le plan P est appelé *plan radical* des sphères S, S'. Il se confond avec le lieu des points d'où l'on peut mener aux deux sphères des tangentes égales.

II. Si les sphères se coupent, le plan radical contient la circonférence commune.

III. Si les sphères se touchent, le plan radical est le plan tangent commun.

THÉORÈME XIII.

Les plans radicaux de trois sphères, considérées deux à deux, se coupent suivant une droite D, perpendiculaire au plan des trois centres.

(Voyez Th. XXVIII, Liv. III.)

Remarques. I. La droite D est l'*axe radical* des trois sphères.

II. *Si trois sphères se coupent deux à deux, les plans des circonférences communes se coupent suivant une même droite*, etc.

THÉORÈME XIV.

Les plans radicaux de quatre sphères, considérées trois à trois, se coupent tous les quatre en un même point, appelé centre radical des quatre sphères.

(Voyez Th. XXVIII, Liv. III.)

THÉORÈME XV.

Le lieu des points d'égale puissance, par rapport à deux cercles situés sur une même sphère, est l'intersection des plans de ces cercles.

Observons d'abord que toute corde, soit du premier, soit du second cercle, est une corde de la sphère. Donc tout point pris sur l'intersection des plans de ces cercles est un point d'égale puissance par rapport à ceux-ci.

D'un autre côté, par un point non situé sur cette intersection, on ne peut faire passer, à la fois, une corde du premier cercle et une corde du second; ce point ne saurait donc appartenir au lieu dont il s'agit.

THÉORÈME XVI.

Deux arcs de grands cercles PA, PB, passant par un même point P, et tangents à un petit cercle C, sont égaux entre eux.

FIG. 319. Soit AT la tangente commune au grand cercle PA et au petit cercle C. Soit, de même, BT la tangente commune aux cercles PB et C. Ces deux tangentes, étant contenues dans un même plan, se couperont généralement en un point T, situé sur l'intersection POP′ des plans des deux grands cercles. Donc (Th. III) elles sont égales, et les arcs PA, PB sont égaux.

Remarque. La circonférence de grand cercle PAP′, tangente au petit cercle C, est dite *tangente sphérique* de ce petit cercle.

THÉORÈME XVII.

Le lieu des points P d'où l'on peut mener à deux cercles C, C′, situés sur une sphère S, des tangentes sphériques égales, est une circonférence de grand cercle dont le plan passe par l'intersection des plans des deux cercles.

Du point P comme pôle, avec PA pour *rayon sphérique*, décrivons le petit cercle ABA′B′ : il coupera les cercles C, C′ aux points A, B, A′, B′, où les tangentes sphériques PA, PB, PA′, PB′ touchent ces petits cercles (Th. XVI). De plus, les tangentes en A, B, A′, B′, à ces tangentes sphériques, vont concourir en un point T, situé sur le rayon OP prolongé. Or, le point T appartient évidemment à l'intersection RR′ des plans des deux petits cercles. Donc le lieu des points P est situé dans un plan passant par le centre O de la sphère et par l'intersection RR′. Fig. 320.

Remarques. I. La tangente AT à l'arc de grand cercle PA, est, par hypothèse, tangente au petit cercle C. De plus, la tangente AH au cercle ABA′B′ est perpendiculaire à AT : c'est ce que l'on reconnaît en observant que les plans des cercles PA, ABA′B′ sont perpendiculaires entre eux, et que AH est perpendiculaire à leur intersection AI. Donc le cercle ABA′B′ coupe *orthogonalement* le cercle C, le cercle C′, et enfin tous les cercles dont les plans passent par la droite RR′.

II. Si le point T se déplace sur la droite RR′, le cercle orthogonal ABA′B′ variera ; mais le plan de ce cercle est le plan polaire du point T (Th. VI); donc il passe constamment par la droite réciproque de RR′ (Th. VIII); donc toutes les circonférences telles que ABA′B′ se coupent en deux points fixes F, F′, qui sont ceux où la surface de la sphère est rencontrée par la droite réciproque de RR′.

THÉORÈME XVIII.

Si l'on conçoit, sur une sphère, une infinité de circonférences C dont les plans passent par une droite D, et une infinité de circonférences C′ dont les plans passent par la droite D′, réciproque de D, chacune des premières circonférences coupe orthogonalement chacune des dernières.

Ce théorème est évidemment contenu dans les deux remarques précédentes.

THÉORÈME XIX.

Le sommet A d'un angle sphérique CAD (fig. 321), circonscrit à un cercle directeur CDE, a pour cercle conjugué celui qui passe par les points de contact C, D.

Fig. 322. Supposons que, par le centre O de la sphère, on fasse passer un plan perpendiculaire à un cercle situé sur la sphère. Soit alors CD la projection de ce cercle, lequel a pour centre et pour pôle les points I et P; et soient A′, B′ deux points réciproques, ou conjugués par rapport à ce même cercle, c'est-à-dire deux points satisfaisant à la relation

$$IA'.IB' = \overline{ID}^2.$$

Si l'on conçoit les deux rayons OA′, OB′, ils rencontreront la surface de la sphère en deux points A, B, situés sur la circonférence de grand cercle ACD : ces points A, B seront dits *conjugués* par rapport au cercle *directeur* CD.

Ainsi, *deux points* A, B, *situés sur la circonférence d'un grand cercle perpendiculaire à un cercle directeur* CD, *sont dits conjugués par rapport à celui-ci, lorsque les droites menées du centre de la sphère à ces deux points rencontrent le plan du cercle directeur en deux points réciproques* (*).

En second lieu, nous conviendrons d'appeler *cercle conjugué d'un point* A, *le grand cercle* BO *mené par le point conjugué de celui-ci, perpendiculairement au grand cercle qui contient les deux points.*

Réciproquement, le point A est dit *conjugué* du cercle OB.

Enfin, *deux grands cercles* AO, BO, *menés par deux points conjugués, perpendiculairement au grand cercle qui contient les deux points, sont appelés cercles conjugués* (**).

Ces définitions étant entendues, la démonstration du théorème est facile.

En effet, soient CA′, DA′ les droites suivant lesquelles les plans des grands cercles AC, AD coupent le plan du cercle CED; ces droites, tangentes à ce petit cercle, se couperont en un point A′, pôle de la corde de contact CD; et le milieu B′ de cette corde de contact sera le point réciproque du point B. De plus, toute la figure est symétrique par rapport au plan OA′B′. Donc le grand cercle CBD est conjugué du point A. Fig. 321.

(Voyez Th. XVII, Liv. III.)

(*) Les lecteurs à qui les définitions de la Trigonométrie sont familières verront immédiatement qu'en désignant par α, β, γ les arcs PA, PB, PC, on a

$$\text{tang.}\,\alpha\,.\,\text{tang.}\,\beta = \text{tang}^2\,\gamma.$$

(**) Ces dénominations, ainsi que la plupart des théorèmes contenus dans ce VIIe Livre, m'ont été suggérées par la lecture d'un très-intéressant *Mémoire sur la sphère*, dont l'auteur est M. *Heegmann*, de Lille.

THÉORÈME XX.

Le conjugué A′ de tout grand cercle C′ passant par un point A est sur le grand cercle C conjugué de A.

Imaginons des droites menées du centre de la sphère à tous les points de la figure, et prolongées jusqu'à ce qu'elles rencontrent le plan du cercle directeur D : le lieu des points d'intersection sera une *figure plane* qui pourra être regardée comme une transformée de la *figure sphérique* donnée. Ainsi, les *cercles* C, C′ seront *transformés* en deux *droites* c, c' ; et les points A, A′ seront transformés en deux points a, a'.

Actuellement, de ce que le cercle C est conjugué du point A, il est facile de conclure que la droite c est la polaire du point a, relativement au cercle D. De même, la droite c' est la polaire de a'. Mais cette dernière droite c' passe évidemment par le point a ; donc son pôle a' est situé sur la droite c (Th. XXII, Liv. III) ; donc le point A′ est situé sur la circonférence C.

Remarque. La transformation dont nous venons de faire usage s'appelle *transformation conique* ou *transformation perspective* : elle ramène, dans un grand nombre de cas, les théorèmes de la Géométrie *sphérique* aux théorèmes de la Géométrie plane. Comme application de cette méthode, nous indiquerons les propositions suivantes, en nous contentant de les énoncer.

THÉORÈME XXI.

Le grand cercle C′, conjugué de tout point A′ pris sur un grand cercle C, passe par le point A, conjugué de ce dernier cercle.

COROLLAIRE 1. *Si, par un point* A, *pris sur la surface de la sphère, on fait passer un arc de grand cercle* ABC *coupant en deux points* B, C *un petit cercle donné* BC; *que, par ces deux points, on mène à ce petit cercle deux tangentes sphériques* BM, CM; *le lieu du point de rencontre* M *de ces tangentes est une circonférence de grand cercle.*

COROLLAIRE 2. *Si, par différents points* M, M′, M″,... *pris sur une circonférence de grand cercle, on mène, à un petit cercle donné* D, *des tangentes sphériques, les arcs de grands cercles* BC, B′C′, B″C″,... *qui joignent les couples de points de contact, passent tous par le même point* A.

(Voyez Th. XX, Liv. III.)

THÉORÈME XXII.

Si les arcs de grands cercles qui joignent les sommets correspondants de deux triangles sphériques se coupent en un même point, les points de concours des côtés opposés sont situés sur une même circonférence de grand cercle. — Et réciproquement.

(Voyez Th. X, Liv. III) (*).

(*) On a vu, à l'endroit cité, que si les points de concours des côtés correspondants de deux triangles rectilignes sont situés sur une même droite D, ces deux triangles sont dits *homologiques*. En outre, la droite D est l'*axe d'homologie*; et le point de concours des droites menées par les sommets correspondants est le *centre d'homologie*.

D'un autre côté, on sait (Th. V, Liv. III) que deux polygones rectili-

THÉORÈME XXIII.

Si deux polygones sphériques sont composés d'un même nombre de triangles tels, que les points de concours de deux côtés homologues quelconques, pris dans deux triangles correspondants, soient tous situés sur une même circonférence de grand cercle, les arcs de grands cercles qui joignent les sommets homologues de ces deux polygones se coupent tous en un même point.

Remarque. La réciproque n'est pas toujours vraie.

THÉORÈME XXIV.

Dans tout quadrilatère sphérique, inscrit à un petit cercle, le point de rencontre des diagonales, et les points de concours des côtés opposés, forment un triangle dans lequel chaque sommet est conjugué au côté opposé.

(Voyez Th. XXXVI, Liv. III).

gnes, semblables et semblablement situés, c'est-à-dire deux polygones *homothétiques,* ont un centre de similitude.

L'ensemble de ces deux propositions prouve que *deux triangles rectilignes, semblables et semblablement placés, sont deux figures homologiques ayant leur axe d'homologie transporté à l'infini*; de sorte que *la similitude,* ou plutôt *l'homothétie,* est un cas particulier de *l'homologie.*

Si l'on passe des figures planes aux figures sphériques, au moyen de la projection conique, on n'aperçoit plus aucune différence entre l'homothétie et l'homologie : deux triangles rectilignes, soit homothétiques, soit homologiques, donnent toujours lieu à deux triangles sphériques tels, que les points de concours de leurs côtés correspondants sont situés sur une circonférence de grand cercle.

Par suite, la propriété dont jouissent deux polygones rectilignes homothétiques, d'avoir un centre de similitude ou d'homothétie, est remplacée, quand on passe aux figures sphériques, par une propriété plus générale, énoncée dans le Théorème XXIII.

Nous n'avons pas besoin d'ajouter que cette généralisation de la théorie du centre de similitude subsiste pour les figures planes.

(Sur toutes ces questions, le lecteur peut consulter les beaux travaux de M. Chasles.)

THÉORÈME XXV.

Dans tout quadrilatère sphérique complet, circonscrit à un petit cercle, chacune des diagonales est conjuguée au point d'intersection des deux autres.

(Voyez Th. XXXVII, Liv. III.)

THÉORÈME XXVI.

Si deux quadrilatères sphériques sont, l'un inscrit et l'autre circonscrit à un même petit cercle, de manière que les sommets du premier soient les points de contact des côtés du second : 1° les points de concours des côtés opposés de ces quadrilatères sont situés sur une même circonférence de grand cercle; 2° les diagonales des deux quadrilatères se coupent en un même point, conjugué à cette circonférence; 2° les points de concours des côtés opposés du quadrilatère inscrit sont situés sur les diagonales du quadrilatère circonscrit.

(Voyez Th. XXXVIII, Livre III.)

THÉORÈME XXVII.

Dans tout hexagone sphérique, inscrit à un petit cercle, les points de concours des côtés opposés, pris deux à deux, sont tous les trois sur une circonférence de grand cercle.

(Voyez Th. XXIV, Liv. III).

THÉORÈME XXVIII.

Dans tout hexagone sphérique, circonscrit à un petit cercle, les diagonales menées par les sommets opposés, pris deux à deux, se coupent en un même point.

(Voyez Th. XXV, Liv. III.)

THÉORÈME XXIX.

Dans tout triangle sphérique, inscrit à un petit cercle, les points de concours des côtés avec les tangentes sphériques aux sommets opposés sont situés sur une même circonférence de grand cercle.

(Voyez Th. XXVI, Liv. III.)

THÉORÈME XXX.

Par deux cercles AEB, CFD, tracés sur une sphère, on peut généralement faire passer un cône.

Fig. 323. Soit BACD le grand cercle perpendiculaire aux deux cercles donnés ; et soient AB, CD, les cordes suivant lesquelles ceux-ci se projettent sur le plan BACD. Les droites AC, BD, étant prolongées, se couperont généralement en un point S, qui pourra être considéré comme le sommet d'un cône *oblique* ayant pour *base* le cercle AEB.

Cela posé, je dis que la courbe suivant laquelle ce cône coupera de nouveau la surface de la sphère est la circonférence CFD.

Prenons sur AEB un point quelconque M, et soit N le point où la *génératrice* SM du cône perce la surface de la sphère. Abaissons SP perpendiculaire à AB : cette droite sera la hauteur du cône. Enfin, joignons le point M au point P ; puis, dans le plan MSP, élevons NQ perpendiculaire à SM.

Le quadrilatère NMPQ, qui a deux angles opposés droits, est inscriptible ; donc

$$SP.SQ=SM.SN.$$

Mais le rectangle des segments SM, SN est équivalent au

rectangle des segments SA, SC (Th. XII) : l'égalité précédente équivaut donc à

$$SP.SQ = SA.SC.$$

Cette dernière exprime que le point Q est le pied de la perpendiculaire abaissée du point C sur SP ; donc ce point Q est indépendant de la position du point N ; donc la courbe d'intersection du cône et de la sphère donnée appartient à une autre sphère ayant QS pour diamètre, etc.

Remarques. I. Indépendamment du cône S, il en existe en général un autre, ayant pour sommet, ou plutôt pour *centre*, le point de rencontre S′ des diagonales AD, BC.

II. Si les deux cercles AB, CD sont égaux, le cône S se transforme en un cylindre qui est généralement oblique.

III. Les angles SAB, SDC, qui mesurent les inclinaisons des plans AEB, CFD sur les génératrices opposées SA, SB, sont égaux, comme ayant même supplément. Pour cette raison, les sections circulaires AEB, CFD sont dites *antiparallèles*.

IV. Prolongeons les cordes AB, CD, projections des deux cercles, jusqu'à ce qu'elles se coupent en un point G : ce point sera, sur le plan du grand cercle BACD, la projection de l'intersection des plans des deux circonférences. Or, dans le quadrilatère inscrit ABCD, le point S est le pôle de la droite S′G (Th. XXXVI, Liv. III) ; et le point S′ est le pôle de la droite SG ; ainsi : FIG. 324.

Quand deux cercles sont situés sur une sphère, l'intersection de leurs plans est confondue avec la droite suivant laquelle se coupent les plans polaires des sommets des deux cônes déterminés par ces cercles.

On peut simplifier cet énoncé, en observant que, d'après

le Théorème VII, cette dernière droite est réciproque de la droite SS′; donc, en résumé :

Quand deux cercles sont situés sur une sphère, l'intersection de leurs plans est la droite réciproque de celle qui joint les sommets des deux cônes déterminés par ces cercles.

V. D'après la démonstration précédente, *si un cône pénètre une sphère, et que la courbe d'entrée soit une circonférence, la courbe de sortie est pareillement une circonférence.*

Fig. 323. VI. SE, SM étant deux génératrices, qui rencontrent aux points F, N la section antiparallèle du cône, on aura SM . SN = SE . SF. Ainsi, *les points où deux génératrices quelconques d'un cône rencontrent deux sections antiparallèles, sont les sommets d'un quadrilatère inscriptible.*

VII. La sphère qui a pour pour diamètre le segment SQ de la hauteur SP du cône AEBS, détermine la section antiparallèle CFD. D'ailleurs, le point Q est arbitraire. Donc *toute sphère qui passe par le sommet d'un cône à base circulaire, et qui a son centre sur la hauteur du cône, coupe ce cône suivant une circonférence.*

VIII. Il est évident, par la théorie des figures semblables, que tout plan parallèle au plan du cercle CF coupe le cône S suivant une circonférence. En particulier, si le cercle CD se réduit à un point, le cône a son sommet sur la sphère, et le plan du cercle CD devient tangent à cette dernière surface, au sommet du cône. Donc, *tout cône qui a pour base et pour sommet un cercle et un point de la sphère, est coupé suivant un cercle par un plan quelconque parallèle au plan mené par le sommet, tangentiellement à la sphère.*

THÉORÈME XXXI.

Si un cercle variable I est tangent à deux cercles AB, CD, tracés sur une sphère O :

1° Les deux points de contact M, N appartiennent à une génératrice du cône déterminé par les cercles donnés;

2° La circonférence de grand cercle passant par ces deux points coupe, sous un même angle, les circonférences données;

3° Toutes les circonférences de grands cercles ainsi déterminées se coupent en deux points fixes ou foyers F, G, situés sur le diamètre qui passe par le sommet S du cône.

Conservons les constructions employées dans le théorème qui précède, et soit en outre SM′N′ une génératrice du cône, différente de SMN. D'après l'avant-dernière remarque, les points M′, N, M, N′ appartiennent à une même circonférence, *située sur la sphère.* Si nous imaginons que la génératrice SM′N′ se rapproche indéfiniment de la génératrice SMN, cette circonférence, continuellement sécante à l'égard des cercles donnés, tendra vers une position limite IMN. En même temps, les prolongements des cordes communes M′M, N′N auront pour limites les tangentes MT, NT. Fig. 325.

La première partie du théorème se trouve ainsi démontrée.

D'un autre côté, le plan mené par le centre de la sphère et par les points de contact M, N, renferme le diamètre OS; donc toutes les circonférences de grands cercles, telles que GMNF, se couperont aux extrémités G, F de ce diamètre. En outre, les tangentes à cette circonférence, aux points M, N, feront, avec les tangentes MT, NT, des angles égaux entre eux.

En effet, le plan qui serait élevé par le milieu de MN, perpendiculairement à cette droite, serait un plan de symétrie pour les tangentes égales MT, NT, pour le grand cercle GMNF, et enfin pour les tangentes en M, N, à ce grand cercle. D'ailleurs, deux angles symétriques sont égaux ; donc, etc.

Remarques. I. Si, au lieu de considérer le cône dont le sommet est extérieur à la sphère, on prenait le cône ayant pour sommet le point de rencontre des diagonales AD, BC, on arriverait aux mêmes conséquences. Ainsi, *deux cercles tels que* AB, CD, *ont toujours quatre foyers, par lesquels passent les circonférences de grands cercles* (*) *également inclinées sur les deux circonférences données.*

II. Ce qui vient d'être dit du grand cercle GMNF s'applique évidemment à une circonférence quelconque, tracée sur la sphère, et passant par les points M, N. Ainsi, *tout plan passant par le sommet du cône déterminé par deux cercles* AB, CD, *situés sur la sphère, coupe cette surface suivant une circonférence également inclinée sur les deux autres.*

III. Réciproquement, *toute circonférence qui coupe, sous des angles égaux, deux cercles de la sphère, a son plan passant par le sommet du cône déterminé par ces cercles.*

THÉORÈME XXXII.

Les sommets des cônes déterminés par trois cercles tracés sur une sphère et considérés deux à deux, sont trois à trois sur quatre droites situées dans un même plan.

Supposons que sur une sphère O, on ait tracé trois cer-

(*) M. Heegmann a proposé, pour ces circonférences de grands cercles, la dénomination de *sécantes isogonales* des cercles AB, CD.

cles C, C′, C″. Les deux cercles C, C′ déterminent deux cônes S″, *s*″; les deux cercles C′, C″ déterminent deux cônes S, *s*; enfin, les deux cercles C″, C déterminent deux cônes S′, *s*′. Admettons, pour fixer les idées, que les cônes S, S′ S″ aient leurs sommets extérieurs à la sphère. Je dis d'abord que ces sommets sont en ligne droite.

Parmi tous les cercles qui toucheraient extérieurement les cercles C, C′, considérons celui qui toucherait, extérieurement aussi, le cercle C″. Soient *m*, *m*′, *m*″ les trois points de contact. La droite qui passe par deux quelconques de ces points passe aussi par le sommet correspondant. Ainsi, les trois sommets S, S′, S″ sont dans le plan du triangle *mm*′*m*″.

Pour une raison semblable, ces trois sommets appartiennent au plan du cercle *nn*′*n*″ qui toucherait intérieurement les cercles donnés. Donc les points S, S′, S″ sont situés sur une même droite.

On verra de même que les sommets S, *s*′, *s*″ sont en ligne droite; qu'il en est de même pour les sommets S′, *s*″, *s*, et encore pour les sommets S‴, *s*, *s*′. Et puisque chaque sommet appartient à deux droites différentes, les quatre droites sont dans un même plan. (VI, Th. XVII.)

Remarques. I. La théorie qui vient d'être exposée est tout à fait analogue à celle des figures semblables. Les sommets S, *s* tiennent lieu des centres de similitude, externe et interne; les droites SS′S″, S*s*′*s*″, etc., remplacent les axes de similitude, etc.

II. Considérons le cas particulier où les circonférences C, C′, C″ seraient perpendiculaires à un même grand cercle. Le plan de celui-ci coupera les trois cônes S, S′, S″ suivant six génératrices, dont l'ensemble constituera un *hexagone inscrit*. Mais, ainsi que nous venons de le voir, les sommets S, S′, S″ sont situés sur une même droite. Nous retrouvons donc le Théorème de Pascal. (III, Th. XXIV.)

THÉORÈME XXXIII.

Si deux cônes ont un sommet commun S, et que leurs bases soient deux circonférences sécantes C, C′, tracées sur une sphère O, l'angle sous lequel se coupent ces deux bases est égal à celui sous lequel se coupent les deux sections antiparallèles *c*, *c*′, situées sur la même sphère.

Par les points d'intersection A, B des deux circonférences C, C′, faisons passer deux génératrices SA, SB : elles perceront la surface de la sphère en deux points *a*, *b* qui seront évidemment ceux où se coupent les circonférences *c*, *c*′.

Cela posé, imaginons, sur la surface de la sphère, un cercle γ qui touche C, *c* aux points A, *a*. Ce cercle sera également incliné sur C′, *c*′ (Th. XXXI, Rem. II) ; donc ces deux circonférences font, avec C, *c*, des angles respectivement égaux entre eux.

THÉORÈME XXXIV.

Si deux cônes ont pour bases deux circonférences sécantes C, C′, tracées sur une sphère O, et que leur sommet commun S soit un point de cette surface, tout plan P, parallèle au plan tangent T à la sphère en ce point S, coupe ces cônes suivant deux circonférences *c*, *c*′, dont l'angle est égal à celui des deux premières (*).

Nous savons déjà (Th. XXX, Rem. VIII) que les sections faites dans les deux cônes, par le plan P, sont des cercles

(*) M. Heegmann, dont je reproduis presque intégralement le travail, considère ce théorème comme un cas particulier du précédent. J'ai pensé qu'une démonstration directe était nécessaire, du moins pour les commençants.

c, c' : il suffit donc de faire voir que l'angle sous lequel ces cercles se coupent est égal à celui sous lequel se coupent les deux autres.

Pour cela, imaginons, sur la surface de la sphère, deux circonférences γ, γ', respectivement tangentes aux cercles C, C' en l'un A des deux points où se coupent ces cercles, et passant toutes deux par le sommet S du cône. L'angle formé par les tangentes t, t' à ces circonférences, au point S, est évidemment égal à celui que font les tangentes en A, aux cercles donnés. D'ailleurs, le plan P est parallèle à celui des tangentes t, t'; et il est facile de voir que l'angle sous lequel se coupent les circonférences c, c' est égal à celui de ces dernières droites; donc, etc.

Remarque. Les Théorèmes XXX et XXXIV contiennent les propriétés sur lesquelles est fondée la *projection stéréographique*, ou *projection de Ptolémée*. Ces propriétés sont les suivantes :

1° *La perspective d'un cercle quelconque, situé sur la sphère, est un autre cercle ;*

2° *La perspective d'une figure sphérique* TRÈS-PETITE *est une figure semblable à la première.*

THÉORÈME XXXV.

Si un cône a pour base un petit cercle AB de la sphère O, et pour sommet un point S de cette surface, le centre de la section antiparallèle du cône est sur la droite qui joint le sommet au pôle P de la base.

Soit ABSM le grand cercle passant par le sommet S, perpendiculairement à la base ; soit AB la corde suivant laquelle se projette celle-ci : le pôle P de cette droite, par rapport au grand cercle, sera aussi le pôle du petit cercle FIG. 326.

AB, relativement à la sphère (Th. IV). Si, par ce point P, nous menons EPF parallèle à la tangente ST, cette droite EPF sera la projection de la section faite parallèlement au plan tangent en S, c'est-à-dire la projection d'une section antiparallèle. Le théorème sera donc démontré, si nous faisons voir que le point P est le milieu de EF.

Or, les angles TSA, SAP sont égaux, comme ayant même mesure ; et, à cause des parallèles, les angles TSA, PEA sont égaux ; donc, dans le triangle PAE, PA=PE. Pour une raison semblable, PF=PB. Mais les tangentes PA, PB sont égales entre elles ; donc, etc.

Remarque. Supposons que la droite SP soit fixe et que le point P se déplace : le cercle AB variera, mais de manière que son plan passera constamment par la droite réciproque de SP (Th. VII). De plus, cette droite réciproque sera projetée en I, à la rencontre de AB avec ST. On conclut de là cette propriété remarquable :

Si des cônes, en nombre quelconque, ont pour sommet un point de la sphère, et que leurs bases soient des cercles de cette surface, se coupant suivant une droite située dans le plan tangent au sommet du cône, tout plan parallèle à celui-ci coupera tous ces cônes suivant des cercles concentriques.

THÉORÈME XXXVI.

La figure réciproque d'un plan P, relativement à une sphère S, est la sphère S' qui a pour diamètre la distance du centre de S au pôle de P.

(Voyez Th. LIX, Liv. III.)

THÉORÈME XXXVII.

La figure réciproque d'un cercle EF, relativement à une sphère S (*), est un autre cercle AB.

La figure réciproque du cercle EF est évidemment située sur le cône qui a pour base ce cercle, et pour sommet le centre S de la sphère *directrice*. Elle est située aussi sur la sphère SMH, réciproque du plan EF (Th. XXXVI). D'ailleurs, cette seconde sphère a pour diamètre la droite qui joint le sommet S du cône au pôle H du plan EF; donc (Th. XXX, Rem. VII) elle coupe le cône suivant une circonférence AB. Fig. 326.

THÉORÈME XXXVIII.

La figure réciproque d'une sphère S', relativement à une sphère S, est généralement une sphère.

Un plan quelconque, mené par les centres des sphères S, S', coupe ces deux surfaces suivant deux circonférences C, C'. La figure réciproque de C', par rapport à C, est une circonférence C'', *section méridienne* de la figure réciproque de S'; etc.

Remarque. Si la sphère S' passe par le centre de la sphère directrice S, la figure réciproque de S' devient un plan. (Th. XXXVI.)

THÉORÈME XXXIX.

Dans deux figures réciproques, les angles correspondants sont égaux.

En considérant seulement le cas où la première figure est composée de droites et de plans, la démonstration est

(*) Non tracée sur la figure.

tout à fait analogue à celle du Théorème LXI (Liv. III). Nous laissons au lecteur le soin de la développer.

THÉORÈME XL.

La somme des carrés des segments formés par trois cordes qui se coupent rectangulairement deux à deux, en un même point, est égale à six fois le carré du rayon R de la sphère, moins deux fois le carré de la distance du centre au point M d'intersection des trois cordes.

Fig. 327. Soit ABCD la section faite dans la sphère par le plan passant par les cordes AB et CD : la troisième corde, que nous désignerons par EF, aura pour projection, sur le plan de la figure, le point M. En même temps, le point I, centre du petit cercle ABCD, sera la projection du centre O de la sphère.

Si nous menons le diamètre GH de ce petit cercle, nous aurons (Th. XLVIII, Liv. III) :

$$\overline{AM}^2 + \overline{BM}^2 + \overline{CM}^2 + \overline{DM}^2 = \overline{GH}^2. \qquad (1)$$

Concevons maintenant le plan des deux droites EF, GH : il coupera la sphère suivant un grand cercle ; et, comme ces droites sont deux cordes perpendiculaires, se coupant en M, nous aurons encore :

$$\overline{EM}^2 + \overline{FM}^2 + \overline{GM}^2 + \overline{HM}^2 = 4R^2. \qquad (2)$$

Actuellement,

$$\overline{GH}^2 = (\overline{GM + HM})^2 = \overline{GM}^2 + \overline{HM}^2 + 2\,GM.HM,$$

ou, d'après le Théorème XII,

$$\overline{GH}^2 = \overline{GM}^2 + \overline{HM}^2 + 2\,(R + OM)(R - OM). \qquad (3)$$

Si nous ajoutons, membre à membre, les équations (1), (2), (3), nous obtiendrons

$$\overline{AM}^2+\overline{BM}^2+\overline{CM}^2+\overline{DM}^2+\overline{EM}^2+\overline{FM}^2=4R^2+2(R+OM)(R-OM);$$

ou enfin, en appelant δ la distance du point M au centre de la sphère,

$$\overline{AM}^2+\overline{BM}^2+\overline{CM}^2+\overline{DM}^2+\overline{EM}^2+\overline{FM}^2=6R^2-2\delta^2.$$

THÉORÈME XLI.

La somme des carrés de trois cordes qui se coupent rectangulairement deux à deux en un même point est égale à douze fois le carré du rayon de la sphère, moins huit fois le carré de la distance du centre au point d'intersection des trois cordes.

Si nous ajoutons, aux deux membres de l'égalité précédente, la quantité

$$2AM\,.\,BM+2CM\,.\,DM+2EM\,.\,FM,$$

nous obtiendrons d'abord

$$(AM+BM)^2+(CM+DM)^2+(EM+FM)^2=$$
$$6R^2-2\delta^2+2(AM\,.\,BM+CM\,.\,DM+EM\,.\,FM).$$

Mais

$$AM\,.\,BM=CM\,.\,DM=EM\,.\,FM=R^2-\delta^2;$$

donc $$\overline{AB}^2+\overline{CD}^2+\overline{EF}^2=12R^2-8\delta^2.$$

THÉORÈME XLII.

On peut toujours construire, avec un côté donné, un tétraèdre régulier.

Avec le côté donné, traçons un triangle équilatéral ABC. Fig. 328.
Par le centre O de ce triangle, élevons une perpendiculaire

indéfinie, et prenons sur cette droite un point D tel, que AD = AB. Menons ensuite BD et CD.

Le tétraèdre ABCD est régulier, car toutes ses arêtes sont égales entre elles. Donc, etc.

THÉORÈME XLIII.

On peut toujours construire, avec un côté donné, un hexaèdre régulier.

Fig. 329. Avec le côté donné, construisons un carré ABCD. Élevons, sur les côtés de ce carré, des plans qui lui soient perpendiculaires; puis coupons ceux-ci par un plan EFGH parallèle à ABCD, et qui en soit distant d'une quantité AE = AB. Nous obtiendrons ainsi un cube, c'est-à-dire un hexaèdre régulier.

THÉORÈME XLIV.

On peut toujours construire, avec un côté donné, un octaèdre régulier.

Fig. 330. Avec le côté donné, traçons un carré ABCD. Élevons, par le centre O, la perpendiculaire EF au plan ABCD, et prenons OE = OF = OA. Joignons enfin les points E, F aux sommets du carré. La figure ABCDEF sera un octaèdre régulier.

En effet, la droite EF est l'axe du cercle circonscrit au carré ABCD; donc EA = EB =... AB. Ainsi, toutes les faces de l'octaèdre sont des triangles équilatéraux, égaux entre eux.

De plus, les angles polyèdres sont égaux; car, si nous considérons, par exemple, les angles A, E, nous voyons qu'ils appartiennent aux deux pyramides régulières ABEDF, EABCD. Ces deux pyramides sont évidemment superposables, comme ayant même base et même hauteur. Donc, etc.

THÉORÈME XLV.

On peut toujours construire, avec un côté donné, un dodécaèdre régulier.

Avec le côté donné, formons des pentagones réguliers, égaux entre eux. Assemblons trois de ces pentagones, de manière que leurs plans déterminent un angle trièdre ayant pour sommet le point A (fig. 331). Les faces de cet angle étant égales, les angles dièdres qu'elles forment seront égaux entre eux. Conséquemment, les angles trièdres B, A sont égaux, comme ayant un angle trièdre égal, compris entre deux faces égales chacune à chacune, et semblablement disposées. Donc les deux droites BH, BC forment entre elles un angle égal à ABC.

Il résulte de là qu'après avoir assemblé, autour du point A, trois de nos pentagones réguliers, nous pourrons en apporter un quatrième dans l'angle HBC, puis un cinquième dans l'angle KCD, etc. Nous obtiendrons ainsi une surface polyédrale, ouverte suivant le contour FGHI...

Actuellement, construisons une autre surface égale à la première (fig. 332), et rapprochons ces deux figures, de manière que l'angle *rentrant lmn* coïncide avec l'angle *saillant* FGH. Alors l'angle trièdre G sera égal à chacun des angles trièdres A, B..., et l'angle dièdre ayant *mnp*, GHB pour faces, et dont GH est l'arête, sera égal à l'angle dièdre ayant pour faces GHI, GHB, et pour arête GH. Donc *np* coïncidera avec HI, puis *pq* avec IK, etc.

On voit ainsi que l'ensemble des deux surfaces polyédrales déterminera une figure fermée ayant pour faces douze pentagones réguliers égaux, et dont les angles polyèdres sont égaux entre eux. Cette figure est donc un dodécaèdre régulier.

THÉORÈME XLVI.

On peut toujours construire, avec un côté donné, un icosaèdre régulier.

Avec le côté donné, construisons un pentagone régulier MNPQR (fig. 333). Par le centre O élevons, au plan du pentagone, une perpendiculaire OS telle, que MS = MN. Joignons le point S à tous les sommets du pentagone : nous obtiendrons ainsi une pyramide régulière dont les faces seront des triangles équilatéraux égaux entre eux.

Soit maintenant (fig. 334) le triangle équilatéral ABC, dont le côté est égal à MN.

Construisons, en chacun des sommets de ce triangle, une pyramide égale à S, en prenant, pour l'une des faces de cette pyramide, le triangle ABC.

Il est facile de voir que nous déterminerons ainsi une surface polyédrale, ouverte suivant DEFGHI, et dans laquelle l'angle *rentrant* DEF est égal à l'angle *saillant* EFG, attendu que chacun d'eux est égal à l'angle EAG.

Si donc nous concevons une seconde surface égale à la première, nous pourrons faire coïncider ces deux figures suivant leurs bords, etc.

THÉORÈME XLVII.

Il n'existe que cinq espèces de polyèdres réguliers.

Chaque angle d'un polyèdre régulier se forme en assemblant, autour d'un même point, plusieurs polygones réguliers égaux. Nous avons vu qu'en assemblant des triangles équilatéraux trois à trois, quatre à quatre, cinq à cinq, on obtient le tétraèdre, l'octaèdre et l'icosaèdre ; qu'en assemblant des carrés trois à trois, on obtient l'hexaèdre ; enfin, que des pentagones réguliers, réunis trois à trois, donnent le dodécaèdre.

Si l'on réunissait autour d'un même point six triangles équilatéraux, la somme des angles plans ayant ce point pour sommet commun serait égale à quatre droits ; donc ces six angles ne peuvent donner lieu à un angle polyèdre. A plus forte raison, ne produira-t-on pas un pareil angle en assemblant plus de six triangles équilatéraux.

Le même raisonnement fait voir qu'on ne peut pas obtenir d'angle polyèdre en réunissant plus de trois carrés, ou plus de trois pentagones réguliers, ou un nombre quelconque de polygones réguliers dans lesquels le nombre des côtés surpasserait cinq. Donc, etc.

THÉORÈME XLVIII.

Tout polyèdre régulier est 1° inscriptible à une sphère ; 2° circonscriptible à une sphère.

1° Considérons deux faces adjacentes A, B, et l'arête qui leur est commune. Menons, par les centres de ces faces, des perpendiculaires sur leurs plans respectifs, et des perpendiculaires à l'arête. Les deux dernières se coupent au milieu de cette droite ; donc les perpendiculaires aux deux faces sont situées dans un même plan, perpendiculaire au milieu de l'arête commune ; donc elles se rencontrent en un point O, également éloigné de tous les sommets des faces A, B ; et elles forment, avec les deux autres perpendiculaires, un quadrilatère ayant deux angles droits.

Soit actuellement une troisième face C, adjacente à l'une

des deux premières; si l'on répète, sur celle-ci et sur la face C, la construction précédente, on obtiendra un point O′ coïncidant avec O, attendu que les deux quadrilatères sont égaux.

Il résulte de là que le point O est également distant des sommets de A, B, C. En continuant, on verra qu'il est également distant de tous les sommets ; donc ce point est le centre d'une sphère circonscrite à un polyèdre régulier.

2º D'après ce qui vient d'être dit, le point O est également distant de deux faces adjacentes quelconques, et, par suite, également distant de toutes les faces. Donc ce point est le centre d'une sphère inscrite au polyèdre.

Remarques sur les polyèdres réguliers. Désignons, comme dans le Livre VI, par F, S, A le nombre des faces, le nombre des sommets et le nombre des arêtes d'un polyèdre. Nous aurons les valeurs suivantes :

Tétraèdre régulier : F = 4, S = 4, A = 6 ;
Hexaèdre régulier : F = 6, S = 8, A = 12 ;
Octaèdre régulier : F = 8, S = 6, A = 12 ;
Dodécaèdre régulier : F = 12, S = 20, A = 30 ;
Icosaèdre régulier : F = 20, S = 12, A = 30.

On voit, à l'inspection de ce tableau, que l'on passe de l'hexaèdre à l'octaèdre, en remplaçant le nombre des faces par le nombre des sommets, et *vice versa*. Ces deux polyèdres sont donc, en quelque sorte, *conjugués*. Il en est de même à l'égard du dodécaèdre et de l'icosaèdre. Quant au tétraèdre, comme ce corps a autant de faces que de sommets, il s'ensuit qu'il est conjugué à lui-même.

Cette considération des *polyèdres réguliers conjugués* paraît justifiée par la proposition suivante, que nous nous contenterons d'énoncer.

THÉORÈME XLIX.

1° Les centres des faces d'un polyèdre régulier sont les sommets d'un autre polyèdre régulier, conjugué du premier ;

2° Les sommets d'un polyèdre régulier sont les centres des faces d'un autre polyèdre régulier, conjugué du premier.

THÉORÈME L.

Les milieux des arêtes d'un tétraèdre régulier sont les sommets d'un octaèdre régulier.

THÉORÈME LI.

A tout hexaèdre régulier on peut inscrire un tétraèdre régulier, dont les sommets et les arêtes appartiennent aux sommets de l'hexaèdre et aux diagonales de ses faces.

A l'inspection de la figure on reconnaît que les sommets B, D, G, E de l'hexaèdre sont ceux d'un tétraèdre régulier. Fig. 335.

Remarque. Indépendamment de ce premier tétraèdre inscrit, il y en a un autre, dont les sommets H, F, A, C sont respectivement opposés aux premiers. Ces deux tétraèdres sont placés symétriquement par rapport au centre de l'hexaèdre.

THÉORÈME LII.

A tout dodécaèdre régulier on peut circonscrire un hexaèdre régulier, dont les sommets et les arêtes appartiennent aux sommets du dodécaèdre et aux diagonales de ses faces.

Reportons-nous à la construction indiquée ci-dessus (Th. XLV), et soit AB...PQ l'une des deux surfaces polyédrales ouvertes dont l'ensemble constitue celle du dodé- Fig. 336.

caèdre régulier. Menons, dans les pentagones AH, AC, AP, BI, les diagonales FH, EC, FE, HC : nous formerons ainsi un quadrilatère FHCE ayant ses côtés égaux. De plus, les deux diagonales FH, EC, parallèles à AB, sont parallèles entre elles ; et chacune d'elles est divisée en deux parties égales par le plan élevé perpendiculairement au milieu de AB ; d'où l'on conclut que les angles F, H, C, E sont droits. Donc FHCE est un carré.

Menons CL, EN, LN : la figure ECLN sera un carré égal au premier. En effet, l'angle trièdre CEDL est égal, évidemment, à l'angle trièdre CHBL ; donc la face ECL sera égale à HCL ; etc.

Si nous considérons actuellement la seconde moitié de la surface du dodécaèdre, nous pourrons répéter les mêmes constructions, en choisissant, parmi les diagonales, celles qui aboutissent aux sommets F, H, L, N. Nous aurons, sur chacune des deux parties de la surface du dodécaèdre, six arêtes d'un même cube ; donc, etc.

Remarque. Chaque diagonale, telle que EC, prise arbitrairement sur une face ABCDE du dodécaèdre, détermine un hexaèdre inscrit. *Le nombre des hexaèdres réguliers inscrits à un dodécaèdre régulier donné est donc* égal au nombre des diagonales d'un pentagone, c'est-à-dire *égal à cinq*.

PROBLÈME I.

Déterminer le rayon d'une sphère solide donnée (*).

(*) Les Problèmes dont nous n'indiquons que les énoncés se résolvent très-aisément, soit d'une manière directe, soit par la comparaison avec les Problèmes traités dans les Livres II et III.

PROBLÈME II.

D'un point donné, comme pôle, décrire une circonférence de grand cercle.

PROBLÈME III.

Tracer une circonférence de grand cercle passant par deux points donnés.

PROBLÈME IV.

D'un point donné, mener un arc de grand cercle perpendiculaire à un arc donné.

PROBLÈME V.

D'un point donné, mener un arc de grand cercle coupant, sous un angle donné, la circonférence d'un grand cercle donné.

PROBLÈME VI.

Diviser, en deux parties égales, un arc de cercle donné.

PROBLÈME VII.

Diviser, en deux parties égales, l'angle formé par deux arcs de grands cercles donnés.

PROBLÈME VIII.

A un triangle sphérique donné, circonscrire une circonférence.

PROBLÈME IX.

A un triangle sphérique donné, inscrire une circonférence.

Remarque. Trois plans menés par le centre d'une sphère déterminent en général, sur sa surface, *huit* triangles. Par conséquent, si l'on propose de *tracer une circonférence tangente à trois circonférences de grands cercles données*, le problème admet *huit* solutions.

PROBLÈME X.

Construire un triangle sphérique, connaissant deux côtés et l'angle compris.

PROBLÈME XI.

Construire un triangle sphérique, connaissant deux côtés et l'angle opposé à l'un d'eux.

PROBLÈME XII.

Construire un triangle sphérique, connaissant ses trois côtés.

PROBLÈME XIII.

Construire un triangle sphérique, connaissant un côté et les deux angles adjacents.

Au moyen du triangle polaire, on ramène ce problème au Problème X. La même considération permet de résoudre les deux questions suivantes.

PROBLÈME XIV.

Construire un triangle sphérique, connaissant deux angles et le côté opposé à l'un d'eux.

PROBLÈME XV.

Construire un triangle sphérique, connaissant ses trois angles.

PROBLÈME XVI.

Par un point donné, mener un arc de grand cercle tangent à un petit cercle donné.

PROBLÈME XVII.

D'un point donné, comme pôle, décrire un cercle tangent à un cercle donné.

PROBLÈME XVIII.

Tracer une circonférence de grand cercle tangente à deux petits cercles donnés.

Remarque. La solution de cette question est tout à fait semblable à celle de ce problème de Géométrie plane : *Mener une tangente commune à deux cercles donnés.*

PROBLÈME XIX.

Tracer une circonférence tangente à deux cercles donnés et ayant un rayon sphérique donné.

Remarque. Ce problème admet, en général, *huit* solutions.

PROBLÈME XX.

Décrire une circonférence qui passe par deux points donnés A, B, et qui touche un cercle donné C.

Par les deux points donnés, faites passer une circonférence quelconque, coupant en D, E la circonférence du cercle donné. Tracez les sécantes sphériques AB, DE ; et, du point F, où elles se coupent, menez, au cercle C, des tangentes sphériques FG, FG′ : les points G, G′ seront les points où les deux circonférences qui satisfont à la question touchent la circonférence donnée.

(Voyez Prob. XXX, Liv. III.)

PROBLÈME XXI.

Décrire une circonférence qui passe par un point donné, et qui touche deux arcs de grands cercles donnés.

(Voyez Prob. XXXI, Liv. III.)

PROBLÈME XXII.

Décrire une circonférence I, qui passe par un point donné A, et qui touche deux petits cercles donnés B, C.

Nous savons (Th. XXXI) que l'arc de grand cercle mené par les points de contact inconnus M, N, passe par les foyers F, G des deux cercles donnés. Nous savons aussi que ces foyers sont les points où vont concourir les arcs de grands cercles, également inclinés sur les circonférences B, C.

Conséquemment, si les cercles donnés sont extérieurs l'un à l'autre, ou s'ils se coupent, nous leur mènerons deux tangentes sphériques communes (Prob. XVIII), lesquelles se rencontrent aux foyers cherchés.

Si les circonférences B, C sont intérieures l'une à l'autre, prenons les points K, L, où elles sont respectivement rencontrées par l'arc de grand cercle qui joint leurs pôles; puis, par ces deux points, faisons passer une circonférence quelconque coupant B, C aux points K', L' : l'arc de grand cercle K'L' passera par les deux foyers (Th. XXX et XXXI).

Ces points, qui remplacent les centres d'homothétie de deux cercles situés dans un même plan, étant déterminés, la question s'achève aisément.

(Voyez Prob. XXXII, Liv. III.)

PROBLÈME XXIII.

Décrire une circonférence tangente à trois petits cercles donnés.

Première solution. Le problème se ramène à celui qui précède. (Voyez Prob. XXXVI, Liv. III, première solution.)

Seconde solution. Pour ne pas compliquer les constructions, servons-nous de la figure 178, relative au cas où les circonférences étaient dans un même plan. Cette figure plane n'est, en aucune façon, la projection de la figure sphérique, mais elle permettra au lecteur de se représenter, avec plus de facilité, des constructions qui devraient réellement *être effectuées dans l'espace*.

Soient donc A, B, C trois petits cercles situés sur la surface d'une sphère donnée ; et, parmi les huit circonférences qui peuvent satisfaire à la question, considérons *abc*, qui touche extérieurement ces cercles, et *a'b'c'*, qui les touche intérieurement.

La droite *aa'*, menée par les points de contact du cercle A avec les cercles cherchés, est une génératrice du cône (*abc*, *a'b'c'*) déterminé par ceux-ci (Th. XXXI). De même pour *bb'* et pour *cc'*. Ainsi, ces droites concourent en un même point *o*, centre ou sommet de ce cône. Et comme ces droites sont des cordes de la sphère, nous avons $oa.oa'=ob.ob'=oc.oc'$ (Th. XII) ; d'où il résulte encore que le sommet *o* est en même temps le point où se coupent les plans des cercles donnés (Th. XV). Si l'on suppose ce point *o* joint au centre de la sphère par une droite, celle-ci percera la surface sphérique en un point F (non représenté sur la figure), lequel sera tout à la fois l'un des foyers des cercles cherchés (Th. XXXI), et le point d'où l'on peut mener, aux circonférences A, B, C, des tangentes sphériques égales (Th. XVII).

Les sommets *m*, *m'*, *m''* des cônes (A, B) (B, C) (C, A) sont situés sur la droite suivant laquelle se coupent les plans des cercles *abc*, *a'b'c'* (Th. XXXII) ; et cette droite est le lieu des points d'égale puissance par rapport à ces cercles (Th. XV). Donc les tangentes en *a* et en *a'* doivent concourir en un point x situé sur cette ligne, et il en es de même pour les tangentes aux points b, b', et pour les tangentes aux points c, c'.

La polaire du point x, relativement au cercle A, est la corde de contact aa'; donc le pôle p de $mm'm''$ doit se trouver sur cette corde.

On conclut de là, par le principe de la projection conique, que *le point conjugué de la circonférence de grand cercle* mm'm'', *relativement au cercle directeur* A, *est situé sur la circonférence de grand cercle passant par les points de contact* a, a'.

Donc, 1° *Construisez les foyers des cercles donnés, pris deux à deux;* 2° *tracez la circonférence de grand cercle passant par trois de ces foyers;* 3° *cherchez les points conjugués de cette ligne, par rapport à chaque cercle;* 4° *joignez, par des arcs de grands cercles, ces points conjugués au point* F, *d'où l'on peut mener, aux cercles* A, B, C, *des tangentes sphériques égales : les intersections de ces arcs avec les circonférences données seront les points de contact cherchés.*

(Voyez Prob. XXXVI, Liv. III.)

PROBLÈME XXIV.

Quel est le lieu géométrique des sommets C des triangles sphériques construits sur une base donnée AB, et dans lesquels la différence entre la somme des angles à la base et l'angle au sommet est constante ?

Fig. 337. Soit P le pôle du petit cercle passant par les sommets A, B, C. Si nous menons les arcs de grands cercles PA, PB, PC, nous décomposerons le triangle ABC en trois triangles isocèles. Or, E étant l'excès donné, et α, β, γ

étant les angles à la base dans ces trois triangles, l'égalité CAB+CBA−ACB=E équivaut à

$$\beta+\gamma+\alpha+\gamma-(\beta+\alpha)=E; \quad \text{d'où} \quad \gamma=\tfrac{1}{2}E.$$

Ainsi, le triangle isocèle APB est déterminé, c'est-à-dire que le lieu cherché est l'arc de petit cercle dont P est le pôle, et qui passe par les extrémités A, B de la base donnée.

PROBLÈME XXV.

Quel est le lieu géométrique des sommets C des triangles sphériques de même base AB et de même surface?

En représentant par m le rapport du triangle ABC au triangle trirectangle, et en prenant pour unité l'angle droit, nous aurons FIG. 338.

$$A+B+C-2=m.$$

Prolongeons les côtés AC, BC jusqu'à ce qu'ils rencontrent la circonférence ABA'B' aux points A', B' : nous formerons un triangle A'B'C, dans lequel les angles A', B' sont les suppléments respectifs des angles A, B. L'égalité précédente devient donc

$$2-A'+2-B'+C-2=m,$$

ou

$$A'+B'-C=2-m.$$

Ainsi, la différence entre l'angle C et la somme des angles A', B' est constante; donc le point C décrit un arc de petit cercle passant par les points A', B'. C'est-à-dire que *le lieu géométrique des sommets des triangles sphériques de même base et de même surface est un arc de petit cercle passant par les points diamétralement opposés aux extrémités de la base* (*).

(*) Cette proposition est connue sous le nom de *Théorème de Lexell.* La démonstration ci-dessus, remarquable par sa simplicité, a été donnée par M. Steiner. (Voyez *Journal de Liouville,* tome VI.)

PROBLÈME XXVI.

Étant donné le côté c d'un polyèdre régulier, trouver le rayon R de la sphère circonscrite et le rayon r de la sphère inscrite.

Fig. 339. *Tétraèdre.* On sait que les perpendiculaires abaissées des sommets A, D, sur les faces opposées, se coupent en un point O, situé aux trois quarts de chacune d'elles, à partir du sommet correspondant. D'ailleurs, ce point O est le centre commun de la sphère inscrite et de la sphère circonscrite ; ainsi

$$R=3r.$$

De plus, dans le triangle rectangle OGD, $\overline{OD}^2-\overline{OG}^2=\overline{GD}^2$,

ou $$R^2-r^2=\left(\frac{c}{\sqrt{3}}\right)^2.$$

Ces deux équations donnent

$$R=\frac{1}{4}c\sqrt{6},\quad r=\frac{1}{12}c\sqrt{6}.$$

Hexaèdre. On a évidemment

$$R=\frac{1}{2}c\sqrt{3},\quad r=\frac{1}{2}c.$$

Fig. 340. *Octaèdre.* Les trois droites OA, OB, OC sont perpendiculaires entre elles et égales à R. Donc $c=R\sqrt{2}$, ou

$$R=\frac{c}{\sqrt{2}}.$$

Si nous menons OG perpendiculaire à ABC, cette droite sera le rayon de la sphère inscrite à l'octaèdre, et nous aurons, comme ci-dessus, $R^2-r^2=\frac{1}{3}c^2$; d'où

$$r=\frac{c}{\sqrt{6}}.$$

Fig. 341. *Dodécaèdre.* Dans un pentagone régulier ABCDE dont c est le côté, menons le rayon $OB=R'$ et la diagonale $AC=d$.

D'après le Théorème I du Livre IV, le côté c est égal à la plus grande partie de la diagonale d, partagée en moyenne et extrême raison ; donc

$$c=\frac{1}{4}d(\sqrt{5}-1).$$

Cela posé, assemblons trois triangles égaux à ABC. Nous obtiendrons un tétraèdre CABH (fig. 342), dans lequel l'angle trièdre B sera l'un de ceux du dodécaèdre (Th. XLV). Si donc nous abaissons BLI perpendiculaire à CAH ; si, sur BF nous prenons $BO=R'$; et si enfin nous menons OI perpendiculaire à ABC, le point I sera le centre du dodécaèdre.

Les deux triangles BLF, BOI donnent $\frac{BF}{BI}=\frac{FL}{OI}$,

ou $$\frac{BF}{R}=\frac{FL}{r}.$$

Pour évaluer le rapport de BF à FL, observons que

$$BF=\sqrt{\overline{AB}^2-\overline{AF}^2}=\sqrt{c^2-\frac{1}{4}d^2},$$

et que $$FL=\frac{1}{3}FH=\frac{1}{6}d\sqrt{3}.$$

Donc $$\frac{R}{r}=\frac{\sqrt{c^2-\frac{1}{4}d^2}}{\frac{1}{6}d\sqrt{3}};$$

puis, en remplaçant c par sa valeur :

$$\frac{R}{r}=\frac{\sqrt{(\sqrt{5}-1)^2-1}}{\frac{1}{3}\sqrt{3}}=\sqrt{3(5-2\sqrt{5})}.$$

Le triangle BOI donne ensuite $\overline{BI}^2-\overline{OI}^2=\overline{BO}^2$,

ou $$R^2-r^2=R'^2.$$

Le rayon R' du cercle circonscrit au pentagone régulier

a pour valeur $\frac{2c}{\sqrt{10-2\sqrt{5}}}$: la dernière équation devient donc, en vertu de la précédente :

$$(14-6\sqrt{5})r^2=\frac{2c^2}{5-\sqrt{5}};$$

d'où $$r^2=\frac{c^2}{(7-3\sqrt{5})(5-\sqrt{5})}=\frac{c^2(25+11\sqrt{5})}{40}.$$

Nous aurons donc $r=\frac{1}{2}c\sqrt{\frac{25+11\sqrt{5}}{10}}$;

et, par suite, $\mathrm{R}=\frac{1}{4}c(\sqrt{15}+\sqrt{3})$.

Icosaèdre. Construisons, avec c pour côté, un pentagone régulier ABCDE (fig. 343). Prenons cette figure pour base d'une pyramide régulière ayant G pour sommet, et dans laquelle l'arête aussi soit égale à c. Enfin, par le centre I du triangle équilatéral AGB, élevons, au plan de ce triangle, la perpendiculaire IO coupant en O la hauteur GF. Le point O sera le centre de l'icosaèdre.

Cela posé, si nous abaissons GH perpendiculaire à AB, et si nous menons HF, les deux triangles GIO, GHF donneront

$$\frac{\mathrm{GO}}{\mathrm{GH}}=\frac{\mathrm{IO}}{\mathrm{FH}}.$$

Or, $\mathrm{GO}=\mathrm{R}$, $\mathrm{IO}=r$, $\mathrm{GH}=\frac{1}{2}c\sqrt{3}$.

De plus, la droite HF, apothème du pentagone régulier ABCDE, a pour expression $\frac{1}{2}c\frac{\sqrt{5}+1}{\sqrt{10-2\sqrt{5}}}$.

En remplaçant donc les lignes par leurs valeurs, dans la proportion ci-dessus, nous obtiendrons

$$\frac{\mathrm{R}}{r}=\frac{\sqrt{3}\sqrt{10-2\sqrt{5}}}{\sqrt{5}+1}.$$

Nous avons aussi, comme précédemment,

$$\mathrm{R}^2-r^2=\overline{\mathrm{IO}}^2=\frac{1}{3}c^2.$$

Ces deux équations donnent, par un calcul facile,

$$r=\frac{1}{4}c\frac{3+\sqrt{5}}{\sqrt{3}},\quad R=\frac{1}{2}c\sqrt{\frac{5+\sqrt{5}}{2}}.$$

PROBLÈME XXVII.

Connaissant le rayon R d'une sphère, trouver le côté c d'un polyèdre régulier inscrit, et le rayon r de la sphère inscrite à ce polyèdre.

Si l'on résout, par rapport à c et à r, les formules trouvées dans le Problème XXVI, on arrive aux résultats suivants :

Tétraèdre. $c=\frac{2}{3}R\sqrt{6},\quad r=\frac{1}{3}R.$

Hexaèdre. $c=\frac{2}{3}R\sqrt{3},\quad r=\frac{1}{3}R\sqrt{3}.$

Octaèdre. $c=R\sqrt{2},\quad r=\frac{1}{3}R\sqrt{3}.$

Dodécaèdre. $c=\frac{1}{3}R(\sqrt{15}-\sqrt{3}),\quad r=R\sqrt{\frac{5+2\sqrt{5}}{15}}.$

Icosaèdre. $c=\frac{1}{5}\sqrt{10(5-\sqrt{5})},\quad r=R\sqrt{\frac{5+2\sqrt{5}}{15}}.$

Remarque. Le rayon de la sphère inscrite ayant la même valeur pour le dodécaèdre et pour l'icosaèdre, on voit que, si ces deux polyèdres sont inscrits à une même sphère, ils seront circonscrits aussi à une même sphère. La même propriété subsiste pour l'hexaèdre et l'octaèdre. Ces deux résultats confirment ce que nous avons dit sur les polyèdres conjugués.

PROBLÈME XXVIII.

Connaissant le rayon R d'une sphère, trouver l'aire A et le volume V d'un polyèdre régulier inscrit à cette sphère.

Nous venons d'exprimer, en fonction de R, le côté c du polyèdre régulier ; si donc nous désignons par a l'aire de chacune des faces, nous trouverons, par les formules connues (*), les valeurs suivantes :

Tétraèdre. $a = \frac{1}{4}c^2\sqrt{3} = R^2\sqrt{3}$; $A = \frac{8}{3}R^2\sqrt{3}$.

Hexaèdre. $a = c^2 = \frac{4}{3}R^2$; $A = 8R^2$.

Octaèdre. $a = \frac{1}{4}c^2\sqrt{3} = \frac{1}{2}R^2\sqrt{3}$; $A = 4R^2\sqrt{3}$.

Dodécaèdre. $a = \frac{5}{4}c^2\frac{\sqrt{5}+1}{\sqrt{10-2\sqrt{5}}} = \frac{1}{6}R^2\sqrt{10(5-\sqrt{5})}$;

$$A = 2R^2\sqrt{10(5-\sqrt{5})}.$$

Icosaèdre. $a = \frac{1}{4}c^2\sqrt{3} = \frac{1}{10}R^2(5\sqrt{3}-\sqrt{15})$;

$$A = 2R^2(5\sqrt{3}-\sqrt{15}).$$

Multiplions actuellement la valeur de A par $\frac{1}{3}r$; nous aurons le volume V du polyèdre, savoir :

Tétraèdre. $V = \frac{8}{3}R^2\sqrt{3}\cdot\frac{1}{9}R = \frac{8}{27}R^3\sqrt{3}$.

Hexaèdre. $V = 8R^2\cdot\frac{1}{9}R\sqrt{3} = \frac{8}{9}R^3\sqrt{3}$.

Octaèdre. $V = 4R^2\sqrt{3}\cdot\frac{1}{9}R\sqrt{3} = \frac{4}{3}R^3$.

Dodécaèdre. $V = 2R^2\sqrt{10(5-\sqrt{5})}\cdot\frac{1}{3}R\sqrt{\frac{5+2\sqrt{5}}{15}}$

$$= \frac{2}{9}R^3\sqrt{30(3+\sqrt{5})}.$$

Icosaèdre. $V = 2R^2(5\sqrt{3}-\sqrt{15})\cdot\frac{1}{3}R\sqrt{\frac{5+2\sqrt{5}}{15}}$

$$= \frac{2}{3}R^3\sqrt{10+2\sqrt{5}}.$$

(*) *Éléments de Géométrie*, Liv. IV.

PROBLÈME XXIX.

Une sphère variable S se meut en touchant continuellement trois sphères fixes A, B, C, données de grandeur et de position. Quelle est la courbe décrite sur chacune de celles-ci par son point de contact avec la sphère mobile?

Soient *a*, *b*, *c* les points où la sphère S, considérée dans l'une quelconque de ses positions, touche respectivement les sphères A, B, C ; et, pour fixer les idées, supposons que celles-ci soient, deux à deux, extérieures l'une à l'autre, et que la sphère S les touche extérieurement.

Le point *a* est évidemment le centre de similitude *inverse* des sphères S, A ; de même, *b* est le centre de similitude *inverse* des sphères S, B ; donc la droite *ab* passe par le centre de similitude *directe* des sphères A, B (Liv. III et Liv. VI).

Pour la même raison, la droite *bc* passe par le centre de similitude directe des sphères B, C, et la droite *ca* passe par le centre de similitude directe des sphères C, A. Donc le plan des trois points de contact *a*, *b*, *c* passe par l'axe de similitude directe des sphères données. Il est évident, en outre, que ce plan coupe les quatre sphères suivant des cercles tels, que celui qui appartient à S touchera les trois autres.

Soient (fig. 178) *abc*, *a'aa''*, *bb'b''*, *cc'c''* ces quatre cercles. Soient, de plus, *m*, *m'*, *m''* les centres de similitude dont il vient d'être question : ces points seront, en même temps, les centres de similitude des trois derniers cercles, considérés deux à deux.

Le point de contact *a* est sur la droite qui joint le centre radical o de ces mêmes cercles au pôle p de leur axe de similitude, ce pôle étant relatif au cercle $aa'a''$ (Liv. III, Prob. XXXVI). Or, le lieu décrit par le point p, quand le plan de la figure tourne autour de l'axe $mm'm''$, est la droite réciproque de cet axe (Th. VII) ; et, d'un autre côté, il est clair que le lieu du centre radical o est l'axe radical des sphères A, B, C. Conséquemment, le lieu du point a est la circonférence suivant laquelle le plan de ces deux droites coupe la sphère A.

Les mêmes raisonnements s'appliqueraient aux lieux décrits par les points b et c. On a donc ce théorème :

Quand une sphère variable S *se meut en touchant continuellement trois sphères fixes* A, B, C, *le lieu décrit sur chacune de celles-ci par son point de contact avec la première sphère est un petit cerle dont le plan est perpendiculaire à celui qui contient les centres des trois sphères données* (*).

(*) Cette propriété remarquable a été découverte par Dupuis, ancien élève de l'École Polytechnique, mort au commencement de ce siècle.

LIVRE VIII.

PROBLÈME I.

Un demi-décagone régulier, dont le côté est c, tourne autour du diamètre du cercle inscrit. Quel est le volume V du corps engendré?

Ce corps se compose de celui qui est engendré par le secteur polygonal régulier OBCDEFO, augmenté des deux cônes engendrés par OAB et OGF. Fig. 344.

Or,

$$\text{vol. OB...FO} = 2\pi \text{OA} \,.\, 2\text{OA} \,.\, \tfrac{1}{3}\text{OA} = \tfrac{4}{3}\pi \overline{\text{OA}}^3,$$

$$\text{vol. OAB} = \text{vol. OGF} = \tfrac{1}{3}\pi \overline{\text{AB}}^2 . \text{OA};$$

donc, en appelant a l'apothème OA, nous aurons

$$V = \tfrac{4}{3}\pi a^3 + \tfrac{1}{6}\pi a c^2.$$

Dans le décagone régulier, le rapport de l'apothème au côté est égal à $\frac{1}{2}\sqrt{5+2\sqrt{5}}$; donc

$$V = \tfrac{1}{12}\pi c^3 [2(5+2\sqrt{5})+1]\sqrt{5+2\sqrt{5}}$$
$$= \tfrac{1}{12}\pi c^3 (11+4\sqrt{5})\sqrt{5+2\sqrt{5}};$$

ou, en effectuant,

$$V = \tfrac{1}{12}\pi c^3 \sqrt{1885+842\sqrt{5}}.$$

L'expression du volume, en fonction de l'apothème a, serait bien moins compliquée.

Car $V=\frac{4}{3}\pi a^3+\frac{2}{3}\pi a^3\frac{1}{5+2\sqrt{5}}=\frac{4}{3}\pi a^3+\frac{2}{15}\pi a^3(5-2\sqrt{5});$

ou $$V=\frac{2}{15}\pi a^3(15-2\sqrt{5}).$$

PROBLÈME II.

A une demi-circonférence ADB, on mène une tangente DC; après quoi l'on fait tourner la ligne AFDC autour de ABC. Comment doit-on prendre la tangente pour que la surface conique engendrée par cette droite ait un rapport donné m avec la surface de la zone engendrée par AFD?

Fig. 345. D'après l'énoncé, on doit avoir

$$\frac{CD.DE}{2R.AE}=m,$$

R étant le rayon de la sphère.

Menons le rayon OD : les triangles CDE, DOE donneront

$$\frac{CD}{OD}=\frac{DE}{OE};$$

d'où $$CD=R\frac{DE}{OE},$$

puis $$\frac{DE}{2AE.\overline{OE}^2}=m.$$

Mais $\overline{DE}^2=AE.BE$; donc

$$\frac{BE}{OE}=\frac{m}{2}.$$

Il faut donc, pour résoudre le problème, partager le rayon OB en deux segments BE, OE, dont le rapport soit la moitié du rapport donné, etc.

PROBLÈME III.

Quelle est l'étendue A de la partie de la surface du globe, visible pour un aéronaute placé à une hauteur h au-dessus du sol?

Fig. 345. Si l'on conçoit un cône DCG circonscrit à la sphère terrestre O, et dont le sommet C soit l'œil de l'observateur, le petit cercle DG séparera la zone visible DBG de la zone invisible DAG. Nous aurons donc, en désignant par R le rayon de la terre, et par x la hauteur BE de la zone cherchée,

$$A = 2\pi R x.$$

Menons le rayon OD; nous aurons aussi, dans le triangle rectangle CDO :

$$R^2 = (R - x)(R + h).$$

Cette équation donne $x = \frac{Rh}{R+h}$;

d'où $$A = 2\pi R h \frac{R}{R+h}. \quad (1)$$

Pour réduire cette formule en nombres, on observera que la circonférence de la terre, supposée sphérique, est égale à *quarante millions* de mètres, et que, la hauteur h étant presque toujours une petite fraction du rayon terrestre, on pourra, du moins pour une première approximation, négliger h dans le diviseur. On aura donc, à fort peu de chose près,

$$A = 40\,000\,000\, h \text{ mètres carrés,}$$

ou $$A = (4000h) \text{ hectares,} \quad (2)$$

la lettre h représentant maintenant le *rapport* entre la hauteur donnée et le mètre.

Pour obtenir une formule plus rapprochée, il suffit de remplacer

$$\frac{R}{R+h} = \frac{1}{1+\frac{h}{R}} = 1 - \frac{h}{R} + \left(\frac{h}{R}\right)^2 - \ldots,$$

par ce développement limité à un certain terme, au second terme, par exemple.

Comme application, supposons $h = 5\,000$: la formule (2) donnera

$$A = 20\,000\,000 \text{ hectares.}$$

Cette valeur est trop grande : pour la corriger, il faut la multiplier par $1-\frac{h}{R}$. Or,

$$R=\frac{40\,000\,000}{2\pi}=\frac{20\,000\,000}{\pi}; \quad \text{donc } \frac{h}{R}=\frac{\pi.5000}{20\,000\,000};$$

donc

$$A=(20\,000\,000-5\,000\pi) \text{ hectares}=19\,984\,292 \text{ hect.}$$

Cherchons à quelle hauteur l'aéronaute devrait s'élever pour apercevoir une zone terrestre équivalente à la surface de la France. D'après M. *Bravais* (*), la superficie de notre territoire est de 52 768 600 hectares ; donc, par la formule (2),

$$h=\frac{52\,768\,600}{4000}=13\,192.$$

Pour avoir une valeur plus exacte, résolvons, par rapport à h, l'équation (1) ; nous aurons

$$h=\frac{AR}{2\pi R^2-A};$$

d'où, à fort peu de chose près,

$$h=\frac{A}{2\pi R}\left(1+\frac{A}{2\pi R^2}\right).$$

Le facteur $\frac{A}{2\pi R}$ est précisément la valeur de h que nous avons obtenue tout à l'heure ; donc

$$h=13\,192\left(1+\frac{13\,172}{R}\right)=13\,192\left(1+\frac{13\,192\pi}{20\,000\,000}\right)=$$

$$=13\,192+\frac{13\,192^2.\pi}{20\,000\,000}=13\,192+y.$$

On a

$$\begin{array}{rcl}
\log 13\,192 & = & 4{,}1203106 \\ \hline
2\log 13\,192 & = & 8{,}2406212 \\
+\log\pi & = & 0{,}4971499 \\
-\log 20\,000\,000 & = & -7{,}3010300 \\ \hline
\log y & = & 1{,}4367411
\end{array}$$

$$y=27,\ldots$$

$$h=13\,219.$$

(*) *Patria*, tome Ier, page 2.

Ainsi, pour embrasser toute la France dans son horizon, l'aéronaute devrait s'élever à une hauteur d'environ 13 219 mètres.

PROBLÈME IV.

Par les extrémités de deux rayons OA, OC, on mène les tangentes AD, CD, lesquelles se coupent en D. On demande d'exprimer, en fonction du rayon R et de la projection AE de l'arc AFC, les volumes des corps engendrés par le triangle AOC, par le segment ACF, et par le triangle ADCF, lorsque ces trois figures tournent autour du rayon OA.

Menons OD : cette droite sera perpendiculaire au milieu de la corde AC. Soient ensuite $CE = x$, $AD = y$, $AE = h$. Fig. 346.

Nous aurons d'abord

$$\text{vol. AOC} = v = \frac{1}{3}\pi R x^2;$$

$$\text{vol. ACF} = v' = \frac{2}{3}\pi R^2 h - v;$$

$$\text{vol. ADCF} = v'' = \text{vol. ADCE} - \text{vol. AFCE}$$

$$= \frac{1}{3}\pi h(x^2 + xy + y^2) - \frac{1}{2}\pi x^2 h - \frac{1}{6}\pi h^3.$$

La perpendiculaire CE est moyenne proportionnelle entre les deux segments du diamètre ; donc $x^2 = h(2R - h)$.

Les deux triangles semblables ADG, CAE donnent $\frac{AD}{AC} = \frac{AG}{EC}$,

ou

$$y = \frac{\overline{AC}^2}{2\,CE} = \frac{Rh}{x}.$$

Par suite, $v = \frac{1}{3}\pi R h(2R - h)$, $v' = \frac{1}{3}\pi R h^2$,

$$v'' = \frac{1}{3}\pi \frac{R^2 h^2}{2R - h}.$$

Remarque. Si $h = R$, auquel cas les deux rayons OA, OC sont perpendiculaires entre eux, on a

$$v = v' = v'' = \frac{1}{3}\pi R^3.$$

Ainsi, dans ce cas particulier, les trois corps proposés sont équivalents entre eux, et chacun d'eux est le quart de la sphère.

PROBLÈME V.

Calculer le volume d'une lentille biconvexe ACBC′, connaissant son épaisseur CC′, et les rayons R, R′ des sphères O, O′ qui en forment les deux faces.

Fig. 347. Si la figure CAC′ tourne autour de OO′, les demi-segments circulaires CAD, C′AD engendrent deux segments sphériques, dont l'ensemble constitue la lentille.

Désignons par h, h' les hauteurs CD, C′D, et par V le volume cherché; nous aurons d'abord

$$V=\frac{1}{2}\pi\overline{AD}^2(h+h')+\frac{1}{6}\pi(h^3+h'^3),$$

ou
$$V=\frac{1}{6}\pi(h+h')[3\overline{AD}^2+h^2+h'^2-hh'].$$

Menons les rayons OA, O′A, et appelons d la distance des centres O, O′; nous aurons, dans le triangle OAO′ :

$$\frac{1}{2}AD\,.\,d=\frac{1}{4}\sqrt{(R+R'+d)(R+R'-d)(R+d-R')(R'+d-R)};$$

d'où
$$\overline{AD}^2=\frac{(R+R'+d)(R+R'-d)}{4d^2}[d^2-(R-R')^2].$$

Dans le même triangle,

$$\overline{AO'}^2=\overline{OO'}^2+\overline{OA}^2-2OO'.OD,$$

ou
$$R'^2=d^2+R^2-2d(R-h);$$

d'où
$$h=\frac{(R'+d-R)(R+R'-d)}{2d}.$$

De même,
$$h'=\frac{(R+d-R')(R+R'-d)}{2d}.$$

Ces deux valeurs donnent

$$h+h'=R+R'-d,$$

et

$$h^2+h'^2-hh'=$$

$$\frac{(R+R'-d)^2}{4d^2}[(R'+d-R)^2+(R+d-R')^2-(R+d-R')(R'+d-R)],$$

ou

$$h^2+h'^2-hh'=\frac{(R+R'-d)^2}{4d^2}[d^2+3(R-R')^2].$$

Ajoutant cette expression au triple de $\overline{AD}^2$, nous obtenons

$$3\overline{AD}^2+h^2+h'^2-hh'=$$

$$\frac{R+R'-d}{4d^2}\left\{3(R+R'+d)[d^2-(R-R')^2]+(R+R'-d)[d^2+3(R-R')^2]\right\}$$

$$=\frac{R+R'-d}{2d}[(2R+2R'+d)d-3(R-R')^2].$$

L'expression du volume devient donc

$$V=\frac{1}{12}\pi\frac{(R+R'-d)^2}{d}[(2R+2R'+d)d-3(R-R')^2].$$

Si maintenant nous désignons par e l'épaisseur de la lentille, nous aurons $d=R+R'-e$; d'où enfin,

$$V=\frac{1}{12}\pi\frac{e^2}{(R+R'-e)^2}[e^2-4(R+R')e+12RR'].$$

PROBLÈME VI.

Un cône est circonscrit à deux sphères de rayons R et R', tangentes extérieurement. Quel est le volume de l'espace compris entre les trois surfaces?

Par la ligne des centres, faisons passer un plan quelconque : il coupera les deux sphères suivant des circonférences OC, O'C tangentes en C ; et il coupera la surface du cône suivant une droite AA', tangente aux deux circonférences. FIG. 348.

Le volume V qu'il s'agit d'évaluer est celui du corps engendré par la figure ACA'. Or, si nous abaissons AB, A'B' perpendiculaires à la ligne des centres, nous aurons, en retranchant du tronc de cône engendré par ABA'B' les segments engendrés par ABC et A'B'C :

$$V=\frac{1}{3}\pi BB'(\overline{AB}^2+\overline{A'B'}^2+AB\,.\,A'B')$$
$$-\frac{1}{2}\pi(\overline{AB}^2.BC+\overline{A'B'}^2.B'C)-\frac{1}{6}\pi(\overline{BC}^3+\overline{B'C}^3).$$

Menons, par le centre O', la parallèle O'D à la tangente commune AA' : l'angle D sera droit ; par conséquent, les triangles AOB, O'OD seront semblables ; et nous aurons

$$OB=OD\frac{OA}{OO'}=R\frac{R-R'}{R+R'}.$$

Cette valeur de OB donne

$$\overline{AB}^2=4\frac{R^3R'}{(R+R')^2},\quad \overline{A'B'}^2=4\frac{RR'^3}{(R+R')^2},$$
$$BC=\frac{2RR'}{R+R'},\quad B'C=\frac{2RR'}{R+R'}=BC;$$

puis

$$V=\frac{4}{3}\pi\frac{R^2R'^2}{(R+R')^3}[4(R^2+R'^2+RR')-3(R^2+R'^2)-2RR'];$$

ou enfin
$$V=\frac{4}{3}\pi\frac{R^2R'^2}{R+R'}.$$

Remarque. Nous avons trouvé, par le calcul, BC=B'C : il est facile de vérifier, géométriquement, que ces deux segments sont, en effet, égaux entre eux.

PROBLÈME VII.

Le *litre*, qui sert à mesurer les liquides, est un cylindre dans lequel la hauteur est double du diamètre de la base, et dont la capacité est de 1 décimètre cube. On demande de calculer, à moins de $\frac{1}{10}$ de millimètre, les dimensions de ce corps.

Prenons pour unité le décimètre, et représentons par h la hauteur du cylindre; nous aurons

$$1=\pi\left(\frac{h}{4}\right)^2 h,$$

d'où

$$h=\sqrt[3]{\frac{16}{\pi}}.$$

Il s'agit de calculer cette expression, à moins de $\frac{1}{1000}$ d'*unité*.

Multiplions les deux membres par 1000 : nous aurons $1000\,h=\sqrt[3]{16\,000\,000\,000\times\frac{1}{\pi}}$; et il nous faudra calculer cette nouvelle quantité, à moins d'*une* unité.

Le rapport du *diamètre à la circonférence*, représenté par $\frac{1}{\pi}$, est compris entre 0,3183098 et 0,3183099 : si nous adoptons la première valeur, nous aurons

$$16\,000\,000\,000\times\frac{1}{\pi}=5\,092\,956\,800.$$

Cette valeur peut différer de la véritable, d'environ 1600 unités. Mais cette erreur n'influe pas sur la racine cubique, attendu que celle-ci a quatre chiffres (*).

Extrayant donc la racine du plus grand cube contenu dans 5 092 956 800, on trouve $1000\,h=1720$; d'où $h=1^d,720=172^{mm},0$.

(*) Voyez le *Manuel du Baccalauréat ès sciences*.

Ainsi, la hauteur du litre$=172^{mm},0$; et le rayon de la base$=43^{mm},0$.

Pour vérifier les calculs précédents, opérons par logarithmes ; nous trouvons

$$\begin{aligned} \log 16 &= 1,2041200 \\ -\log\pi &= -0,4971499 \\ \hline &\ 0,7069701 \end{aligned}$$

$$\tfrac{1}{3} = 0,2356567 = \log h$$

$$h = 1,7205$$

PROBLÈME VIII.

Les angles d'un triangle sphérique sont, respectivement,

$$A = 48^{\circ}\,18', \quad B = 63^{\circ}\,12', \quad C = 73^{\circ}\,24' ;$$

le rayon de la sphère est $R = 0^{m},19$. Trouver, à moins de 1 millimètre carré, la surface du triangle.

En prenant pour unités l'angle droit et le triangle trirectangle, on a, pour la mesure du triangle,

$$T = A + B + C - 2.$$

D'après les données, la somme des trois angles est $184^{\circ}\,54$; donc

$$T = \frac{184 + \frac{54}{60}}{90} - 2 = \frac{49}{900}.$$

Ainsi, le triangle proposé est équivalent aux $\frac{49}{900}$ du triangle trirectangle.

D'un autre côté, le centimètre étant pris pour unité, l'aire de la sphère est $4\pi(19)^2$; celle du triangle trirectangle est donc $\frac{1}{2}\pi(19)^2$. Par suite, l'aire du triangle proposé sera

$$a = \pi\,\frac{361 . 49}{1800}.$$

En opérant par logarithmes, nous aurons

$$\begin{aligned}\log \pi &= 0,49714987\\ \log 361 &= 2,55750720\\ \log 49 &= 1,69019608\\ -\log 1800 &= -3,25527251\\ \hline \log a &= 1,48958064\end{aligned}$$

$$a=30,873\ldots$$

La surface du triangle est donc d'environ 3 087 millimètres carrés.

PROBLÈME IX.

Circonscrire, à une sphère donnée, un cône droit dont la surface totale soit équivalente à celle d'un cercle donné (*).

Coupons les deux surfaces par un plan quelconque, passant suivant l'axe du cône : nous obtiendrons, pour sections, un triangle isocèle ASB, et un grand cercle CDE, inscrit à ce triangle ; en sorte que les deux corps dont il s'agit sont engendrés par le triangle rectangle CAS et le demi-cercle CDF, tournant autour de SC. FIG. 349.

Représentons par R le rayon OC de la sphère, par a le rayon du cercle donné, par x le rayon AC de la base, par y la hauteur SC, enfin par z l'apothème AS du cône ; nous aurons d'abord

$$x(x+z)=a^2. \qquad (1)$$

Les triangles semblables ACS, ODS donnent $\frac{AC}{OD}=\frac{AS}{OS}$,

ou

$$\frac{x}{R}=\frac{z}{y-R}. \qquad (2)$$

(*) Ce problème appartient, à proprement parler, à l'*Application de l'Algèbre à la Géométrie*. La même remarque s'applique à quelques-uns des problèmes suivants.

En prenant les mêmes triangles, et en observant que la tangente SD est moyenne proportionnelle entre SC et SE, nous aurons encore

$$\frac{x}{R}=\frac{y}{\sqrt{y(y-2R)}},$$

d'où

$$x^2=R^2\frac{y}{y-2R}. \qquad (3)$$

La relation (2) donne $z=\frac{zy}{R}-x$. Au moyen de cette valeur, l'équation (1) devient $\frac{x^2y}{R}=a^2$; et, à cause de l'équation (3), $\frac{Ry^2}{y-2R}=a^2$; d'où enfin

$$y\left(\frac{a^2}{R}-y\right)=2a^2.$$

La somme des deux facteurs du premier membre est $\frac{a^2}{R}$; leur produit est $2a^2$. Il faut donc, pour obtenir la hauteur SC du cône, construire un rectangle équivalent à $2a^2$, et dans lequel la somme des deux dimensions soit égale à $\frac{a^2}{R}$. La question est ainsi ramenée à un problème connu.

Remarques. I. Pour que le problème soit possible, il faut que l'on ait $\frac{a^4}{4R^2}\gtreqless 2a^2$, ou $a^2\gtreqless 8R^2$. Lorsque $a^2=8R^2$, $y=\frac{a^2}{2R}=4R$, et la surface du cône est un minimum.

II. Lorsque $y=4R$, les équations (3) et (2) donnent $x=R\sqrt{2}$, $z=3R\sqrt{2}$. Conséquemment, le cône de surface minimum, circonscrit à une sphère donnée, jouit des propriétés suivantes :

1° *Sa hauteur est double du diamètre de la sphère ;*

2° *Son apothème est triple du rayon de sa base ;*

3° *Sa surface est double de la surface de la sphère ;*

4° *Son volume est également double du volume de celle-ci.*

En effet, quand un polygone ABCD, circonscrit à une demi-circonférence EF et limité par un diamètre XY, tourne autour de celui-ci, le volume V du corps engendré et le volume V′ de la sphère sont respectivement égaux aux aires correspondantes A, A′, multipliées chacune par le tiers du rayon OE. Donc Fig. 350.

$$\frac{V}{V'}=\frac{A}{A'}.$$

PROBLÈME X.

Couper une sphère par un plan, de manière que le segment sphérique CAD ait, avec le secteur sphérique correspondant CADO, un rapport donné *m*.

Représentons par R le rayon de la sphère, par x la hauteur AE du segment, par y le rayon CE de sa base. Nous aurons Fig. 351.

$$\frac{\frac{1}{2}\pi y^2x+\frac{1}{6}\pi x^3}{\frac{2}{3}\pi R^2x}=m;$$

ou, en simplifiant,

$$3y^2+x^2=4R^2m. \qquad (1)$$

D'un autre côté, la perpendiculaire CE est moyenne proportionnelle entre les deux segments AE, BE du diamètre; donc

$$y^2=x(2R-x). \qquad (2)$$

La substitution de cette valeur donne l'équation du second degré

$$x^2-3Rx+2R^2m=o, \qquad (3)$$

dont on construira facilement les racines. Quant à la discussion de cette équation, elle dépasse les limites que nous avons dû nous prescrire. La même observation s'applique aux problèmes qui suivent.

PROBLÈME XI.

A une sphère donnée, inscrire un cylindre ayant un rapport donné m avec la somme des deux segments sphériques adjacents.

Fig. 352. Soient R le rayon de la sphère, x le rayon EC de la base du cylindre, y la moitié OE de la hauteur de ce corps. On aura

$$\frac{2\pi x^2 y}{\pi x^2(R-y)+\frac{1}{3}\pi(R-y)^3}=m,$$

ou
$$6x^2y=m(R-y)\left[3x^2+(R-y)^2\right]. \qquad (1)$$

D'ailleurs, dans le triangle rectangle OEC, $x^2=R^2-y^2$: l'équation (1) devient donc

$$3(R^2-y^2)\,y=m(R-y)^3(2R+y);$$

d'où, en supprimant le facteur commun $R-y$ et en ordonnant :

$$y^2+Ry-\frac{2m}{m+3}R^2=0. \qquad (2)$$

Remarque. La suppression du facteur $R-y$ équivaut à celle de la solution $y=R$, solution qui, évidemment, ne convient pas au problème.

PROBLÈME XII.

A une sphère donnée, inscrire un cône ABC équivalent au segment sphérique adjacent ABD.

Fig. 353. Représentons par R le rayon de la sphère, par x le rayon de la base du cône, par y la hauteur DE du segment. Nous aurons

$$\frac{1}{3}\pi x^2(2R-y)=\frac{1}{2}\pi x^2y+\frac{1}{6}\pi y^3,$$

ou
$$x^2(4R-5y)=y^3.$$

Et comme x est moyen proportionnel entre y et $2R-y$:

$$y\,(2R-y)\,(4R-5y)=y^3.$$

En supprimant le facteur y et en réduisant, on trouve

$$2y^2-7Ry+4R^2=o.$$

Cette équation donne

$$y=R\,\frac{7\mp\sqrt{17}}{4}.$$

La première valeur est plus grande que $2R$; elle doit donc être rejetée. La seconde seule satisfait à la question proposée.

PROBLÈME XIII.

Couper un triangle ABC par une parallèle DE à la base AB, de manière que les corps engendrés par les deux segments CDE, ABDE tournant autour de cette base, supposée fixe, soient équivalents.

Soient $CF=h$ et $CG=x$ les hauteurs du triangle ABC FIG. 354.
et du triangle CDE. Il faut, d'après l'énoncé, que le corps engendré par celui-ci soit équivalent à la moitié du corps engendré par l'autre triangle.

Or, on sait que le corps engendré par un triangle tournant autour d'un axe situé dans son plan a pour mesure l'aire de ce triangle, multipliée par la circonférence que décrit son centre des moyennes distances (*) ; donc

$$\text{vol. ABC}=\text{ABC}\,.\,2\pi\frac{h}{3},\quad \text{vol. CDE}=\text{CDE}=2\pi\frac{h+2\,(h-x)}{3}.$$

On conclut, de ces deux valeurs,

$$\frac{\text{ABC}\,.\,h}{\text{CDE}\,.\,(3h-2x)}=2.$$

(*) *Éléments de Géométrie*, page 290.

Mais les triangles semblables ABC, CDE sont entre eux comme les carrés de leurs hauteurs h et x. L'équation devient donc

$$h^3 = 2x^2(3h - 2x),$$

ou

$$4x^3 - 6hx^2 + h^3 = o. \qquad (1)$$

Avec un peu d'attention, on reconnaît que cette équation du troisième degré est vérifiée par $x = \frac{h}{2}$. Ainsi, *la parallèle* DE *à la base* AB *doit être menée par le milieu de la hauteur* CF.

Remarque. Les deux autres racines de l'équation (1) sont $x = \frac{1}{2}h(1 \mp \sqrt{3})$: elles ne satisfont pas à l'énoncé, mais il est facile de les interpréter.

PROBLÈME XIV.

Couper un triangle ABC par une droite AD, passant par le sommet A, de manière que les corps engendrés par les deux segments ABD, ACD, tournant autour d'un axe donné XY, situé dans leur plan, soient équivalents.

FIG. 355. Des points A, B, C, D, abaissons des perpendiculaires sur XY. Nous aurons, comme dans le Problème XIII :

$$\text{vol. ABD} = \text{ABD}.\,2\pi\,\frac{\text{AA}' + \text{BB}' + \text{DD}'}{3},$$

$$\text{vol. ACD} = \text{ACD}.\,2\pi\,\frac{\text{AA}' + \text{CC}' + \text{DD}'}{3}.$$

Les deux triangles ABD, ACD, qui ont même hauteur, sont proportionnels à leurs bases BD, CD. Par conséquent, en exprimant que les deux volumes sont égaux, nous trouverons

$$\text{BD}(\text{AA}' + \text{BB}' + \text{DD}') = \text{CD}(\text{AA}' + \text{CC}' + \text{DD}').$$

Pour abréger, posons

$\text{AA}' = a$, $\text{BB}' = b$, $\text{CC}' = c$, $\text{BD} = x$, $\text{CD} = y$, $\text{BC} = l$;

l'équation deviendra

$$x(a+b+\mathrm{DD}')=y(a+c+\mathrm{DD}').$$

Pour éliminer DD′, observons que

$$\mathrm{BC}.\mathrm{DD}'=\mathrm{BD}.\mathrm{CC}'+\mathrm{CD}.\mathrm{BB}' \text{ (III, Th. I)};$$

d'où
$$\mathrm{DD}'=\frac{cx+by}{l};$$

puis
$$(a+b)x-(a+c)y+(x-y)\frac{cx+by}{l}=o. \qquad (1)$$

Au moyen de cette équation et de

$$x+y=l, \qquad (2)$$

on pourra déterminer x et y.

Si, par exemple, on remplace y par $l-x$, on trouve que l'inconnue x est donnée par l'équation du second degré :

$$2(b-c)x^2-2(a+2b)lx+(a+b+c)l^2=o.$$

PROBLÈME XV.

D'un point pris sur la surface d'une sphère de rayon R, comme centre, décrire une surface sphérique telle, que la partie comprise entre les surfaces des deux sphères ait un volume donné.

Le corps intercepté entre les surfaces des deux sphères est évidemment une lentille biconvexe, dont l'épaisseur est le rayon R′ de la sphère cherchée. Conséquemment, si nous désignons par m le rapport entre le volume de cette lentille et le volume de la sphère donnée, nous aurons, par la dernière formule du Problème V :

$$\frac{4}{3}\pi m\mathrm{R}^3=\frac{1}{12}\pi\frac{\mathrm{R}'^2}{\mathrm{R}}[\mathrm{R}'^2-4(\mathrm{R}+\mathrm{R}')\mathrm{R}'+12\mathrm{RR}'];$$

d'où
$$3\mathrm{R}'^4-8\mathrm{RR}'^3+16m\mathrm{R}^4=o.$$

Telle est l'équation qui donnera le rayon R'. Pour la simplifier, posons $\frac{R'}{R}=x$; nous aurons

$$3x^4-8x^3+16m=o.$$

Le lecteur à qui la Théorie des équations est familière reconnaîtra sans peine que cette équation a deux racines *imaginaires;* qu'elle a deux racines *positives*, l'une plus petite et l'autre plus grande que 2; etc.

PROBLÈME XVI.

Trouver le rayon d'une sphère équivalente à la limite de la somme d'une infinité de sphères dont les rayons décroîtraient en progression par quotient.

Représentons par R le rayon de la première des sphères données, par q le rapport de deux rayons consécutifs, et par x le rayon de la sphère cherchée ; nous aurons, en remplaçant les sphères par les cubes de leurs rayons, ce qui est permis :

$$x^3=R^3[1+q^3+(q^3)^2+(q^3)^3+\ldots].$$

Les termes contenus dans la parenthèse forment une progression décroissante, dont la raison est q^3. La *limite* de leur somme est, par la formule connue, $\frac{1}{1-q^3}$; donc

$$x^3=\frac{R^3}{1-q^3};$$

et

$$x=\frac{R}{\sqrt[3]{1-q^3}}.$$

PROBLÈME XVII.

A un cône droit ABD on inscrit une première sphère O; puis, dans l'espace compris entre celle-ci et la surface latérale du cône, on inscrit une deuxième sphère O'; et ainsi de suite indéfiniment. Quelle sera la limite des volumes de toutes ces sphères?

Si, dans le triangle isocèle ABD, section méridienne du cône, nous inscrivons une circonférence CEC', cette ligne représentera la section faite dans la sphère O, par le plan du triangle. Menons, par l'extrémité C' du diamètre CC', la tangente B'D', évidemment parallèle à BD; nous obtiendrons un nouveau triangle isocèle AB'D', dans lequel nous pourrons inscrire la circonférence C'C'', section méridienne de la deuxième sphère; et ainsi de suite. Fig. 356.

Cela posé, joignons le point de contact E au centre O, nous aurons

$$\frac{BC}{OE}=\frac{AB}{AO},$$

ou, en posant $BC=a$, $AC=b$, $AB=c$, $OE=R$,

$$\frac{a}{R}=\frac{c}{b-R}.$$

Cette proportion donne $R=\frac{ab}{a+c}$.

Actuellement, les rayons des sphères O, O' sont proportionnels aux hauteurs AC, AC' des cônes semblables dans lesquels ces sphères sont inscrites; donc

$$\frac{R'}{R}=\frac{b-2R}{b}=\frac{c-a}{c+a}=q.$$

La formule trouvée ci-dessus (Probl. XVI) donnera donc, pour la limite des volumes de toutes les sphères,

$$V=\frac{4}{3}\pi\left(\frac{ab}{a+c}\right)^3\frac{1}{1-\left(\frac{c-a}{c+a}\right)^3},$$

ou
$$V = \frac{2}{3}\pi \frac{a^2b^3}{3c^2+a^2};$$

ou, enfin, à cause de $c^2 = a^2 + b^2$:
$$V = \frac{2}{3}\pi \frac{a^2b^3}{4a^2+3b^2}.$$

Remarque. Le rapport entre le volume V et le volume V′ du cône est $\frac{V'}{V} = \frac{2b^2}{3b^2+4a^2}$. Cette fraction, qui se réduit à $\frac{2}{3}$ quand $a=0$, diminue indéfiniment lorsque a devient de plus en plus grand. Ainsi, la somme de toutes les sphères O, O′, O″..... est toujours moindre que les deux tiers du cône.

PROBLÈME XVIII.

On suppose qu'après avoir formé une pile triangulaire de boulets, on mène trois plans, tangents aux trois plans de cette pile et formant, avec le plan horizontal d'appui, un tétraèdre régulier T. Quel sera le rapport m entre la partie *pleine* et la partie *vide* de ce tétraèdre?

Représentons par n le nombre des boulets contenus dans le côté de la base de la pile, et par d leur diamètre commun ; le volume de l'espace occupé par tous les boulets, ou de l'espace *plein*, sera
$$v = \frac{1}{6}\pi d^3 . \frac{n(n+1)(n+2)}{6} = \frac{1}{36}\pi n(n+1)(n+2)d^3 \ (*).$$

Considérons les centres des boulets placés aux angles de la première couche horizontale, ainsi que le centre du boulet placé au sommet de la pile : il est clair que ces quatre points sont les sommets d'un tétraèdre régulier T′. De plus, on reconnaît facilement que l'arête de ce tétraèdre se compose de $n-1$ fois le diamètre d'un boulet,

(*) *Manuel des candidats à l'École Polytechnique.*

en sorte qu'elle est représentée par $c'=(n-1)d$. Enfin, les faces de ce tétraèdre sont éloignées des faces correspondantes de T d'une quantité égale au rayon d'un boulet, c'est-à-dire égale à $\frac{1}{2}d$.

Soit maintenant r' le rayon de la sphère inscrite au tétraèdre T'; nous aurons (VII, Probl. XXVI)

$$r'=\frac{n-1}{12}d\sqrt{6};$$

donc le rayon de la sphère inscrite à l'autre tétraèdre sera

$$r=r'+\frac{1}{2}d, \text{ ou } r=\frac{n-1+\sqrt{6}}{12}d\sqrt{6}.$$

Les deux tétraèdres sont entre eux comme les cubes des rayons des sphères inscrites. Or, le volume du premier est

$$\frac{1}{2}c'.\frac{1}{2}c'\sqrt{3}.\frac{4}{3}r'=\frac{1}{12}(n-1)^3d^3\sqrt{2};$$

donc le volume du second sera

$$V=\frac{1}{12}(n-1+\sqrt{6})^3d^3\sqrt{2}.$$

Si, du volume total V, nous retranchons le volume v trouvé ci-dessus, nous obtiendrons le volume V' de l'espace *vide;* savoir

$$v'=\frac{1}{36}d^3[3(n-1+\sqrt{6})^3\sqrt{2}-n(n+1)(n+2)\pi].$$

Le rapport cherché est donc

$$m=\frac{n(n+1)(n+2)\pi}{3(n-1+\sqrt{6})^3\sqrt{2}-n(n+1)(n+2)\pi}.$$

Remarque. Quand $n=1$, $m=\frac{\pi}{6\sqrt{3}-\pi}=0,43...$

A partir de cette valeur, m croît indéfiniment lorsque le nombre n des boulets augmente. La valeur limite s'obtient en supposant, dans la formule précédente, n *infini*. On trouve ainsi,

$$\textit{limite de } m=\frac{\pi}{3\sqrt{2}-\pi}=2,85...$$

PROBLÈME XIX.

Les milieux des arêtes d'un polyèdre régulier sont situés sur la surface d'une sphère S, à laquelle ces arêtes sont tangentes, et dont le centre est celui du polyèdre. De plus, la sphère est coupée, par les faces du polyèdre, suivant des circonférences inscrites à ces faces.

Cela étant admis, on demande d'évaluer, en fonction du côté c du polyèdre, la somme des calottes sphériques ayant pour bases ces circonférences.

Soient R, r et ρ les rayons respectifs de la sphère circonscrite, de la sphère inscrite et de la sphéré S.

Supposons que l'on joigne le centre commun O des trois sphères à un sommet A du polyèdre et au milieu C d'une arête aboutissant à ce sommet : on obtiendra ainsi un triangle ACO, rectangle en C, et dans lequel $OA = R$, $OC = \rho$, $AC = \frac{1}{2}c$; donc

$$\rho^2 = R^2 - \frac{1}{4}c^2. \qquad (1)$$

Chacune des calottes sphériques dont il s'agit a pour hauteur, évidemment, $\rho - r$; en sorte que l'aire de cette calotte est représentée par $2\pi\rho(\rho - r)$. En supposant donc que n soit le nombre des faces du polyèdre, et en désignant par A l'aire cherchée, nous aurons

$$A = 2n\pi\rho(\rho - r). \qquad (2)$$

Il ne s'agit plus maintenant que de substituer, pour R et r, leurs valeurs connues (Probl. XXVI, Liv. VII). On obtient ainsi les résultats suivants :

Tétraèdre. $\rho^2 = \frac{1}{8}c^2$, $A = \frac{1}{3}\pi(3 - \sqrt{3})c^2$.

Hexaèdre. $\rho^2 = \frac{1}{2}c^2$, $A = 3\pi c^2$.

Octaèdre. $\rho^2 = \frac{1}{4}c^2$, $A = \frac{4}{3}\pi(3 - \sqrt{6})c^2$.

Dodécaèdre. $\rho^2=\frac{1}{16}(3+\sqrt{5})c^2.$

$$A=3\pi\left[7+3\sqrt{5}-2\sqrt{\frac{85+38\sqrt{5}}{5}}\right]c^2.$$

Icosaèdre. $\rho^2=\frac{1}{16}(\sqrt{5}+1)^2c^2,$

$$A=5\pi[3+\sqrt{5}-2\sqrt{5+\sqrt{5}}]c^2.$$

Remarque. Prenons chacune des circonférences données pour base d'un cône ayant son sommet au centre du polyèdre. Si la surface de ce cône est prolongée indéfiniment, elle interceptera une partie de l'espace indéfini, partie à laquelle on donne le nom d'*angle conique*. Or, ainsi qu'on le démontre facilement, cet angle conique a pour mesure le rapport de la calotte correspondante à la surface sphérique S. Nous aurons donc, pour la mesure α de la somme de ces angles :

$$\alpha=\frac{A}{4\pi\rho^2}=\frac{n}{2}\left(1-\frac{r}{\rho}\right).$$

La substitution des valeurs trouvées pour r et pour ρ donne ensuite les résultats suivants, pour les divers polyèdres réguliers :

Tétraèdre. $\alpha=2\left(1-\frac{1}{\sqrt{3}}\right).$

Hexaèdre. $\alpha=3\left(1-\frac{1}{\sqrt{2}}\right).$

Octaèdre. $\alpha=4\left(1-\frac{2}{\sqrt{6}}\right).$

Dodécaèdre. $\alpha=6\left[1-\frac{1}{2}\sqrt{2+2\sqrt{5}}\right].$

Icosaèdre. $\alpha=10\left[1-\frac{1+\sqrt{5}}{2\sqrt{3}}\right].$

FIN.

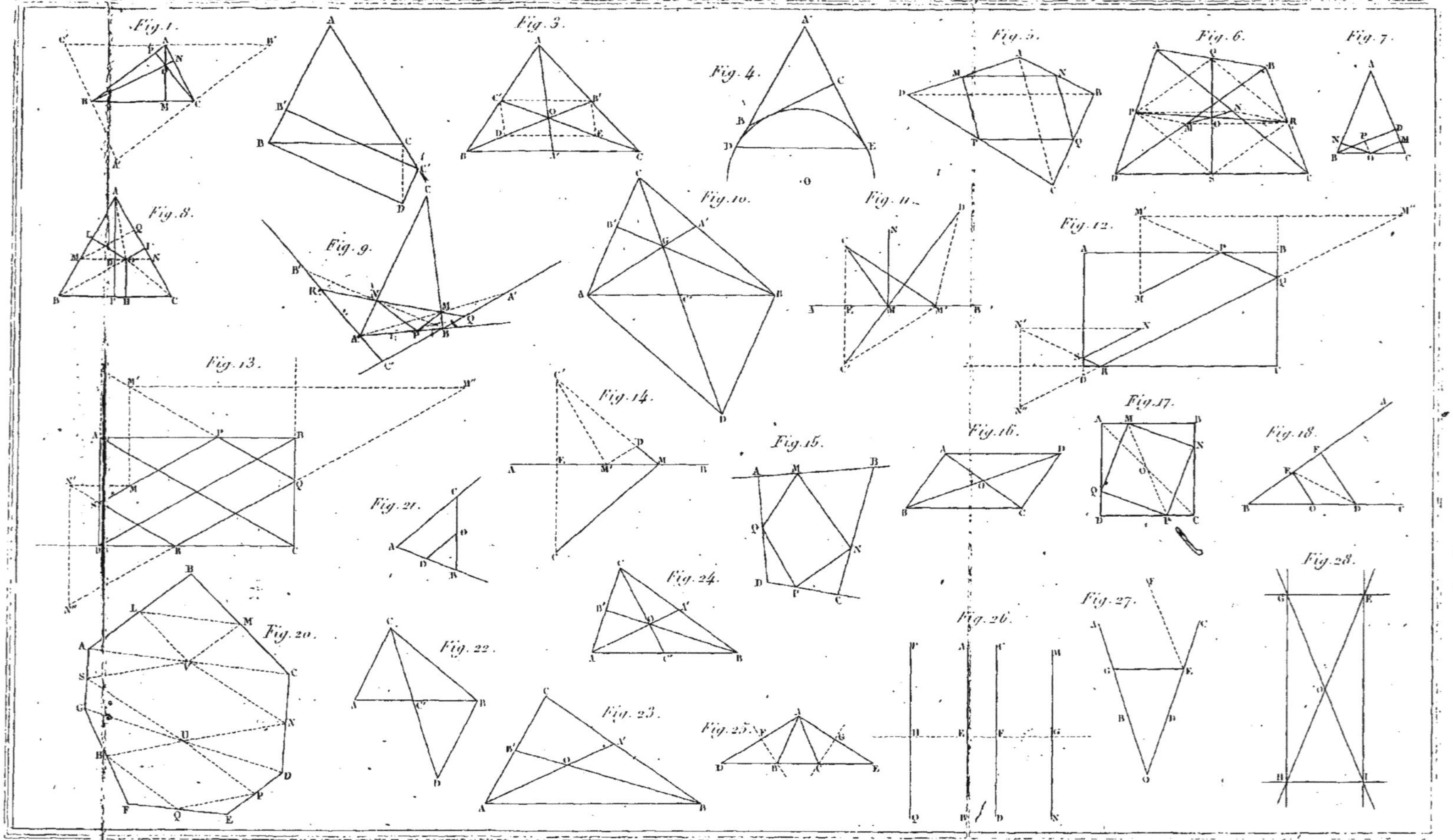

Fig. 1. Fig. 3. Fig. 4. Fig. 5. Fig. 6. Fig. 7. Fig. 8. Fig. 9. Fig. 10. Fig. 11. Fig. 12. Fig. 13. Fig. 14. Fig. 15. Fig. 16. Fig. 17. Fig. 18. Fig. 20. Fig. 21. Fig. 22. Fig. 23. Fig. 24. Fig. 25. Fig. 26. Fig. 27. Fig. 28.

Lemaitre sc.

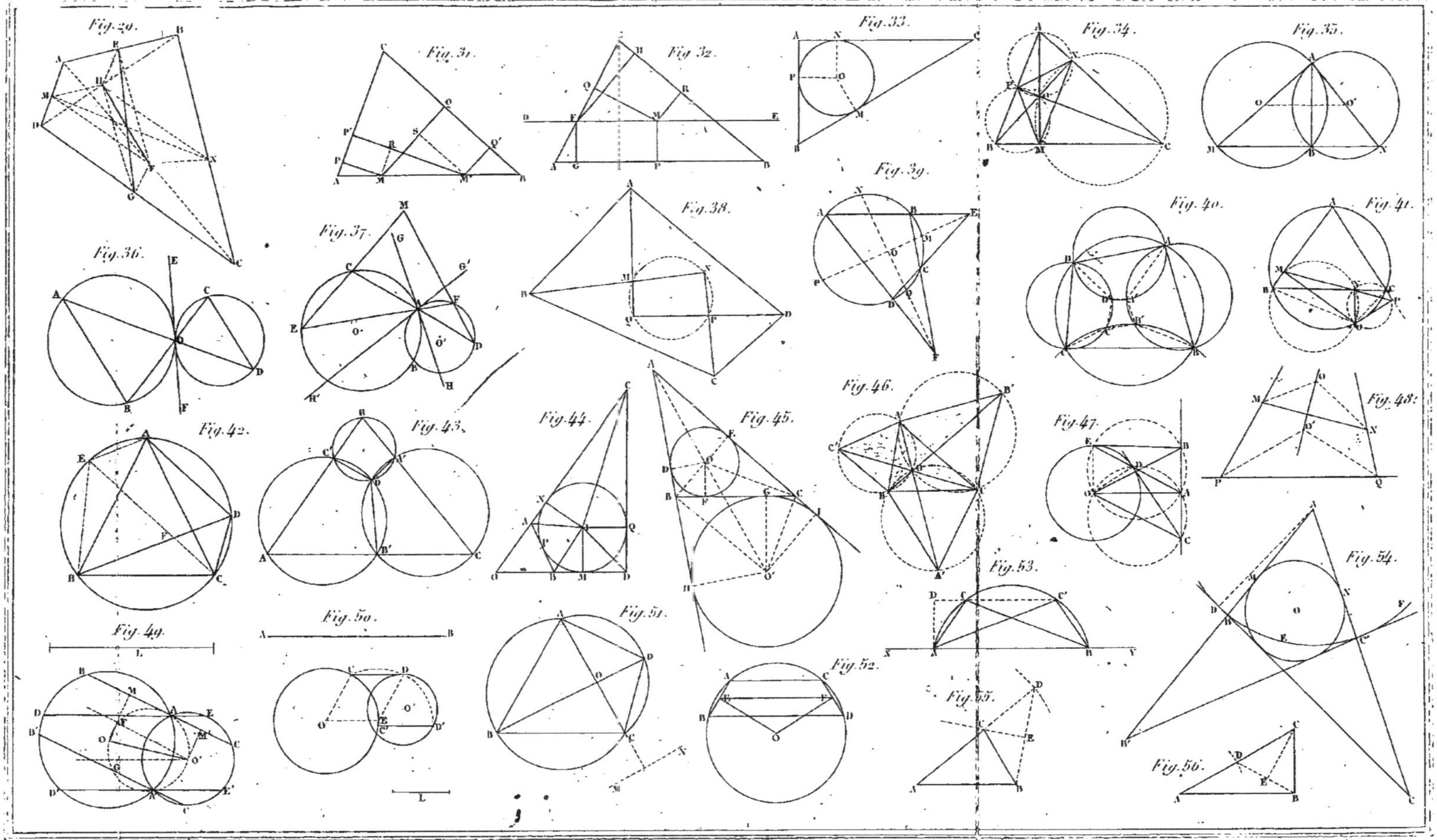

Fig. 20.

Fig. 31.

Fig. 32.

Fig. 33.

Fig. 34.

Fig. 35.

Fig. 36.

Fig. 37.

Fig. 38.

Fig. 39.

Fig. 40.

Fig. 41.

Fig. 42.

Fig. 43.

Fig. 44.

Fig. 45.

Fig. 46.

Fig. 47.

Fig. 48.

Fig. 49.

Fig. 50.

Fig. 51.

Fig. 52.

Fig. 53.

Fig. 54.

Fig. 55.

Fig. 56.

Lemaitre sc.

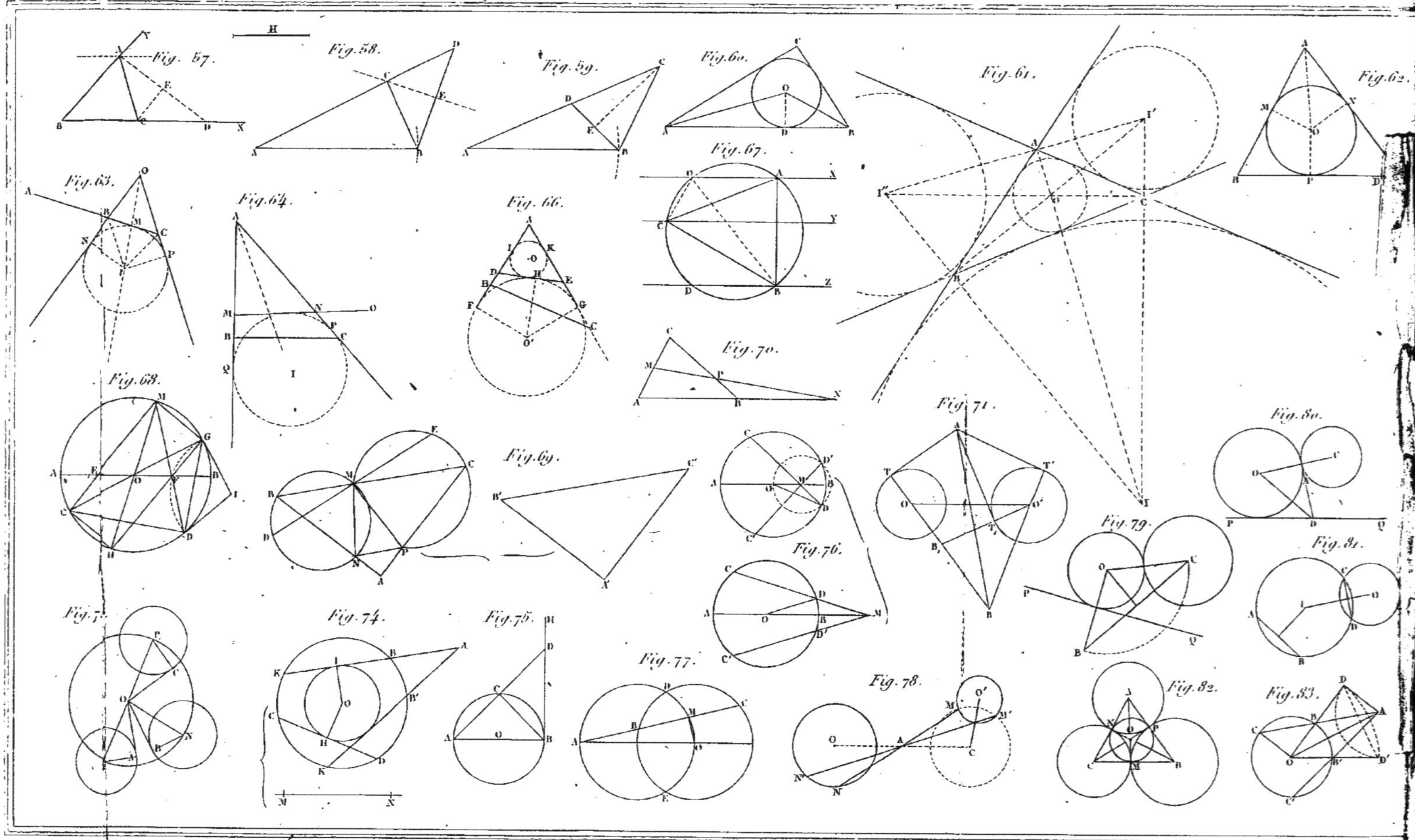

Fig. 57.

Fig. 58.

Fig. 59.

Fig. 60.

Fig. 61.

Fig. 62.

Fig. 63.

Fig. 64.

Fig. 66.

Fig. 67.

Fig. 70.

Fig. 68.

Fig. 69.

Fig. 71.

Fig. 80.

Fig. 76.

Fig. 79.

Fig. 81.

Fig. 7

Fig. 74.

Fig. 75.

Fig. 77.

Fig. 78.

Fig. 82.

Fig. 83.

Lemau

Fig. 84.

Fig. 85.

Fig. 86.

Fig. 87.

Fig. 88.

Fig. 89.

Fig. 90.

Fig. 91.

Fig. 92.

Fig. 93.

Fig. 94.

Fig. 95.

Fig. 96.

Fig. 97.

Fig. 98.

Fig. 99.

Fig. 100.

Fig. 101.

Fig. 102.

Fig. 103.

Fig. 104.

Fig. 105.

Fig. 106.

Fig. 107.

Fig. 108.

Fig. 109.

Fig. 110.

Fig. 111.

Fig. 112.

Fig. 113.

Fig. 114.

Lemaître sc.

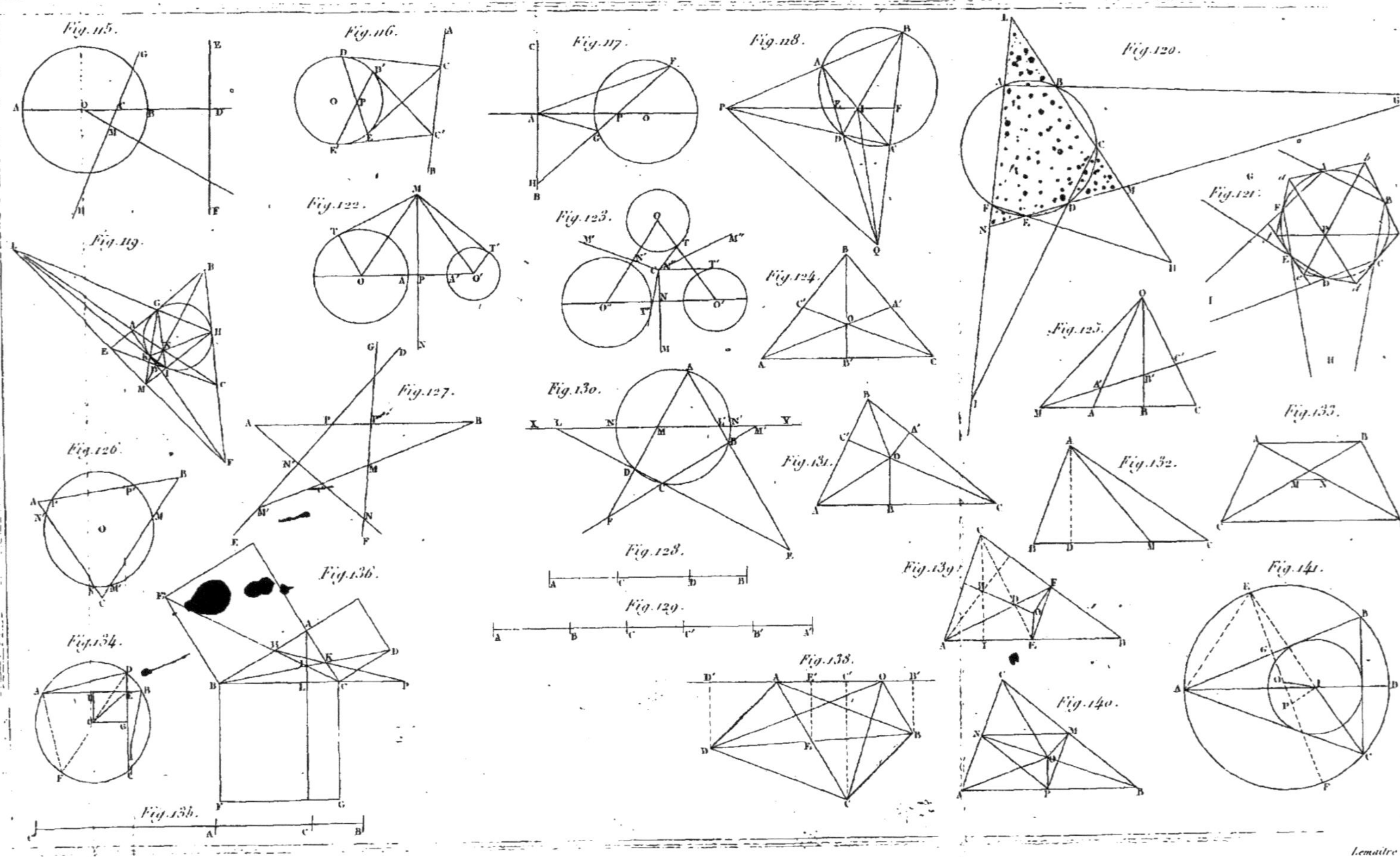
Fig. 115.
Fig. 116.
Fig. 117.
Fig. 118.
Fig. 119.
Fig. 120.
Fig. 121.
Fig. 122.
Fig. 123.
Fig. 124.
Fig. 125.
Fig. 126.
Fig. 127.
Fig. 128.
Fig. 129.
Fig. 130.
Fig. 131.
Fig. 132.
Fig. 133.
Fig. 134.
Fig. 135.
Fig. 136.
Fig. 138.
Fig. 139.
Fig. 140.
Fig. 141.
Lemaître sc.

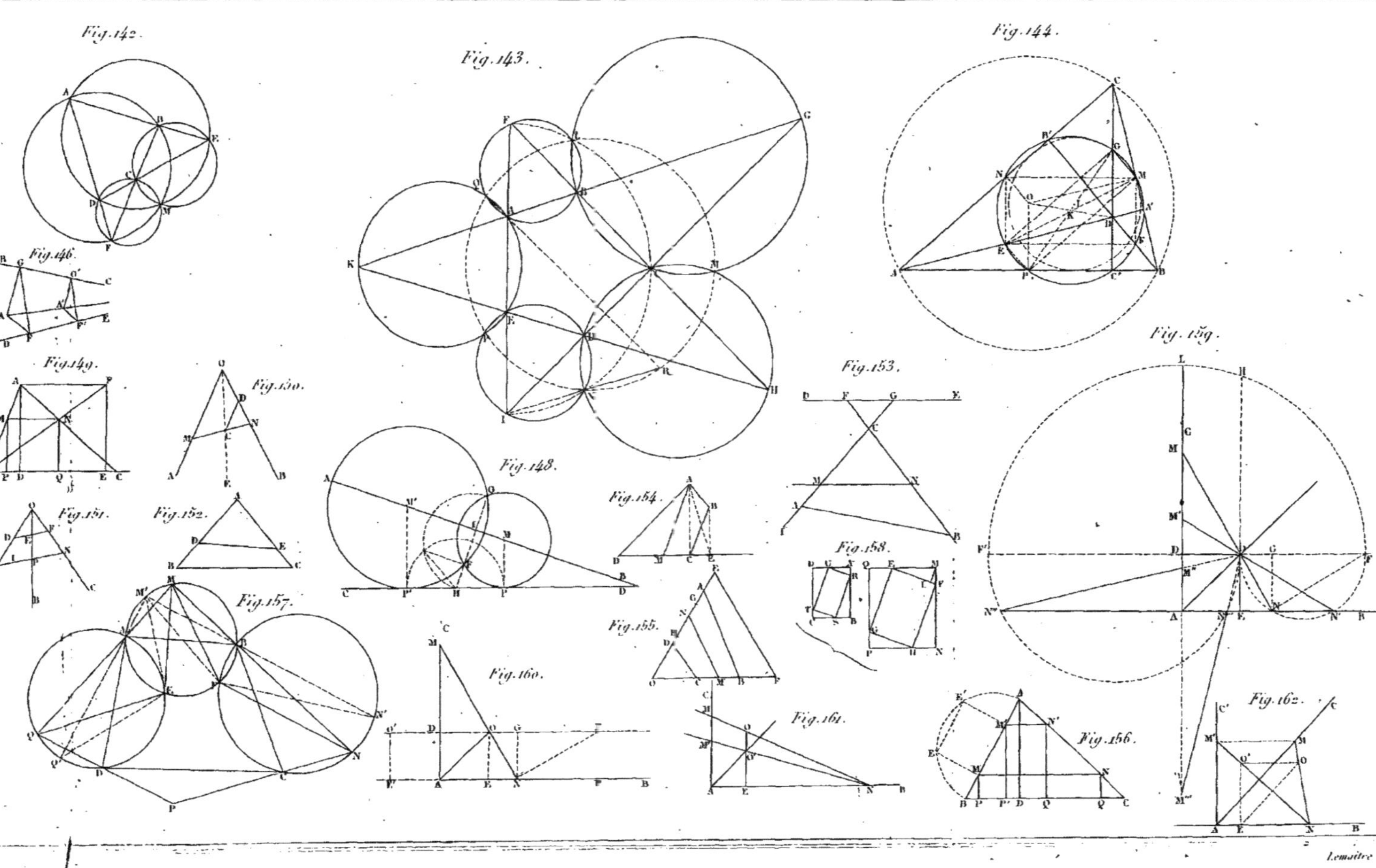
Fig. 142.
Fig. 143.
Fig. 144.
Fig. 146.
Fig. 148.
Fig. 149.
Fig. 150.
Fig. 151.
Fig. 152.
Fig. 153.
Fig. 154.
Fig. 155.
Fig. 156.
Fig. 157.
Fig. 158.
Fig. 159.
Fig. 160.
Fig. 161.
Fig. 162.
Lemaître sc.

Fig. 163.
Fig. 164.
Fig. 165.
Fig. 166.
Fig. 167.
Fig. 168.
Fig. 169.
Fig. 171.
Fig. 172.
Fig. 173.
Fig. 174.
Fig. 175.
Fig. 176.
Fig. 177.
Fig. 178.
Fig. 179.
Fig. 180.
Fig. 181.
Fig. 182.

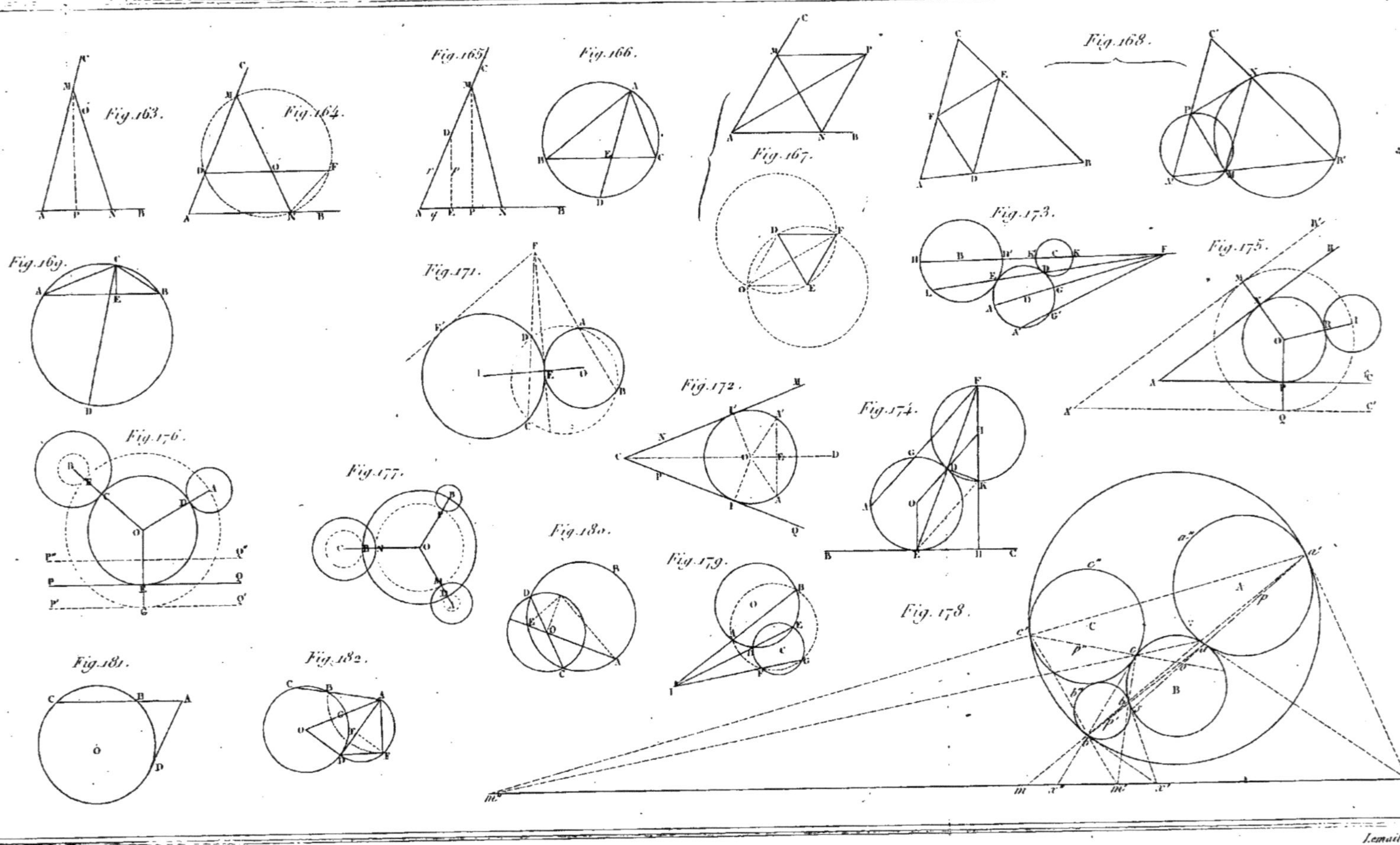

Lemaître sc.

Fig. 183.
Fig. 184.
Fig. 185.
Fig. 188.
Fig. 189.
Fig. 187.
Fig. 190.
Fig. 192.
Fig. 193.
Fig. 186.
Fig. 191.
Fig. 194.
Fig. 195.
Fig. 198.
Fig. 199.
Fig. 196.
Fig. 197.
Fig. 202.
Fig. 201.
Fig. 200.

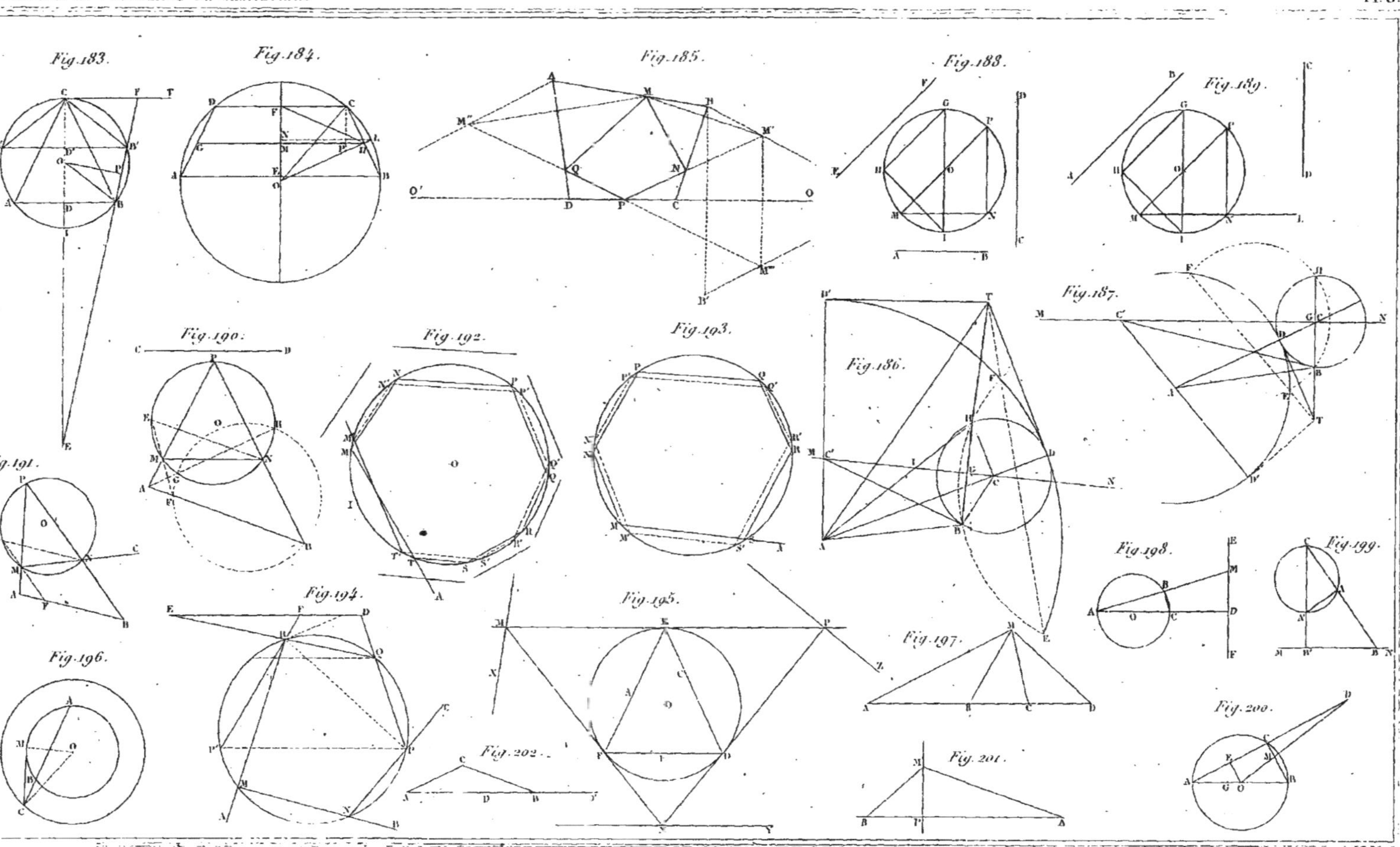

Lemaître sc.

Fig. 203.

Fig. 204.

Fig. 205.

Fig. 206.

Fig. 207.

Fig. 208.

Fig. 209.

Fig. 210.

Fig. 211.

Fig. 212.

Fig. 116.

Fig. 214.

Fig. 113.

Fig. 215.

Fig. 218.

Fig. 219.

Fig. 221.

Fig. 223.

Fig. 225.

Fig. 227.

Fig. 224.

Fig. 220.

Fig. 222.

Fig. 226.

Lemaître sc.

Fig. 228.
Fig. 229.
Fig. 230.
Fig. 231.
Fig. 232.
Fig. 233.
Fig. 234.
Fig. 235.
Fig. 237.
Fig. 238.
Fig. 239.
Fig. 240.
Fig. 241.
Fig. 242.
Fig. 243.
Fig. 244.
Fig. 245.
Fig. 246.
Fig. 247.
Fig. 248.
Fig. 249.
Fig. 250.
Fig. 251.
Fig. 252.
Fig. 253.
Fig. 254.

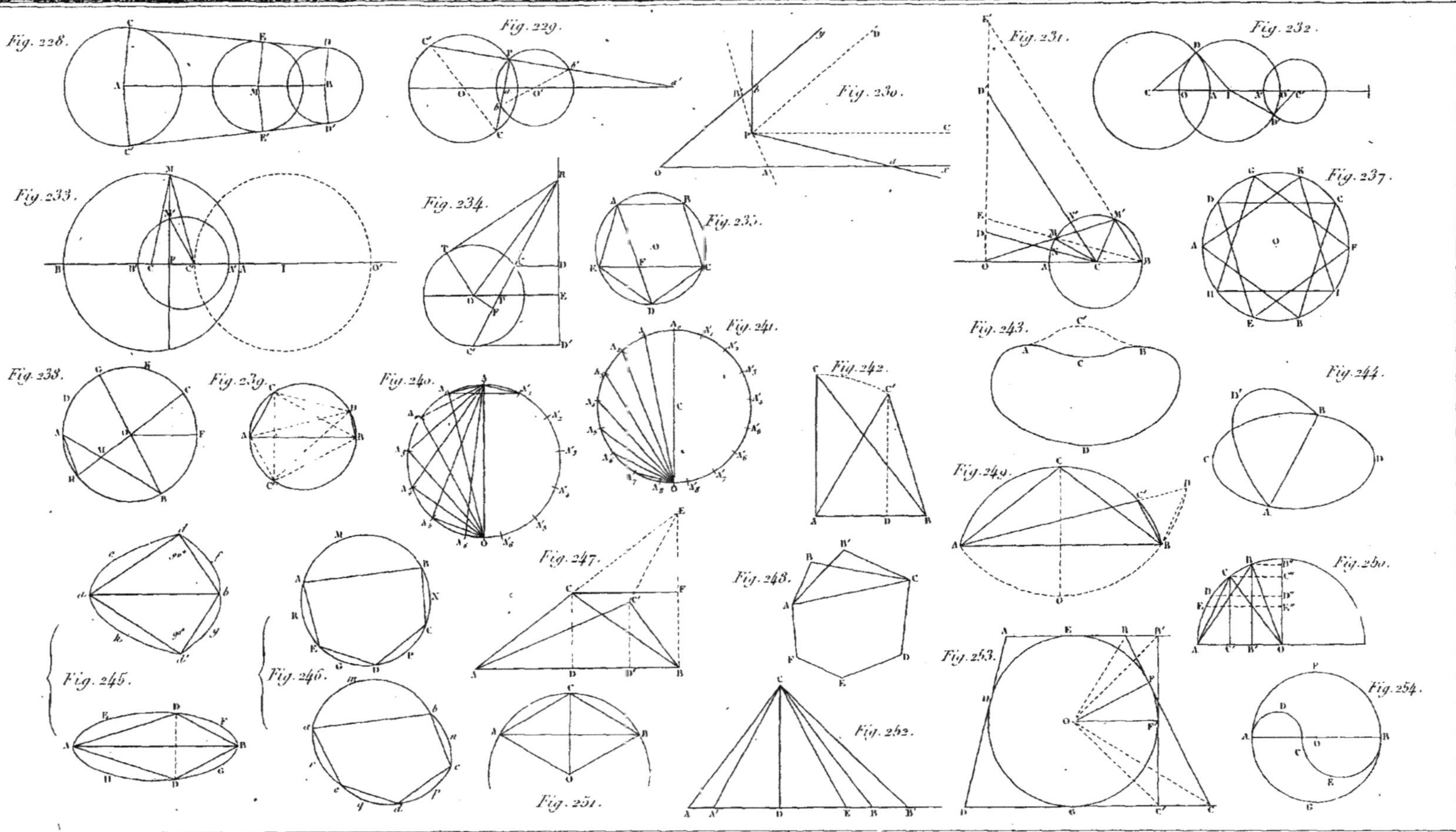

Lemaître sc.

Fig. 256.

Fig. 257.

Fig. 258.

Fig. 259.

Fig. 260.

Fig. 261.

Fig. 262.

Fig. 263.

Fig. 264.

Fig. 265.

Fig. 266.

Fig. 267.

Fig. 268.

Fig. 269.

Fig. 270.

Fig. 271.

Fig. 272.

Fig. 274.

Fig. 275.

Fig. 276.

Fig. 277.

Fig. 278.

Fig. 279.

Fig. 280.

Fig. 281.

Lemaitre sc.

Fig. 282. Fig. 283. Fig. 284. Fig. 285. Fig. 286. Fig. 287.

Fig. 288. Fig. 289. Fig. 290. Fig. 291. Fig. 292.

Fig. 293. Fig. 294. Fig. 295. Fig. 296. Fig. 297. Fig. 298.

Fig. 299. Fig. 300. Fig. 301. Fig. 302. Fig. 303. Fig. 304. Fig. 305.

Lemaître sc.

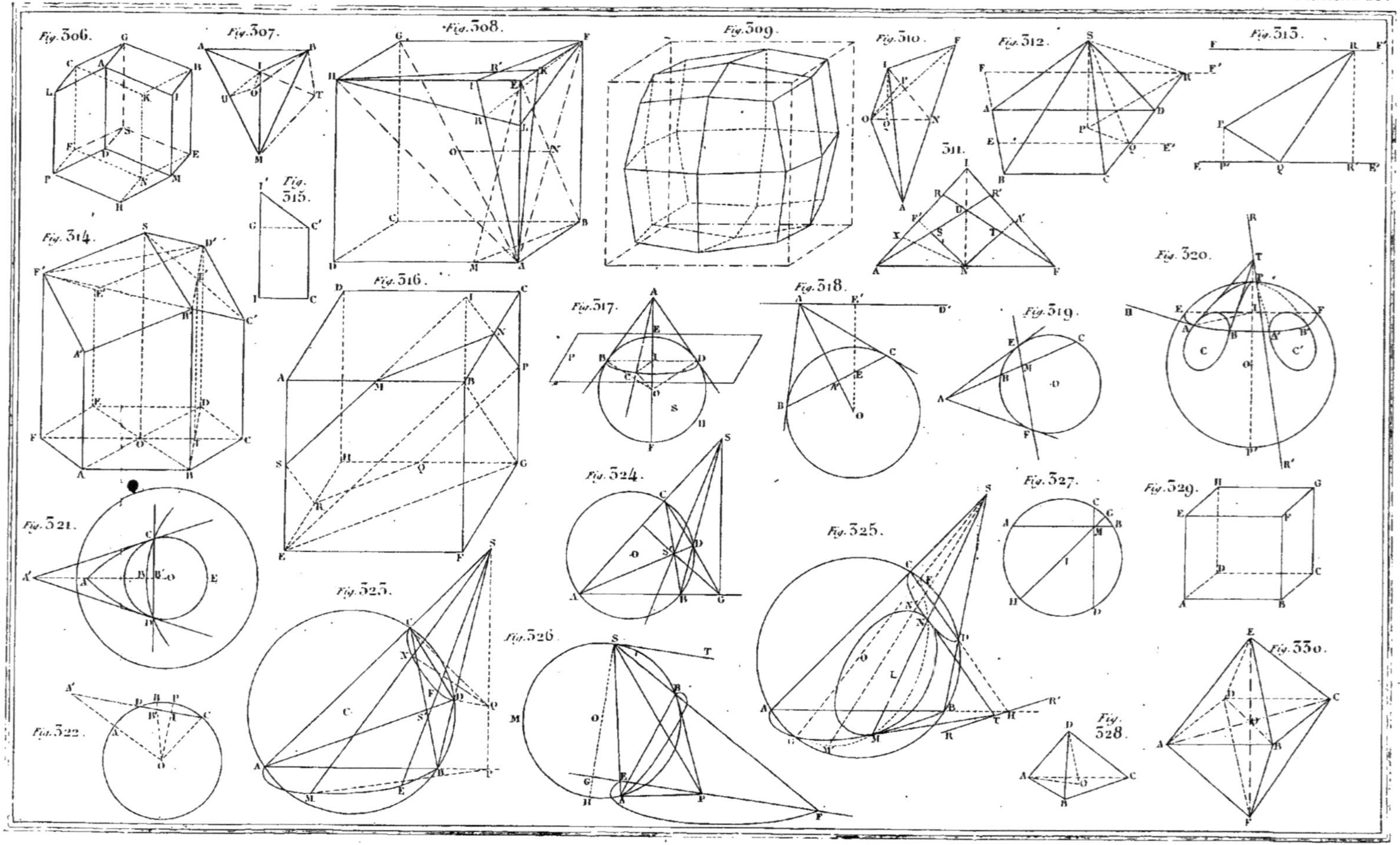

Fig. 306. Fig. 307. Fig. 308. Fig. 309. Fig. 310. Fig. 312. Fig. 313.

311.

Fig. 314. Fig. 315. Fig. 316. Fig. 317. Fig. 318. Fig. 319. Fig. 320.

Fig. 321. Fig. 322. Fig. 323. Fig. 324. Fig. 325. Fig. 326. Fig. 327. Fig. 328. Fig. 329. Fig. 330.

Lemaitre sc.

Fig. 331.
Fig. 332.
Fig. 333.
Fig. 334.
Fig. 335.
Fig. 336.
Fig. 337.
Fig. 338.
Fig. 339.
Fig. 340.
Fig. 341.
Fig. 342.
Fig. 343.
Fig. 344.
Fig. 345.
Fig. 346.
Fig. 347.
Fig. 348.
Fig. 349.
Fig. 350.
Fig. 351.
Fig. 352.
Fig. 353
Fig. 354.
Fig. 355.
Fig. 356.

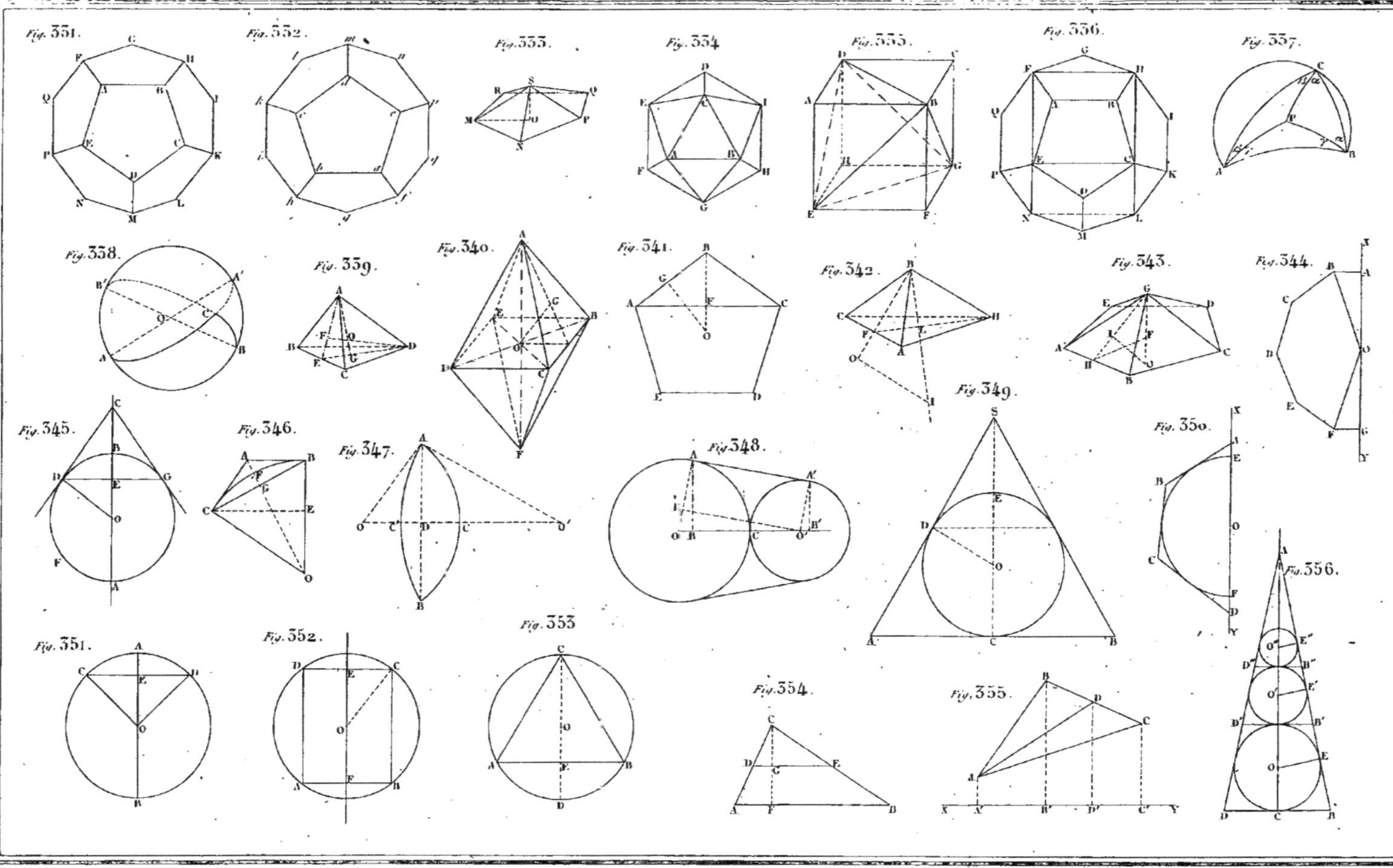

Lemaître sc.

Fig. 357.

Fig. 358.

Fig. 359.

Fig. 362.

Fig. 360.

Fig. 361.

Fig. 363.

Fig. 364.

www.ingramcontent.com/pod-product-compliance
Ingram Content Group UK Ltd.
Pitfield, Milton Keynes, MK11 3LW, UK
UKHW012006240726
13965UKWH00001B/188

9 782013 440059